指數型組織

企業在績效、速度、成本上勝出10倍的關鍵

EXPONENTIAL ORGANIZATIONS

Why new organizations are ten times better, faster, and cheaper than yours (and what to do about it)

薩利姆・伊斯梅爾 Salim Ismail | 麥可・馬龍 Michael S. Malone | 尤里・范吉斯特 Yuri van Geest 著

林麗冠、謝靜玫 譯

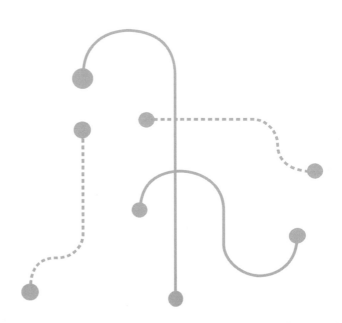

推薦序

指數年代的企業生存指南就是它！

今年（二〇一七年），臉書使用者的人口總數正式突破二十億人。臉書這個跨越種族、文化、地域的藩籬連結起來的人類群集，只花了短短十三年便達到這個數字，這是人類歷史上從來沒有發生過的事。

二〇一五年，富比士全球科技富豪百人榜上，鴻海董事長郭台銘與優步創辦人分別名列第三十四、三十五名。那年鴻海富士康的全球員工總數超過一百二十萬人，反觀優步則在全球僅有四千名員工；鴻海一九七四年創辦，花了超過四十年成長到如此規模，相比起來優步卻是二〇〇九年才成立。

民宿平台 Airbnb 也是一家成長神速的獨角獸公司，從二〇〇八年創立至今，已然成為全球最大旅館住房業者，房間數量超過一百萬間，遍佈全球一百六十個國家、四萬個城市；與之相比，其他主要飯店集團如希爾頓、萬豪、洲際等，房間數都不到七十萬。

是什麼讓這些新興組織、企業、公司成長如此快速？沒有別的，就是指數思維（Exponential

Thinking）和指數時代的加速度回報定律（The Law of Accelerating Returns），這兩個知識就是在奇點大學學到最重要的事。在這個指數年代，無論是企業、組織或個人，只要能夠轉換思維、擁抱指數速度，並將指數時代的加速回報定律放在自己或組織的成長上，就有機會快速甩開上個世代的線性成長侷限，高速前進。

《指數型組織》一書，正是將這個願景和成就背後的祕密公諸於世的一本佛心之作。當年身為奇點大學創始執行董事身兼全球推廣大使的作者薩利姆．伊斯梅爾，透過奇點大學校友網絡聯絡全球校友，盼能蒐集到全球指數型企業組織資料，我也被聯繫到並加入工作團隊之中。當時我一邊協助他提供台灣企業的資料，就一邊暗自期望有天能夠見到此書被翻譯成中文在台推出——如今這個願望實現了。

但當時我許下另一個願望則還沒實現，薩利姆整理的全球指數型組織百大排行榜上，至今還未有一間台灣公司。感謝商周出版與城邦文化，不遺餘力地推廣、翻譯並推出多本奇點大學教科書，相信在可預見的時間內，我們一定會很快一間來自台灣的公司，透過指數成長的力量，登上薩利姆的全球指數型組織百大排行榜上，改變世界！

●全球指數型組織百大排行榜：http://top100.exponentialorgs.com/

台灣首位「奇點大學」畢業生、臺北科技大學互動設計系助理教授

葛如鈞

推薦序　指數年代的企業生存指南就是它！　葛如鈞……2

前　言　新世界的組織新願景　彼得·戴曼狄斯……12

導　論　新世界的新遊戲規則……18

歡迎來到指數型組織的新世界。如果你能建立一個可以充分擴張、快速發展且具有智慧的組織，你能享受過去無法達到的高度成功——指數型的成功。而且，這一切只需要最低限度的資源和時間。

第一部——探索指數型組織

Chapter 01　受資訊啟發……30

在全球經濟中發生的類似顛覆數以千計，只不過這種深遠的轉變正從實體基礎轉向資訊基礎。在每一個這些革命性躍進的核心，都可以發現「資訊」所扮演的角色出現根本性改變。所有的跡象顯示，我們正轉向一個以資訊為基礎的典範。

Chapter 02　兩家公司的故事……42

指數型組織有能力因應這個由深入、無所不在的資訊所構成的新世界，並且將這種能力轉變成競爭優勢。事實上，指數型組織是對新指數世界的適當商業回應。任何為了在二十世紀獲得成功而成立的公司，在二十一世紀注定會失敗。

CONTENTS

Chapter 03

指數型組織 …… 60

我們對過去六年來全球前一百大成長最快的新創公司進行研究，根據研究結果找出所有指數型企業的共同屬性，其中包括「宏大變革目標」以及其他十個屬性。本章我們將會檢視「宏大變革目標」和五個外部屬性。

宏大變革目標（MTP） …… 63
隨需求聘僱的員工 …… 69
社群與群眾 …… 75
演算法 …… 81
槓桿資產 …… 88
參與 …… 92
總結：熱情和目標 …… 100

Chapter 04

指數型組織的內部屬性 …… 103

想要處理產出，就需要仔細、有效地管理指數型組織的內部控制機制。指數型組織擁有截然不同的內部運作，其中包括：營運理念、員工與彼此互動的方式、衡量本身績效的方式（以及在那種績效中重視什麼），甚至是對風險的態度等。

介面 …… 104
儀表板 …… 109

實驗 116
自治 125
社交技術 133

Chapter 05

指數型組織的意涵 142

指數型組織的概念看似革命性，但它的許多特性其實早已出現在商業界的某些角落。本章我們會深入檢視指數型組織生態系統的一些特性，尤其是我們已經識別出九個發揮作用的關鍵動力。

一、資訊使一切加快速度 144
二、消滅營收的行動 148
三、顛覆是新常態 152
四、當心「專家」 154
五、五年計畫之死 156
六、小規模勝過大規模（亦即規模確實重要，只不過和你所想的不同） 160
七、租賃而非擁有 166
八、信任勝過控制，開放勝過封閉 169
九、一切皆可衡量和得知 172

CONTENTS

第二部——建立指數型組織

Chapter 06 創立指數型組織 181

本書不是要做為一本詳盡的創業手冊，但我們會討論到若要建立由資訊促成並且能夠大幅擴張的指數型組織，不論它是做為純粹的新創事業，或是來自既有企業的內部，有哪些相關的環節要注意。

第一步：選擇一個宏大變革目標 190
第二步：加入或建立與宏大變革目標相關的社群 192
第三步：建立一支團隊 194
第四步：突破性構想 197
第五步：建立商業模式圖 202
第六步：尋找商業模式 203
第七步：建立最小可行產品 207
第八步：驗證行銷和銷售 208
第九步：執行SCALE和IDEAS 209
第十步：建立文化 213

第十一步：定期詢問關鍵問題……214
第十二步：建立和維護平台……216
企業指數型組織的經驗教訓……221

Chapter 07

指數型組織與中型公司……223

中型公司不像新創公司能從零開始建立內部經營體系。所以我們將會利用五個完全不同的公司變身成為指數型組織的案例，來說明處於穩定經營環境、成長陷於停滯的既存組織，要如何達到這個模式所承諾會達成的十倍數績效改善。

範例一：TED……224
範例二：GitHub 公司……226
範例三：土狼物流公司……232
範例四：羅斯加德工作室……235
指數型組織的改造……239
範例五：GoPro 攝影器材公司……241

CONTENTS

Chapter 08

大型組織如何蛻變成指數型組織 247

大公司就像一艘超級油輪，需要花很長的時間才能轉彎，但它終究還是能夠轉彎，讓自己更符合指數型組織的思維模式。我們整理出四種策略，讓大型組織能夠準備好迎戰快速變化的經營環境，又不會損及其核心經營業務。

一、改變領導方式 254
二、與指數型組織結盟或進行投資、收購 261
三、顛覆X 266
四、建立精簡版指數型組織（採取溫和漸進的程序） 281
結論：盡早實施，適應新世界 293

Chapter 09

大公司如何適應指數型組織的時代 296

現在我們來看看那些具前瞻性的公司是如何實現前一章所討論的各種方法。有的公司選擇在邊緣建立指數型組織，有的收購或是投資現有市場裡的指數型組織，有的則是建立精簡版指數型組織。

可口可樂——指數級跳躍 298
海爾——越飛越高 300
小米——向世人展現驚人成就 304
衛報——新聞業的守護者 307

奇異——追求全面的卓越 309
亞馬遜——清除扼殺創意的反對聲音 312
Zappos——戰勝枯燥無聊 314
ING加拿大直銷銀行——高度自主管理的銀行 316
谷歌創投公司——近乎完美的創業指數型組織 319
與群眾一起成長 322

Chapter 10

指數型高階主管 326

最早感受到、最終會感受最深刻這驚人的新變化速度的人，莫過於公司的各種一級主管。這並不是公司高階主管們首度面臨技術／組織革命所帶來關乎存亡的挑戰，但這一次機會之窗開放的時間將會是史上最短。

執行長（CEO） 336
行銷長（CMO） 338
財務長（CFO） 340
技術長／資訊長（CTO／CIO） 343
資料長（CDO） 345
創新長（CIO） 346

CONTENTS

營運長（COO）……348

法務長（CLO）……350

人力資源長（CHRO）……352

世界上最重要的職位……355

結語　一場新的寒武紀大爆發……356

你可以選擇早一點或晚一點進入這個指數型世界，但終究是要走進去。一旦你的企業或產業的一部分趨向資訊化，其邊際成本就會開始消失，你的組織將只有轉型成指數型組織或就此消失兩條路。

後記　迎面襲來的變革海嘯……367

附錄　指數型組織商數評量表……371

前言

新世界的組織新願景

歡迎來到如指數般快速變動的時代，這是史上最令人驚異的時代。

在隨後的篇章中，薩利姆．伊斯梅爾（Salim Ismail）將會帶領你一窺這個新世界的面貌，以及它將如何改變你的工作和生活方式。伊斯梅爾是我的同事與朋友，他在「組織的未來」議題上是領先的思想家和實踐家之一。他對許多執行長和創業家進行研究和訪談，這些人領導的公司運用一組新問世的外部因素，使得他們的組織以數倍於一般公司的正常成長速度擴張。伊斯梅爾深入思考並分析現有的組織需要以何種方式因應調整，我認為對那些想要在這個顛覆式變動的時代中繁榮發展的執行長和高階主管，最佳引導者非他莫屬。

無疑，對執行長、創業家——以及更重要的，對未來的高階主管——而言，《指數型組織》既是發展策略圖，也是生存指南。恭喜你獲得讓你達到目前職涯地位的成就，但是容我提前警告你，那些技能已經過時。對有志在這場競賽中保持競爭力、避免出局的人來說，本書的概念及其所激發的對話，是新的通用語言。在現今的企業界，有一種新型的有機體機構——指數型組織——到處蔓延，如果你不了解它、為它做好準備，並且最終變成它，你就會被破壞。

指數型組織的概念最早在奇點大學（Singularity University）出現，奇點大學是我在二〇〇八年與著名的未來學家、作者、以及由谷歌（Google）創業家轉為人工智慧主管的雷・庫茲威爾（Ray Kurzweil）共同創立，目標是建立新類型大學。奇點大學經常更新課程，所以從未得到評鑑認可，但這並不是因為我們不用心，而是課程變動的速度太快。奇點大學只關注那些成功運用摩爾定律（Moore's Law）的指數型成長領域（或是加速發展的技術），例如無限運算、感應器、網路、人工智慧、機器人學、數位製造、合成生物學、數位醫學和奈米材料。根據計畫和期望，我們的學生會成為世界頂尖的創業家和《財星》雜誌（*Fortune*）五百大企業的高階主管。我們的使命是：協助人們正向影響十億人的生活。

創立奇點大學的構想，是在二〇〇八年九月的「創立大會」（Founding Conference）中首次形成。對於那場在矽谷的美國國家航空暨太空總署（NASA）艾姆斯研究中心（Ames Research Center）舉行的活動，我記得最清楚的就是，在活動第一天的尾聲，谷歌共同創始人賴利・佩吉（Larry Page）發表的即興演說。佩吉在大約一百位與會者面前慷慨激昂地發表演說，呼籲這所新大學應該專注於解決全世界最重大的問題上：「我現在有一個固定使用而且非常簡單的衡量標準：你正在從事能改變世界的事情嗎？是或不是？九九・九九九九九％的人提出的答案都是『不是』。我認為，我們需要訓練人們懂得如何改變世界，顯然技術是達到該目標的方法。那是我們過去看到的情況；那是推動一切改變的因素。」

聆聽佩吉演講的聽眾當中，包括了曾經執掌雅虎（Yahoo）企業內創業育成中心 Brickhouse 的伊斯梅爾。他也受到那段話吸引，在幾週內就加入奇點大學，成為該校的創始執行董事。伊斯梅爾曾經主掌數家新創公司，經歷了企業草創初期經常會碰到的危機，並且在奇點大學得以擁有今日榮景之中扮演關鍵角色。但或許最重要的是，伊斯梅爾整合各種想法與個案研究在奇點大學講授，把成果編製成新類型企業的一個願景：相較於區區十年前的企業，這種新類型企業將以十倍的性價比營運。

我很榮幸能協助建構指數型組織展現的屬性、概念和實務，並與伊斯梅爾、尤里・范吉斯特（Yuri van Geest）和麥可・馬龍（Michael Malone）一起發展、闡述本書。我們非常幸運能夠共同研究與藉此了解，各種加速發展的技術是如何改變國家、產業、乃至於全人類的道路，並揭示出伊斯梅爾為指數型企業主管提供的「指南」。前面幾章描述的內容，有一部分出自我與史蒂芬・科特勒（Steven Kotler）合著的《富足：解決人類生存難題的重大科技創新》（*Abundance: The Future Is Better Than You Think*），這部分表達了我們所有人到頭來可能面臨的處境，但是書裡大半的內容是關於現今的企業以及它們需要如何朝目標前進。

伊斯梅爾的合著者們也值得肯定。首先是范吉斯特，他是奇點大學畢業生、全球行動領域的頂尖專家，以及熱中於指數型技術和趨勢的學生。范吉斯特擁有組織設計的背景，而且初期就大幅參與這項專案。其次是高科技領域的資深記者馬龍。馬龍不僅是世界級的科技記者，而且也發明了本書問世之前兩種具有影響力的組織模式：虛擬公司（Virtual Corporation）和多變組織（Protean Organization）。

伊斯梅爾對指數型組織抱持的見解相當有力。幾股強大的力量在世界崛起——指數型技術、DIY創新者、群眾募資、群眾外包，以及「竄起中的十億人」（the rising billion）*——讓我們有力量解決許多世界上最龐大的挑戰，同時具有潛力滿足未來二、三十年每個男人、女人和兒童的需求。這些力量現在讓規模越來越小的團隊，有能力執行以往只有透過政府和巨型企業才能做到的事情。

接下來的六年裡，三十億新人將會加入全球經濟，這一點的相關性可以分為兩方面。首先，這三十億人代表了一個以前從未購買過任何東西的新消費者群體，因此他們代表一股能延伸到數十兆美元等級的新購買力。如果他們不是你的直接顧客也別擔心，他們可能是你顧客的顧客。其次，這群「竄起中的十億人」是新的創業階級，他們的動力來自最新一代的網路科技——從谷歌和人工智慧，到3D列印和合成生物學的一切。我們將會目睹創新速度的爆炸性成長，會有數百萬名新的創新者開始試驗和上傳他們的產品和服務，並推出新的業務。如果你認為近年的創新速度已經夠快，讓我告訴你：好戲還在後頭。

* 編注：指眾多最底層、最貧窮的十億人，終於開始與全球經濟接軌。此說法出自《富足：解決人類生存難題的重大科技創新》。

現在唯一不變的是改變，而且改變的速度正不斷加快。你的競爭對手不再是海外的多國企業，而是位於矽谷或孟買某間車庫裡的男孩或女孩，他們利用最新的線上工具設計嶄新創作，並且在雲端列印。

不過，問題依舊存在：你要如何才能夠控制這種創造力？你要如何建構一個企業，讓這個企業和投効它的人才一樣敏捷、熟練和創新？你要如何在這個加速的新世界中競爭？你會如何規劃企業的擴張？

答案就是指數型組織。

你沒有太多選擇，因為在許多（而且很快就會變成大多數）產業裡，那種加速的情況已經展開。我最近開始講授所謂的六D：數位化（Digitized）、欺騙性（Deceptive）、破壞性／顛覆性（Disruptive）、消滅實體（Dematerialize）、消滅營收（Demonetize）和大眾化（Democratize）。任何變成數位化（我們的第一個「D」）的技術，都會進入一段「欺騙性」的成長期。在指數型成長的初期，小額數字的倍增（〇．〇一、〇．〇二、〇．〇四、〇．〇八），基本上看起來全都像零。不過，一旦它達到曲線的曲點，你只需翻十次就能達到一千倍，二十次可以達到一百萬倍，三十次可達十億倍。

這麼快速的成長說明了破壞性，第三個D。你將在本書中看到，一旦某項技術變得具有破壞性／顛覆性，就會消滅實體，代表你不會再實際攜帶GPS、攝錄影機或閃光燈。APP下載到智慧型手機後，上述裝置就會被消滅；一旦那種情況發生，這項產品或服務的營收就會被消滅。因此，優步（Uber）正在消滅計程車行的營收，而克雷格列表（Craigslist）已將分類廣告的營收消滅，並且在過程中打垮一大批報紙。

這一切的最後步驟就是大眾化。三十年前，如果你想要接觸十億人，就必須成為可口可樂（Coca-Cola）或奇異（GE）這種員工遍及一百個國家的公司。如今，你可以是個小夥子，在一個車庫裡把應用程式上傳到幾個關鍵平台。你接觸人群的能力已經大眾化了。

伊斯梅爾和團隊從第一線觀察到的，以及你在閱讀本書時將會逐步了解的是，依照目前的配置，現今的商業、政府或是非營利企業，全都無法跟上這六D設定的速度。想要跟上腳步，需要某種全新的東西，也就是針對組織的一個新願景：這種組織和新世界一樣具有科技智慧、適應性和包容性（不僅包含員工，也包含廣大社交網絡中的數十億人），會在新世界裡運作——並且最終會轉變。

那個新願景就是指數型組織。

彼得．戴曼狄斯（Peter H. Diamandis）

X PRIZE 基金會創始人暨董事長

奇點大學共同創始人暨執行董事長

美國加州聖塔莫尼卡

二〇一四年八月二十五日

導論　新世界的新遊戲規則

跟不上時代的銥星時刻

一九八〇年代末，摩托羅拉公司分拆出一家名為銥星（Iridium）的公司，一般將此舉譽為掌握新興手機產業的前瞻行動。摩托羅拉比其他業者更早認清，市中心因為人口密度高，要執行昂貴的行動電話解決方案相對容易，但是大城市的外圍地區並沒有類似的可行方案，更別提農村地區了。摩托羅拉估算了一下，認定手機基地台的成本——每座大約十萬美元，不包含頻譜使用率限制，以及生產磚頭大小的手持裝置的龐大開支——意味著要覆蓋整個地區的大半面積，費用太過昂貴。

但一種更極端、但更有利潤的解決方案，很快地出現了：一個由七十七顆衛星（銥在元素週期表中是第七十七個化學元素）組成的星系在低軌道覆蓋整個地球，並且以單一價格提供行動電話通訊服務——不論地點位在何處。此外，摩托羅拉得出結論：在已開發國家中，只要有一百萬人付三千美元購買一部衛星電話，再加上每分鐘五美元的使用費，這個衛星網路很快就會賺錢。

當然，現在我們都知道耗費投資人五十億美元的銥星計畫徹底失敗。事實上，這個衛星系統在甚至還未被部署好的時候就注定失敗，成為技術創新的最大受害者之一。

銥星計畫失敗背後有好幾個原因：甚至在摩托羅拉發射衛星期間，架設手機基地台的成本就開始下降；網路速度按數量級（orders of magnitude）增加，手持裝置的尺寸變小，價格也變得便宜。平心而論，並非只有銥星判斷錯誤，競爭對手奧德賽（Odyssey）和全球星（Globalstar）也都犯了相同的根本錯誤。事實上，到最後由於押錯注，誤以為技術變革的速度太慢，跟不上市場需求，超過一百億美元的投資付諸流水。

二〇〇〇年推動銥星收購案的丹．科盧西（Dan Colussy）表示，這次慘敗的原因之一是該公司拒絕調整商業假設。他回憶：「在系統開始運作的十二年前，銥星的商業計畫就已經鎖死了。」那是很長一段時間，就因為時間太長了，幾乎不可能預測到衛星系統最後部署完畢時，數位通訊的發展水平會到達什麼樣的地步。因此，我們將此稱為「銥星時刻」（Iridium Moment）——使用線性工具和過時的趨勢來預測速度越來越快的未來。

另一個「銥星時刻」是資料詳盡的柯達公司（Eastman Kodak）個案，這家發明數位相機又拒絕數位相機的公司在二〇一二年宣佈破產。就在柯達關門大吉的同一時間，營運三年、員工僅十三人的新創公司Instagram，被臉書（Facebook）以十億美元收購。（諷刺的是，當時柯達還擁有數位攝影的專利。）

銥星的失策，以及從柯達到Instagram的劃時代產業變革，並非獨立事件。對許多名列《財星》五百大的美國企業來說，競爭已不再是來自中國和印度。正如戴曼狄斯所指出，如今的競爭越來越多來自於那些由兩個人在車庫成立的新創公司，而且這種新創公司是利用指數型成長技術來擴展。YouTube從一家由查德．赫利（Chad Hurley）個人信用卡提供資金的新創公司，轉變到後來由谷歌以十四億美元收購，整個過程不到十八個月。酷朋（Groupon）從構想一躍而為市值六十億美元的公司，歷時不到兩年。優步目前市

市值達到十億美元使用的時間

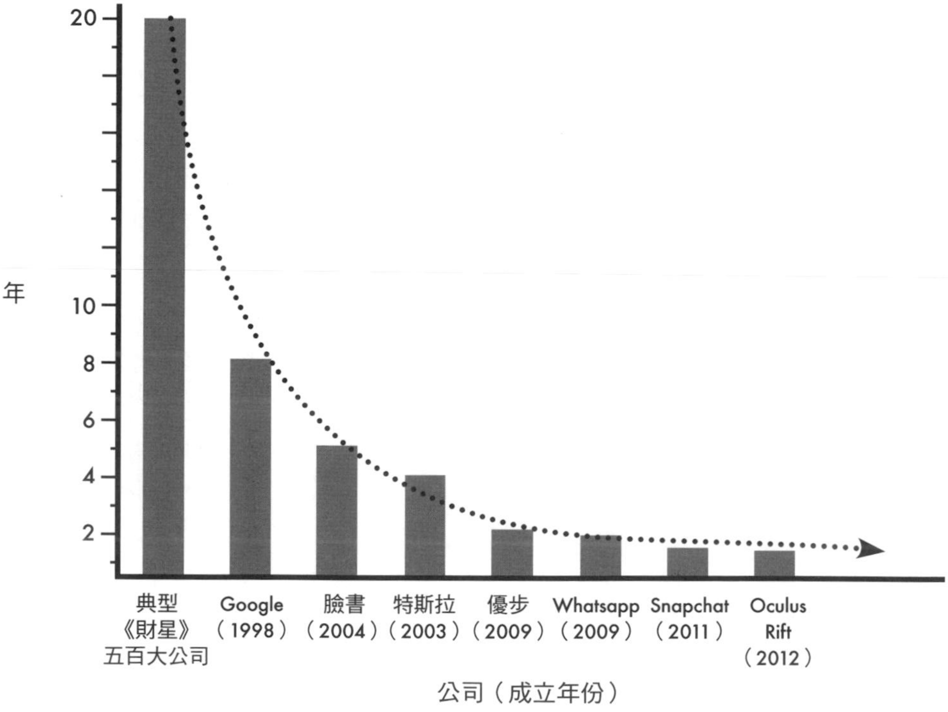

值將近一百七十億美元，是兩年前市值的十倍。我們正在目睹商業界以前所未見的速度擴張、創造價值的新類型組織。下圖顯示經濟持續加速的新陳代謝。

歡迎來到指數型組織的新世界。就像柯達，在這個新世界，不論是歷史、規模或名聲，甚至是目前的銷售額，都無法保證你明天是否還會存在。另一方面，如果你能建立一個可以充分擴張、快速發展且具有智慧的組織，你也能享受過去無法達到的高度成功——指數型的成功。而且，這一切只需要最低限度的資源和時間。

我們已進入十億美元級新創公司的時代，很快還會進入兆美元級公司的時代，屆時，頂尖的公司和機構將會以近乎光速運作。如果你也還沒有轉型為指數型組織，情況看來，不僅是你的競爭對手會快速超前，而且就像柯達一樣，你會以極快的速度被人遺忘。

二〇一一年，巴布森奧林商學院（Olin Graduate School of Business）預測現有的《財星》五百大企業中，有四〇%會在十年內消失。耶魯大學的理查・福斯特（Richard Foster）估計，標準普爾五百指數（S&P 500）中的上市公司平均壽命，已從一九二〇年代的六十七年縮短為現在的十五年。而且這些巨型公司的壽命未來甚至會更短，因為它們不僅被迫與新類型的企業競爭，而且會——彷彿一夕之間——被徹底消滅。新類型的公司會運用包括群組軟體（groupware）、資料探勘（data mining）、合成生物學和機器人學等指數型技術的威力。就像谷歌的崛起所預示的，這些新型企業的創始人將會在可預見的未來成為世界經濟的領袖。

加倍下注並非上策

在大部分可考的歷史中，一個社區的生產力源自內部的人力：男性和女性負責狩獵、採集和建造，孩童負責幫忙。如果收割作物或是狩獵的人手增加一倍，社區就能使產出加倍。後來人類開始馴養牛馬等牲畜，產出進一步提高，但這個等式依然是線性的——牲畜加倍，產出就加倍。

隨著市場資本主義形成以及工業時代展開，產出進行了一次大躍進。現在一台機器能做十匹馬或一百個勞工的工作，而操作這台機器只需要一個人。運輸乃至於配送的速度先是增加一倍，接著又在人類歷史上首次增為三倍。

增加的產出為許多人帶來了繁榮，最後使得生活水準出現多方面的進步。從十八世紀末開始至今——主要因為工業革命和現代科學研究實驗室的交匯——人類的壽命延長一倍，世界上每個國家的人均財富淨值經過通貨膨脹調整後變為三倍。

在這個最新的人類生產力階段，限制成長的因素已經從人類或動物的數量，轉變為機器的數量和部署的資本支出。將工廠數量增加一倍，意味著產出將提高一倍。企業變得越來越龐大，而且如今已遍及全球。規模擴大使得企業的全球影響力增加，也更有可能主導產業、最後獲得持久且獲利豐厚的成功。

但這樣的成長需要時間，而且通常需要龐大的資本投資。這一切所費不貲，而且大規模招聘行動的複雜性，以及設計、建置和提供新設備所遇到的困難，意味著企業的執行時程表仍然動輒要花上七、八年。執行長和董事會時常會像「鈦星」這樣，將公司押注在需要巨額資本投資（以數億或數十億美元計算）的新方向上。製藥、航太、汽車和能源公司經常作一些好幾年可能都看不到報酬的投資。

雖然這是可行的做法，但絕非上策。太多資金和寶貴人才被侷限在長達十年的專案中，而且幾乎要等到專案失敗那一刻，才能評估它成功的可能性。這一切意味著龐大的浪費，不僅失去追求其他構想的潛力，也失去能夠造福人類的機會。

這是既不可持續，也不可接受的情況，尤其是當二十一世紀的人類面臨的挑戰，需要運用我們一切想像力和創新的時候更是如此。一定有更好的方法來自我組織。我們已經了解如何擴張技術，現在該是了解如何擴張組織的時候了。這個新時代急需不同的解決方案來建立新企業、提高成功率，以及解決眼前的挑戰。

那項解決方案就是指數型組織。

指數型組織

我們從指數型組織的定義說起：

指數型組織（Exponential Organization, ExO）是影響力（或產出）異常大的組織，比起其他類型

組織至少大十倍，因為指數型組織運用了新的組織技巧，能夠發揮「加速技術」的效益。

指數型組織的建立，不是以大量人力或是大型實體工廠為基礎，而是根據資訊科技，將原本實體的東西轉化為數位、隨選（on-demand）世界中的東西。

觸目所及之處，你都可以看到這種數位轉變：二〇一二年，全美九三％的交易已經數位化；尼康（Nikon）等實體設備公司看到自家的相機迅速被智慧型手機上的相機取代；地圖和地圖集製造商被麥哲倫GPS系統（Magellan GPS system）取代，而麥哲倫GPS系統又被智慧手機的感應器取代；書籍和音樂收藏轉變成手機和電子書應用程式。同樣地，中國的零售商店被崛起的電子商務科技巨頭阿里巴巴（Alibaba）取代，大學受到edX和Coursera等磨課師（MOOC，大規模網路免費公開課程）的威脅，而特斯拉S（Tesla S）與其說是車子，倒不如說是配備輪子的電腦。

六十年以來，摩爾定律（基本上是指運算能力的性價比每十八個月左右就會翻倍）已獲得充分證實。一九七一年時，原始的電路板只能搭載兩百個晶片；如今技術已有長足進步，相同的實體空間內可以實現每秒數兆次（TF）的浮點運算效能。這種穩定、異常且看似不可能的發展速度，讓三十多年來研究此一現象的未來學家庫茲威爾，提出四項特有的觀察意見：

- 第一，戈登．摩爾（Gordon Moore）在積體電路中所發現的倍增模式，適用於任何資訊科技。庫茲威爾將此稱為加速回報定律（Law of Accelerating Returns, LOAR），並指出運算能力中的倍增模式可以一直追溯到一九〇〇年，比摩爾最初發表的時間早得多。

- 第二，加速推動這個現象的動力是資訊。一旦任何領域、專業、技術或產業變得能夠由資訊促成，並且受到資訊流的推動時，它的性價比每年會開始增加大約一倍。
- 第三，那種倍增模式一旦展開就不會停止。我們使用目前的電腦設計出更快的電腦，而這種電腦接著又會建置出更快的電腦，以此類推。
- 最後，現在一些關鍵技術都是由資訊促成，並且遵循相同的路線。那些技術包括人工智慧、機器人學、生物技術和生物資訊學、醫學、神經科學、資料科學、３Ｄ列印、奈米技術，甚至是能源的某些層面。

在人類歷史中，我們從未見過這麼多技術以如此快的速度發展。既然我們都是用資訊促成周遭的一切事物，庫茲威爾加速回報定律的影響必定會很深遠。還有，當這些技術出現交集時（例如，利用深度學習的人工智慧演算法來分析癌症試驗），創新的步調甚至會進一步加快。每次交集都會給這個等式增加一個乘數。

阿基米德（Archimedes）曾經說：「給我一根夠長的槓桿，我就能移動世界。」簡而言之，人類現在得到有史以來最長的一根槓桿。

庫茲威爾的加速回報定律和摩爾定律於許久以前就突破了半導體的限制，並且在過去五十年裡讓人類社會徹底改變。現在，「指數型組織」這個人類文化和企業加速現象的最新化身，正在全面改寫商業和現代生活的其他層面，並且如火如荼飛快地將「線性組織」的舊世界遠遠拋在後面。那些未能加入行列的企業，很快就會和鉱星、柯達、拍立得（Polaroid）、飛歌（Philco）、百視達（Blockbuster）和諾基亞（Nokia），以及許多其他曾經盛極一時、但未能因應快速技術變革的產業龍頭一樣，被丟到歷史的垃圾堆中。

在後續篇幅中，我們會概述指數型組織的關鍵內部屬性和外部屬性，包括它的設計（或是缺乏設計）、聯絡管道、決策協定、資訊基礎設施、管理、哲學和生命週期。我們將會探

線性成長與指數型成長的比較

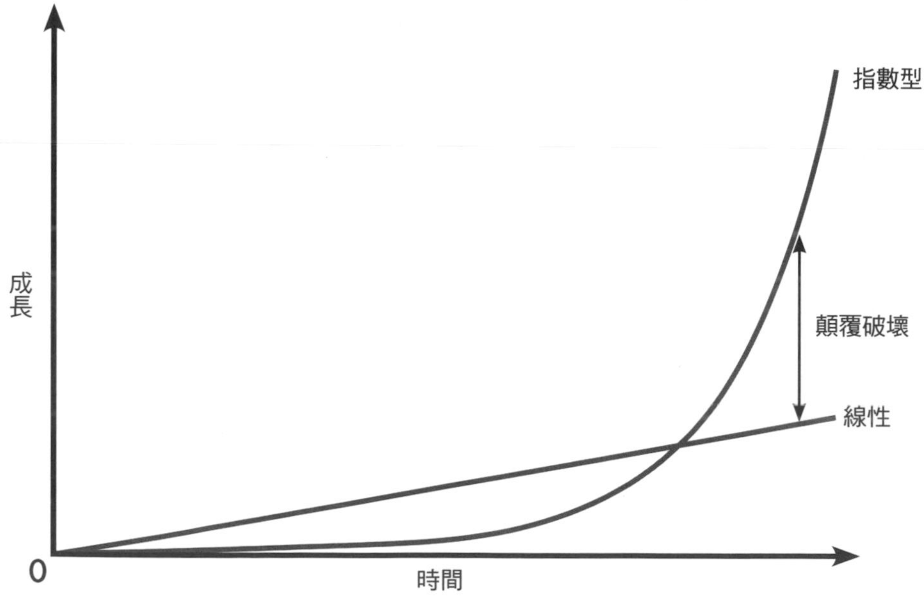

索指數型組織在策略、結構、文化、流程、營運、系統、人員和關鍵績效指標等方面有何不同，我們也會討論，企業擁有所謂的宏大變革目標（Massive Transformative Purpose，ＭＴＰ，我們稍後會深入定義這個詞彙）為何至關重要。接著我們會檢視如何推出屬於指數型組織的新創公司，如何在中型市值公司裡採用指數型組織做法，以及如何修改這種做法以適用於大型組織。

我們的目標不是把這本書變成理論書籍，而是為讀者提供建立和維持指數型組織的指南。我們提供實際、指導性的觀點，讓讀者了解如何組織一個即使面臨現今速度加快的變動也能夠保持競爭力的企業。

雖然我們將會提出的許多構想可能看似極度創新，但它們早在十年或更久以前就已經暗中存在。我們在二〇〇九年首次認為指數型組織典範是一種微弱訊號（weak signal），並且在之後的兩年期間注意到，有些新組織都遵循某個特定模式。二〇一一年，未來學家保羅．沙佛（Paul Saffo）建議伊斯梅爾撰寫本書，我們過去三年裡一直在認真研究指數型組織模式。為此，我們進行了以下工作：

● 重閱六十部經典的創新管理著作，這些書籍的作者包括約翰．哈格爾（John Hagel）、克雷頓．克里斯汀生（Clayton Christensen）、艾瑞克．萊斯（Eric Ries）、蓋瑞．哈默爾（Gary Hamel）、詹姆斯．柯林斯（James Collins）、金偉燦（W. Chan Kim）、雷德．霍夫曼（Reid Hoffman）和麥克．庫斯瑪諾（Michael Cusomano）。

- 根據我們的意見調查和架構，採訪《財星》兩百大企業中數十家公司的高層主管。
- 採訪或研究九十位頂尖創業家和具有遠見的人士，包括馬克・安德森（Mark Andreesse）、史帝夫・富比士（Steve Forbes）、克里斯・安德森（Chris Anderson）、麥克・米爾肯（Michael Milken）、保羅・薩佛、菲利浦・羅斯德（Philip Rosedale）、亞莉安娜・赫芬頓（Arianna Huffington）、提姆・奧萊利（Tim O'Reilly）和史蒂夫・尤爾韋松（Steve Jurvetson）。
- 探索全世界一百家成長最快速且最成功的新創公司的特點，其中包括獨角獸俱樂部（Unicorn Club）的成員，以了解這些公司擴展時所採用的共通手法。獨角獸俱樂部是愛琳・李（Aileen Lee）對市值達十億美元的新創公司群所作的命名。
- 我們回顧奇點大學核心教職成員的演講，並且針對他們在各自領域的邊陲看到的加速現象，以及那種加速現象可能會如何影響組織的設計，搜集他們的關鍵見解。

我們不敢聲稱已找到所有的答案，但根據我們自己的經驗（包括好與壞的經驗），我們相信可以針對這個超級加速創新與競爭的時代，以及這個新世界呈現的新機會（和責任），提供管理團隊極為關鍵的見解。如果我們無法保證你獲得成功，至少能讓你進入正確的競爭環境，並讓你知道新的遊戲規則。這兩項優勢，再加上你本身的主動性，就會讓你更有機會在指數型組織的新世界中成為贏家。

第一部

探索指數型組織

在這個部分，我們會探索指數型組織的特色、屬性和意涵。

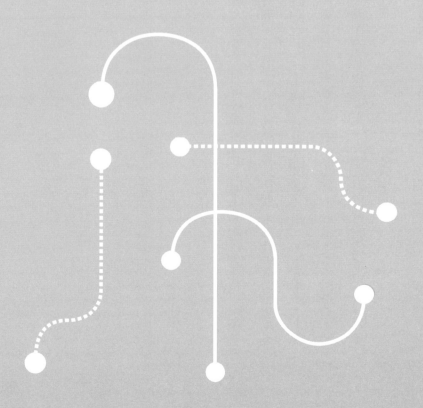

Chapter 01

受資訊啟發

儘管最初的「銥星時刻」對衛星產業造成重大困境，你可能會對以下這件事感到驚訝：手機產業裡發生過許多類似但較少為人所知的「銥星時刻」。例如一九八〇年代初期，由於手機既笨重又昂貴，著名諮詢顧問公司麥肯錫（McKinsey & Company）建議美國電話電報公司（AT&T）不要進入行動電話產業，並預測在二〇〇〇年之前，使用中的手機數量不會超過一百萬支。事實上，到二〇〇〇年時，手機數量已達一億支。麥肯錫不僅在預測數量上差了九九%，它的建議也導致AT&T錯失現代最大的商機之一。

二〇〇九年，另一家大型市場研究公司顧能集團（Gartner Group）預測，到二〇一二年時，塞班（Symbian）系統將成為行動裝置的第一大作業系統，擁有三九%的市場占有率和二・〇三億的出貨量，並預測一直到二〇一四年都會保有這樣的領先地位。在同一份報告中，顧能也預測安卓（Android）系統將僅擁有一四・五%的市占率。

實際情況呢？塞班二〇一二年第四季出貨量只有二百二十萬，同年年底就關門大吉。另一方面，安卓甚至超越蘋果 iPhone 的作業系統，如今稱霸行動裝置界，光是二〇一四年作業系統的出貨量就超過十億。

創投家維諾德．柯斯拉（Vinod Khosla）曾進行一項富有洞察力的研究，他回顧從二〇〇〇到二〇一〇年間行動電話產業分析師所做的預測，並且研究顧能、麥肯錫、弗雷斯特（Forrester）和朱比特（Jupiter）等大型研究公司，看看他們在那十年間如何預測行動電話產業在接下來兩年的成長。

從柯斯拉的研究來看，在二〇〇二年，專家們預測行動電話產業平均每年成長一六%，事實上二〇〇四年該產業出現百分之百的成長。在二〇〇四年，專家們的集體預測是成長一四%，但是到二〇〇六年，成長率再次達到百分之百。在二〇〇六年，分析師們估計銷售量只會增加一二%，結果實際數字又增加一倍。儘管已經有三次明顯失敗，同一批專家在二〇〇八年同樣預測行動電話產業只會成長一〇%，結果卻看到實際數字再度翻了一倍——又成長了百分之百。預測數字與實際情況差了十倍，很難想像會有任何人犯下比這件事還離譜的錯誤，但全世界的企業和政府進行長期策略規畫，所仰賴的就是這些行動電話產業專家。把「失之千里」這句成語用在這裡再合適不過了。

這項失敗對我們的目標極具價值，原因是過去十年間，在行動電話產業的每一個**指數級**成長點上，全球頂尖的預言家大多是預測**線性變化**。我們再度將它標示為「鉢星式思考」。

柯斯拉繼續指出，這種預測錯誤不僅在行動電話產業很普遍，在石油及許多其他產業也很常見。

事實證明，霍斯拉的研究特別令人信服和寶貴。在面臨指數成長時，即使有證據擺在眼前，幾乎每個領域的專家總是以線性方式進行預測。

網路電話（VOIP）和行動通訊領域的著名創業家布洛・特納（Brough Turner），從一九九〇年就開始在該產業創業並密切關注業界預測，他同意柯斯拉的分析。在最近一次與伊斯梅爾的訪談中，特納指出，儘管最初的推測總是比較大膽，在起初的十八到二十四個月之後，專家便難免會逐漸縮小預測數字，但行動電話產業這樣的高成長率維持了二十年。弗若斯特沙利文（Frost & Sullivan）研究公司執行長大衛・弗列基斯德（David Frigstad）對此做出了部份解釋：「在一項技術翻倍成長時進行預測，本質上就很難處理。如果你走錯一步，就偏差了五〇％！」

最後一個例子應該會闡明這一點。一九九〇年推動人類基因體計畫（Human Genome Project），目標是完成個人基因體的完整定序工作。原先估計該計畫需時十五年，費用約六十億美元，但是在預計時程剛過一半的一九九七年，僅有一％的人類基因體完成定序。每個專家都認為這項計畫失敗，指出若是七年時間才完成一％，完成整個定序就要花七百年。一位首席研究員克雷格・凡特（Craig Venter）接到朋友和同事來電，都勸他中止這項計畫，別讓自己更加難堪。凡特回憶他們說：「挽救你的事業，把資金退回去。」

不過，當庫茲威爾被問到對此事的看法時，卻對「逼近的災難」抱持迴然不同的看法。「一％，表示我們已經成功一半。」庫茲威爾注意到別人忽略的一點——每年完成的定序量維持加倍成長，一％翻倍七次就是百分之百。庫茲威爾算對了，事實上該計畫在二〇〇一年就完成，不僅時間提前，支出也低於預算。所謂的專家把計畫終點算錯了六百九十六年。

這其中發生了什麼事？那些聰明又博學的分析師、創業家和投資人怎麼會持續曲解事情？而且不只是差一點點，是差了九九％之多？如果這些預測只是稍有偏差，用「資料錯誤」或甚至「能力不足」等說法就能輕易打發。但是出現如此重大的錯誤，幾乎一定是因為對界定市場本質的規則完全誤解。專家們仰賴的典範原本完美運作，後來突然過時，而且原因往往不明。

但如果有一個新的典範在現代經濟中扮演核心角色，而且界定我們的生活和工作方式，這個典範是什麼？

答案就在本書前言中提到的幾個軼事裡。例如柯達的故事，它的失敗只是一家曾經偉大、後來變得自滿並失去創新優勢的公司個案，就像當時的媒體所暗示的那樣嗎？還是有更大的因素產生作用？

如果你資歷夠深，可以回想一下底片攝影的年代。當時每張相片都會有累加的成本：底片的成本、郵寄或親手遞交底片的成本、處理底片的成本……到最後，一張相片總計大約要一美元。攝影是根據稀缺模型（scarcity model）運作，我們小心翼翼地保存和管理自己的相片和膠捲，確保沒有浪

費掉的鏡頭。

轉變到數位攝影的過程中，發生了一件重要的事——實際上是革命性的大事。多拍一張相片的邊際成本不只是降低（那只代表技術出現線性改進），而是基本上**降到零**。你拍五張相片或五百張相片，成本上都沒有差別；到最後，連相片本身的儲存成本也幾乎免費。

這還不是唯一的技術進展。一旦擁有這些數位相片，你就可以將運算技術應用上去，形式包括影像識別、人工智慧、社交技術、濾光、編輯和機器學習。現在，即使是沒受過多少訓練的人，都能成為像艾德華．威斯頓（Edward Weston）、安瑟．亞當斯（Ansel Adams）這樣的「暗房魔術師」。比起實體相片，你在操作、移動和複製數位相片上必定更快速和容易，使你可以同時成為發行人、印刷者和通訊社。要完成這一切，你只需要一台數位相機，而且與它所取代的傳統相機相比，數位相機便宜和輕巧許多。

換句話說，攝影界發生的情況不只是一項重大改進，甚至也不只是單一的「革命性躍進」。如果只遭遇這項挑戰，柯達或許能夠設法維持競爭力。但是柯達（和拍立得等業界其他巨擘）受到來自各方的革命性技術改變所打擊：相機、底片、處理、分銷、零售、行銷、包裝、儲存，以及最終和最決定性的改變——市場認知徹底改變。

那正是典範轉移（paradigm shift）的定義。每一則軼事都說明了一個重要又基本的經驗教訓：以資訊為基礎的環境提供了根本上具有顛覆性的機會。

在全球經濟中發生的類似顛覆數以千計，只不過這種深遠的轉變正從實體基礎轉向資訊基礎。也就是說，在每一個這種顛覆——這些革命性躍進——的核心，都可以發現「資訊」所扮演的角色出現根本性改變：半導體晶片擔任圖像擷取、顯示、儲存和控制器的角色；網際網路改變了供應、分銷和零售管道；社交網路和群組軟體使機構重整。所有的跡象顯示，我們正轉向一個以資訊為基礎的典範。

在《奇點迫近：當人類超越生物學限度》（*The Singularity Is Near: When Humans Transcend Biology*）一書中，庫茲威爾發現技術的一個相當重要又根本的屬性：當你轉向一個以資訊為基礎的環境，發展的速度就會躍上一個指數級成長路線，性價比每一、兩年會倍增。

科技界每個人都知道，這種變化速度最早是由英特爾公司（Intel Corporation）共同創始人高登・摩爾（Gordon Moore）在一九六四年發現和說明。「摩爾定律」是他的不朽發現，他觀察到半個世紀以來運算的性價比持續倍增。如同前言所提到的，庫茲威爾將摩爾定律進一步延伸，指出每個以資訊為基礎的典範都是以這種方式，也就是他所謂的「加速回報定律」（LOAR）來運作。

越來越多人明白，以往在運算中看到的改變速度，如今正以相同的效應對映到其他技術上。例如，第一個人類基因體是在二〇〇〇年以二十七億美元的費用定序，但由於運算、感應器和新的量測技術加速發展，DNA 定序的成本是以摩爾定律速度的五倍在下降。二〇一一年，摩爾博士花了十萬美元完成自己的基因體定序，如今相同的定序只需要花費大約一千美元；預計到了二〇一五年，這個數字會降到一百美元，二〇二〇年時甚至只需要一美分。用奇點大學生物科技和資訊學項目負責人雷蒙．麥考利（Raymond McCauley）的話來說，屆時是：「為自己的基因體定序很快就會變得……比沖馬桶還便宜。」

我們也看到機器人學出現類似的進展。孩子們現在玩的那些售價二十美元的玩具直升機，五年前那些功能要價七百美元，八年前它甚至不存在。就像前太空人丹．巴里（Dan Barry）談到亞馬遜網站上一款售價十七美元的玩具無人直升機時所說：「這種玩具直升機所使用的陀螺儀，三十年前的太空梭工程師要耗費一億美元才造得出來。」

這還只是生物技術和機器人學而已，許多其他技術的成本也直直落，包括下列項目（詳見表1-1）。在上述的每個領域，都至少有一個層面是由資訊促成，這使得它們在技術發展速度加快到進入倍增模式時，躍上摩爾定律的子彈列車。

當然，實體世界仍然存在，但我們與它的關係正徹底改變。請注意，許多人的記憶已非存在腦中，而是深埋在智慧手機裡。透過社交網絡，我們的關係越來越數位化，而非類比化；溝通方式也幾乎完全數位化。我們正快速改變我們應對這個世界的過濾器：我們對待世界的方式，從以實體和物質為基礎的觀點，轉變為以資訊和知識為基礎的觀點。

而且這只是開始。十年前，我們擁有五億部連接網路的裝置，如今已有大約八十億部。到二〇二〇年會有五百億部，再過十年我們就會擁有一兆部連接網路的裝置，屆時我們確實會以資訊促成物聯網世界的每一個層面。網際網路現在已是世界的神經系統，行動裝置則是做為這個網路上的邊界點（edge point）和節點。

試著稍微想想那個情況吧：我們將從現在的八十億部連接網路裝置，增加為二〇二五年的五百億部，之後再過僅僅十年，數量又會激增到一兆部。我們認為，從資訊革命（Information Revolution）的發展來說，進行三十年或五十年就算是走得很長遠了。但是根據上述的衡量標準，我們在這條路上只走了一％。

表1-1　技術成本下滑實例

技術類型	實現相等功能的成本（平均數）	比例
3D列印	從4萬美元（2007） 到100美元（2014）	7年400倍
工業機器人	從50萬美（2008） 到2.2萬美元（2013）	5年23倍
無人機	10萬美元（2007）到 700美元（2013）	6年142倍
太陽能	從30美元／千瓦小時（1984） 到0.16美元／千瓦小時（2014）	20年200倍
感應器 （3D 雷射感應器）	從2萬美元（2009）到 到79美元（2014）	5年250倍
生物技術（完整人類基因圖譜的基因定序）	從1000萬美元（2007） 到1000美元（2014）	2年1萬倍
神經技術（BCI裝置）	從4000美元（2006） 到90美元（2011）	5年44倍
醫學（全身掃描）	從1萬美元（2000） 到500美元（2014）	14年20倍

不僅是大部分的成長還在前面等待我們達成，而是「所有的成長」都是如此。

而且在這個過程中，**一切都會被顛覆**。

特別是在消費世界中，那種顛覆的強度如今才趨於明顯。它從特定的產品和產業開始出現，例如圖書（亞馬遜）和旅遊（Booking.com）。接下來，分類廣告（Craigslist）和拍賣網站（eBay）毀滅了報業，而報業近些年來更受到推特（Twitter）、《赫芬頓郵報》（Huffington Post）、《惡之世界》（Vice）和網誌平台《媒介》（Medium）進一步的顛覆。最近，所有的產業（例如音樂產業，最初拜蘋果的 iTunes 之賜）都遭到顛覆。

至二〇一四年，我們很難指出任何尚未遭到徹底顛覆的產業；不僅企業如此，工作也是一樣。就像頂尖的天使投資人兼 Gust 投資平台創始人大衛・羅斯（David Rose）所說的：「我們指的出來的每一項工作職務，都經歷徹底的轉變。」

甚至像建築業這種「老舊」產業，也陷入顛覆的陣痛。某建築公司的高階主管麥克・哈索爾（Mike Halsall）告訴我們，他所屬的產業遭受的重大顛覆包括：

- 協同合作程度提高（使不透明的產業更透明、有效率得多）
- 越來越複雜的設計軟體和視覺化
- 3D列印。

哈索爾估計，這些顛覆累加起來可以使建築業工作人數在十年內減少逾二五％。（順帶一提，建築業是年產值四．七兆美元的產業。）在商務旅遊業，BCD Travel差旅管理公司的全球技術部門執行副總裁羅斯．豪威爾（Russ Howell）指出，以電話為基礎的顧客服務中心完成的交易，在不到十年內會有五〇％轉移到網際網路。他還預期在三年內，來自網路的業務會有五〇％轉移到智慧手機上。

當這種以資訊為基礎的新典範加速全世界的新陳代謝時，我們越來越感覺到它的總體經濟影響力。例如，最便宜的3D列印機現在售價僅一百美元，這表示大約五年之內，大多數人都買得起3D列印機來製造玩具、餐具、工具和配件——幾乎我們想得出的任何東西都可以製造。這場「列印革命」的意涵幾乎深不可測。

潛在的影響也同樣難以預測。想想看，儘管中國經濟在過去數十年大幅進展，它現在仍然主要是以製造和組裝便宜塑膠零件為基礎。這就表示在十年內，中國經濟可能面臨3D列印技術的嚴重威脅。而這還只是針對一個產業——再接著想一下，如果經濟衰退的中國決定贖回外債，又會產生什麼漣漪效應？

從歷史來看，顛覆性的突破總是在不同領域出現交集時發生，例如將水力和紡織機結合而促成了工業革命。現在，我們基本上正在將所有創新的新領域交叉連結。而且還不只是新領域，類似的碰撞也在歷史悠久的學科裡發生，從藝術、生物學到化學和經濟學。難怪著名的創新策略諮詢顧問公司德布林集團（Doblin Group）創始人賴瑞．基利（Larry Keeley）說：「三十二年來，我從未看過像現在這樣快的改變速度。」

甚至曾被認為不受技術影響的產業，也因為資訊的次級影響而受到撼動。例如在二〇一三年一月，阿根廷著名創業家聖地牙哥．比林基斯（Santiago Bilinkis）注意到，布宜諾斯艾利斯的洗車業者過去十年的營收減少五〇％。阿根廷中產階級人數越來越多，豪華汽車的銷量和喜歡炫耀潔淨光亮愛車的人口數平穩成長，洗車業營收減少不合常理。比林基斯花了三個月研究這種情況，檢視市場上的洗車業者數量是否增加，或是政府推出新的節水政策，結論是都沒有。排除所有的可能性之後，他無意中發現答案：由於運算能力和資料增加，天氣預報員針對預測期間所作的氣候準確度提高五〇％。駕駛人知道快要下雨就不會去洗車，造成光顧洗車店家的人減少。因此，天氣預測的運算能力提升，對布宜諾斯艾利斯洗車業者這種看似不受技術進展影響的產業帶來沈重打擊。

為充分了解目前所見的變革加速情況，我們來回顧九〇年代花在銥星公司和其他衛星計畫的一百億美元投資。在二十年後的今天，新類型的衛星公司，例如 Skybox、Planet Labs、Nanosatisfi 和 Satellogic，全都發射了奈米衛星（這些衛星只有一個鞋盒大小）。每次發射的成本約為每顆衛星十萬美元，相較於銥星為建構衛星系統每次發射所耗費的十億美元，這點錢微不足道。更重要的是，藉著發射一連串以座標、網眼式的配置來運作的奈米衛星，這些新衛星的能力讓前一代的古董衛星瞠乎其後。

Planet Labs已經擁有三十顆軌道衛星，並計畫在二〇一四年再發射一百顆。在阿根廷以外營運的Satellogic已經發射前三顆衛星，而且很快就能夠提供地球上任何地區解析度達一公尺的即時視訊影像。Satellogic創始人艾米利亞諾．卡基曼（Emiliano Kargieman）估計，發射一連串衛星的總成本將不到兩億美元。整體而言，這些新類型衛星公司的營運成本是二十年前的萬分之一，卻提供約一百倍的性能——相當於成長一百萬倍。這才算是銥星時刻。

本章要點

- 在如指數般快速變動的時代，許多領域的專家仍以線性方式預測。
- 從底片變革數位攝影的這種爆炸性轉變，目前正在一些加速成長技術的領域裡發生。
- 我們用資訊促成一切。
- 由資訊促成的環境提供了徹底顛覆的機會。
- 連傳統產業也邁入「發生顛覆」的時間點。

Chapter 02 兩家公司的故事

二〇〇七年一月，史提夫．賈伯斯（Steve Jobs）發佈蘋果 iPhone（iPhone 在六個月後首度上市），這項消息撼動了全世界，成為現代商業史上最經典的時刻之一。

科技界的一切在那一天名副其實地徹底改變——事實上，你甚至可以將它稱為一個奇點（Singularity）——因為消費電子業所有現行的策略馬上變得過時。在那一刻，人們必須重新思考整個數位世界的未來。

發佈會過了兩個月後，芬蘭的手機巨擘諾基亞耗費鉅資八十一億美元收購導航和地圖繪製公司 Navtaq。諾基亞買下 Navtaq，是因為 Navtaq 主導了道路交通感應器產業。諾基亞的結論是，控制那些感應器就能主導地圖、行動和線上的在地資訊——這些資產能夠做為防禦壁壘，對抗谷歌和蘋果日益擴大的市場掠奪。

這個天價代表 Navteq 在道路交通感應器產業近乎壟斷。光是在歐洲，Navteq 的感應器就涵蓋十三個國家、三十五個大型城市裡大約四十萬公里的道路。諾基亞相信，擁有由 Navteq 提供動力的全球即時交通監控，會讓它能夠與谷歌在即時資料領域日益擴大的地盤一較高下，並且擋開蘋果革命性的新產品——至少理論上是如此。

可惜諾基亞時運不濟，一家名為 Waze 的以色列小型公司在同時期成立。Waze 創始人沒有大量投資道路感應器硬體，而是選擇運用用戶手機上的 GPS 感應器——賈伯斯才剛在蘋果宣佈的智慧型手機新世界——掌握交通資訊，藉此透過群眾外包方式將位置資訊外包。兩年之內，Waze 收集交通資料的管道就和 Navteq 擁有的道路感應器數量一樣多，四年之內 Waze 的資料來源更達到 Navteq 的十倍；更有甚者，增加每個新來源所耗費的成本基本上是零。更別提 Waze 的用戶經常汰舊換新手機，這樣等於將 Waze 的資訊基礎升級；相較之下，Navteq 系統則需要花一大筆錢進行升級。

諾基亞透過收購一項資產進行重大的防禦性押注，為的是要避免和 iPhone 正面交鋒。這是商業界會頌揚的那種行動——前提是行動必須成功。但由於諾基亞並不了理解槓桿資產（請見第三章）更大的指數等級影響力，這項行動慘敗。到二〇一二年六月，諾基亞的市值已從一千四百億美元縮減到八十二億美元，跟它收購 Navteq 所花的費用差不多。這家全球最大的手機公司不僅喪失業界龍頭的地位，加上失去捲土重來所需要的資金，它可能永遠無法重回領導地位。

二〇一三年六月，谷歌以十一億美元收購 Waze。那時 Waze 沒有基礎設施、沒有硬體，員工也不到一百人，但它擁有五千萬個用戶。更準確地說，Waze 擁有五千萬個「人體交通感應器」，比前一年的數字增加一倍。再過一年，這個數字可能再度增加一倍，達到在全球擁有一億個位置感應器（location sensor）。

諾基亞遵循舊有的線性規則，購買實體的基礎設施（還記得銥星也是這樣嗎？），期望最後能證明這項設施會是具有競爭力的防禦屏障。當然，它確實有效，但只對道路感應器的使用者有用，無法對抗由資訊促成的手機APP設計者。相形之下，Waze只不過順勢利用用戶的智慧型手機，就跳過實體感應器的世界。

在我們撰寫本書時，諾基亞與Navteq的故事正進入尾聲：微軟以七十二億美元收購諾基亞行動電話裝置業務和專利組合，比諾基亞收購Navteq所支付的價格少了大約十億美元。就在諾基亞從手機產業初期領先的地位快速跌落時，微軟正奮力為它的Windows Phone軟體爭取市占率。

微軟針對收購諾基亞所提出的理由是：促進自己在手機上的市占率和獲利；為用戶創造一流的微軟手機經驗；避免谷歌和蘋果阻絕應用程式的創新、整合、分銷和經濟；並且讓自己充分利用智慧型手機產業成長所激發的巨大商機。時間會告訴我們，這個情況會怎麼發展，以及諾基亞收購案究竟會成為線性的個案、指數型的個案，抑或只是智慧財產權的搶地盤行動。

Waze與Navteq對決的故事很重要，而且與本書息息相關——原因不僅在於兩者誰勝誰負，也在於兩家公司對所有權的策略存有根本差異。諾基亞耗費大量資源購買和持有數十億美元的實體資產，而Waze只存取在用戶手機上已可取得的資訊；前者是線性思考的經典範例，後者則是指數型思考的典型代表。諾基亞的線性策略取決於實體安裝的速度，Waze則是受益於更快存取和共用資訊的指數等級速度。

從遠古時代起，人類就努力要擁有「東西」並且交易東西的使用權。這種行為從部落開始，由宗族採用，接著擴及民族、國家，並且在近代散播到全球市場，促成日益龐大的人類機構。擁有更多土地、設備、機器和人員，一向能創造價值。想要管理稀有資源和確保相對可預測的穩定環境，擁有權是完美的策略。

你擁有的東西越多，亦即「擁有」的價值越多，就越富有和越強大。當然，要管理那種資產就需要人手，而且是許多人手。如果土地面積增加一倍，你就需要兩倍的人手來耕種或保護它。幸好當時我們的控制範圍沒有跨越太大的區域，所以這種安排完全可行。

一旦管理或保護名下資產所需要的人手達到關鍵數量，我們就創造出階級。每個部落或村莊中的權力結構，都有某種內隱或外顯的階級架構層級性（hierarchical order）；部落越大，階級架構就越大。那種區域性、階級式的思維是從中世紀開始，但之後隨著工業革命和現代公司的興起而充分發展，並且對應到公司和政府的結構中。這種設計此後便保留下來，其間只做過極小幅的修改。

現在，我們仍然根據這種線性標準來管理和衡量我們本身。亦即：如果X份工作需要Y份資源，2X份工作就需要2Y份資源，算術數值越來越大，以此類推。

自動化、大量生產、機器人、甚至電腦的虛擬化，改變了這條線的斜率，但它仍然是線性的。如果一輛混凝土攪拌車取代一百個手工攪拌混凝土的工人，兩輛攪拌車就能取代兩百個工人。同樣地，大半的社會也是根據這種方式來衡量：每十萬名病人分到的醫生人數、每位教師授課的班級人數、人均國內生產毛額（GDP）和能源等。勞工的薪水按照每小時支付，法律費用也是如此，而房屋售價則是按平方英呎來定價。

在商業中，製造大部分產品和服務的方式繼續反映這種線性、遞增、連續的思考。因此無論是大型客機還是拇指指甲大小的微處理器，製造一項產品的典型方式，是透過所謂「新產品開發」（New Product Development, NPD）的階段—關卡（stage-gate）流程範本，其中包括以下步驟：

1. 構想的產生
2. 構想的篩選
3. 概念發展和測試
4. 商業分析
5. 上市前驗收測試（beta test）和市場測試

6. 技術實作
7. 商業化
8. 新產品定價

這個流程已經銘刻在現代商業的DNA中，甚至還有專屬於它的產業協會，稱為「產品開發與管理協會」（Product Development and Management Association, PDMA）。

你可能認為，這種舊式的線性方法在許多成熟的產業中仍然很普遍，但是在最新最熱門的技術世界裡，它早就被揚棄——你錯了。線性流程仍然充斥於全世界經濟，只不過在不同場合會有不同名稱，例如在軟體界，它被稱為瀑布式開發（waterfall approach）。此外，雖然有敏捷開發（agile development）等新開發方法簡化了相關流程，並將一些步驟改為並行結構，但其基本模式依然是線性和遞增的。不論是製造火車頭還是開發 iPhone 軟體，線性產品開發依然是最重要的部分。看看圖表 2-1，可以注意到在確實知道問題和期望的解決方案時，這種方法是行得通的。

當你以線性方式思考、運作以及衡量績效和成功時，你最後會不得不成為一個線性組織，透過線性觀點來看這個世界——甚至連一度市值高達千億美元、走在技術尖端的諾基亞也是如此。這樣的組織難免會具有以下特性：

- 由上而下的階層式組織
- 由財務成果推動
- 線性、序列式的思維
- 創新主要源自內部
- 策略規畫主要是根據過去來推斷
- 無法容忍風險
- 流程欠缺彈性
- 大量的員工
- 控制自身資產
- 極力投資於現狀

正如著名的商業作家約翰・海格所說的，「我們建立組織是為了抵抗來自外界的改變」，而不是接納那些改變，即使它們是有益的。航太工程師伯特・魯坦（Burt Rutan）對此的推論是：「不

圖表2-1　傳統的產品開發方法

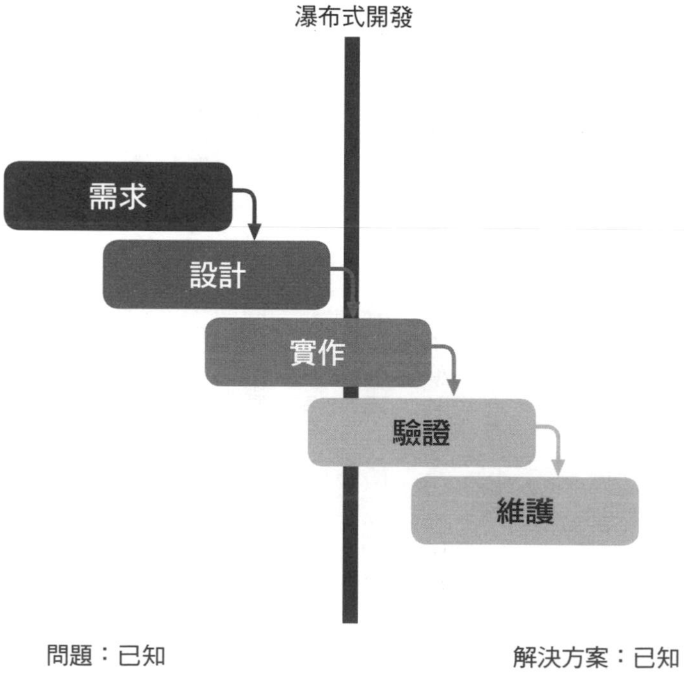

要問，防禦就對了。」

毫不意外地，鑒於所有這些特性，線性組織很少會破壞本身的產品或服務。它們沒有工具、態度或觀點這麼做。它們會做和應該要做的，是不斷擴張以利用經濟規模。規模是線性組織存在的理由，但必須是**線性規模**。約翰・希利・布朗（John Seely Brown）稱這是可擴展的效率（scalable efficiency），並且主張這就是推動大多數公司策略和公司架構的典範。克里斯汀生的經典商業著作《創新的兩難》（*The Innovators Dilemma*）使這種思維永垂不朽。

大型組織多半採用所謂的矩陣結構（matrix structure）。產品管理、行銷和銷售通常是垂直排列，而法律、人力資源、財務和資訊技術等支援型功能部門通常是水平排列。因此處理某項產品法律問題的人員有兩個彙報對象：一個是負責營收的產品部門主管，另一個是確保各種產品一致性的法務部門主管。這種模式雖然適用於指揮和掌控，但不利於責任歸屬、速度和風險承受度。每次你想要做某件事，你得先從人力資源、法務、會計等部門裡所有大人物那裡取得授權，那些都需要時間。

伊斯梅爾在矩陣式結構中觀察到的另一個主要問題是：經過一段時間，權力會往水平方向累積。人力資源或法務部門通常沒有首肯的動機，所以他們預設的回答就變成「不行」（這就是為何人力資源部門通常被稱為「沒人性資源部門」）。人資部門成員並非都是壞人，但久而久之，他們的動機最後會與產品經理的動機不一致。

過去幾十年來，這場掌握規模經濟的競賽造成大型跨國公司的擴張。與此同時，爭取越來越高的利潤所面臨的壓力，導致企業以削減成本、提高營收和改善盈餘的名義，進行產業外移、跨國擴張和超大合併案。

但是這些改變的代價都很大，因為規模的另一面是靈活彈性。無論怎麼努力嘗試，在全球擁有大量設備和數以萬計員工的大型公司都面臨一項挑戰：在這個快速前進的世界中敏捷運作。海格在針對指數型顛覆的分析中也指出：「指數型世界中的一個關鍵問題是……你今天抱持的任何理解很快就會過時，所以你必須持續更新自己對技術和組織能力的認知。那將會極具挑戰性。」

快速改變或顛覆式改變，是大型矩陣式組織認為極度困難的一件事。事實上，那些嘗試過破壞式創新的人發現，組織內的「免疫系統」很容易意識到此番威脅並加以攻擊。奇點大學策略長和維珍集團（Virgin Group）美國創投子公司的前負責人加布里耶・巴爾迪努奇（Gabriel Baldinucci）觀察到，免疫反應可以分為兩層：第一層是保護核心業務，因為核心業務就是現狀；第二層是保護個人本身，因為就投資報酬率而言，保護自己比保護組織更有利。

只要市場狀況保持不變，讓傳統企業極有效率進行擴張和成長的因素，也讓它們極度容易受到顛覆的影響。就如同 PayPal 共同創始人彼得・提爾（Peter Thiel）所說：「全球化是從1到N，複製現有的產品，但那是二十世紀。現在是二十一世紀，我們進入從0到1的世界，創造新產品將逐漸成為企業的優先考量，因為各種不同的指數型技術已經崛起。」

大型企業可能會有許多其他問題，但它們絕不愚蠢。它們明白這種結構上的弱點，有許多企業正在努力加以修正。例如谷歌共同創始人賴利·佩吉在二〇一一年四月成為谷歌執行長時採取的第一批行動，就是刪減管理層級，將組織扁平化；中國的海爾公司（Haier）和其他大型組織也採行類似的計畫。儘管事實證明其中一些做法很成功，但是長遠來看，這種扁平化做法只是權宜之計，因為員工總人數——財務重擔和變革的阻力——很少會縮減。

當然，並非所有的產業都進行「瘦身」。其中一個逆向操作的產業是製藥業——我們認為他們會為此感到懊悔。當容易獲利的暢銷藥在二〇一二年之後利潤下滑之後，*製藥大廠並沒有分拆成幾個較小、較靈活的小公司，而是選擇採取似乎令華爾街感到高興的整合和合併行動。我們認為擴大規模會進一步降低製藥公司的靈活度，進而使它們遭到顛覆的風險提高。

有一個典範可以代表那種即將發生的顛覆，那就是青少年傑克·安卓卡（Jack Andraka），他在十四歲時獨力開發出一種成本只需三美分的胰腺癌早期檢測法。比起目前的診斷方式，他的方法便宜了二萬六千倍，靈敏度高出四百倍，速度也快了一百二十六倍。全世界出了許多神童，個個都有顛覆大型企業和悠久產業的潛力，安卓卡是其中之一，製藥大廠不知道如何應付這種人。世界上有千千萬萬個安卓卡將指數型思維帶進我們的線性世界，而且沒有任何事情可以阻擋他們。

再回頭看看 Navteq 與 Waze 的故事，我們希望表明的一點是，傳統的線性思維在指數型世界不

* 詳見 www.fool.com/investing/general/2013/02/28/big-pharmas-blockbuster-battle.aspx

管用；簡單來說，它無法競爭。伊斯梅爾二〇〇七年在雅虎身上直接看到這一點。雅虎是貨真價實的網路公司，卻在典型的線性矩陣式組織結構內營運。每次推出新產品或是經過修正的舊產品，背後的團隊就必須越過好幾道關卡——品牌、法務、隱私和公共關係等——每一個步驟都要花費幾天甚至幾週。這表示，等到產品最後進入消費者的網路空間時，通常為時已晚，總是有別家新創公司已經獲得很大的迴響。伊斯梅爾針對雅虎問題的癥結作出結論：它的組織結構與這個產業是對立的。

雅虎絕非獨立個案，甚至連勢力龐大的谷歌也曾與這個問題纏鬥。它推出Google+，花了兩年時間和龐大的心力。這項產品經過精心打造，但等到二〇一一年夏季推出時，臉書已擁有幾乎無法超越的領先地位。

正如我們在第一章中看到的，這種改變的步調在短時間內不會放慢。事實上，摩爾定律幾乎保證這種改變至少幾十年內會繼續加速，而且是以指數形式加速。鑑於這種改變對其他技術造成的交叉影響，如果過去十五年商業界遭受重大顛覆，接下來十五年的顛覆將會使得之前的顛覆相形見絀。

網路公司已經改變我們刊登廣告和行銷的方式，它們已經改造報業和出版界，並對人們溝通和互動的方式產生深遠的影響。出現那種改變的原因之一，是分銷一項產品或服務，尤其是可以幾近完全轉換成資訊的東西，成本幾乎降到零。以往成立一家軟體公司，需要投入數百萬美元在伺服器和軟體上；如今拜亞馬遜網路服務系統（Amazon Web Services, AWS）之賜，成本只需要前述金額的一小部分。在現代經濟每個產業裡的每個領域都可以找到類似故事。

歷史和常識已經闡明，如果不從根本改變組織的本質，就不能夠徹底轉變該組織的每個部分——並且將企業內在的時鐘調快到超高速。這就是為什麼在過去幾年間，一種符合這些改變的新組織架構已經開始出現。我們稱之為指數型組織，正是因為它代表的結構，最適合處理加速、非線性、由網路推動的現代生活步調。此外，雖然連尖端的傳統企業每次投入都只能取得算術級數的產出，指數型組織卻藉由運用資訊技術的倍增指數型模式，每次投入都獲得幾何級數的產出。

為了獲得這種擴張性，像 Waze 這樣的新指數型組織正徹底顛覆傳統組織。傳統組織擁有資產或勞動力並且逐漸看到那些資產出現報酬，指數型組織則是利用外部資源來達成自己的目標。例如，指數型組織只保有極少數的核心員工和設備，在利潤激增時容許高度的靈活彈性。它們招攬顧客，運用從產品設計到應用開發等各種離線和線上社群。它們靈活運用既有和新興的基礎設施，而非試著擁有這些設施。此外，它們以驚人的速度成長，正因為是它們並未致力於擁有市場，而是**招攬市場**以達到本身的目的。Medium 是一個絕佳的例子，它仰賴本身的用戶提供長篇文章，因而顛覆了雜誌業。

我們相信在大多數產業裡，指數型組織將會戰勝傳統的線性組織，因為它們更會利用以資訊為基礎的外部屬性，這是舊式結構所做不到的。而且這項成就將使得指數型組織能夠比線性組織更快速成長，速度快到嚇人，然後從那裡開始加速前進。

我們很難確定這種新的組織形式確切出現的時間。指數型組織的許多層面已存在數十年，但直到最近幾年它們才真正開始舉足輕重。如果非要挑出一個正式的「指數型組織誕生日」，那應該是二〇〇六年三月，當時亞馬遜推出亞馬遜網路服務系統，並為中小型企業建立低成本的「雲端」。從那天起，經營資料中心的成本就從固定資本支出（CAPEX）變成變動成本。現在幾乎找不到一家不採用亞馬遜網路服務系統的新創公司。

我們甚至發現一個簡單的衡量標準，可以用來識別和區分新興的指數型組織：在四到五年內，產出至少增進十倍。

圖表 2-2 顯示一些指數型組

圖表2-2　指數型組織的優越績效

指數型組織	績效優越性
Airbnb 飯店業	每位員工的訂單量增加90倍
GitHub 軟體業	每位員工的儲存庫增加109倍
地方汽車公司（Local Motors） 汽車業	生產新車款的成本便宜1000倍，生產一輛車的流程快5至22倍（因車款而異）
Quirky 消費性產品業	產品開發速度快了10倍（從300天變為29天）
Google Ventures 投資業	對初期新創公司的投資提高2.5倍，透過設計流程的投資速度快35倍
Valve 遊戲業	每位員工的市值增加30倍
特斯拉 汽車業	每位員工的市值增加30倍
Tangerine（前身為ING Direct Canada） 銀行業	每位員工的客戶數量提高7倍，每位客戶的存款增加4倍

織，以及它們比同業至少增進十倍的績效。

重新檢視一下Waze。Waze藉著運用用戶手機上的資訊，目前擁有的交通移動訊號數量，是Navteq／諾基亞透過購買埋在道路中的實體感應器而獲得的訊號數量的一百倍。雖然Waze只是擁有數十名員工的小型新創公司，它很快就擊敗和超越線性的諾基亞，即使諾基亞擁有數千名員工。諾基亞認為自己稱霸手機世界——它曾經有過這樣的地位，但是在新的典範中，它已經與霸主寶座絕緣。

有兩個關鍵性因素促使Waze成功，而且這兩個因素也適用於所有下一代的指數型公司：

- 取用並非自己擁有的資源。以Waze的情況來說，該公司利用原本就在用戶智慧型手機上的GPS數值。
- 資訊是你最重大的資產。資訊比其他任何資產都更為可靠，並且有持續倍增的潛力。成功的關鍵並非只是聚集資產，而是從現有資訊中取得寶貴的暫存資料（cache）。紐約科技見面會（The New York Tech Meetup）主席安德魯．拉西耶（Andrew Rasiej）說得最貼切：「我把Waze視為一個公民應用程式。它收集有關公共場所中汽車和人員移動的資訊。你還可以用那些資料做哪些其他事情？」

將拉西耶的觀察向前推進一步，我們的指數時代真正的根本問題是：還有什麼是資訊可以促成的東西？

當你取得資源並且利用它們來促成一些事情時，關鍵成果是讓自己的邊際成本降到零。谷歌很可能是以資訊為基礎的指數型組織鼻祖。谷歌並未擁有它所掃描的網頁，它的營收模式在十年前是眾人調侃的對象，如今卻讓它變成一家價值四千億美元的公司。谷歌達到這個里程碑，基本上是運用文本（以及現在的視訊）資訊。領英（LinkedIn）和臉書加起來的價值超過兩千億美元，而那只是將我們的人際關係數位化的結果——也就是說，把人際關係轉變成資訊。我們相信，在未來幾年，最偉大的新企業將會利用新的資訊來源建立本身的業務，或是將以往的類比環境轉換成資訊。而且那種環境逐漸包括硬體（感應器、3D列印機／掃描器、生物科技等）：如同前面指出的，特斯拉S的傳動系統中只有十七個不同運動零件，這種車子可以被視為偽裝成超高性能豪華車的電腦，能透過下載軟體每週自行更新。

這種針對能支撐新公司和產業的新資訊來源所進行的搜尋，是通常被稱為「大數據」（Big Data）的革命核心。結合龐大的資料庫和強有力的新型分析工具，就有機會以全新的方式來看待世界——並且將得到的資訊轉化成新商機。

這種大數據來源到處出現。例如，我們提到過，三項不同的近地軌道（LEO）衛星系統計畫，將在幾年內提供地球上任何地區的即時視訊和影像。儘管隨著近地軌道衛星系統的問世，隱私和安全疑慮勢必會產生，但無疑到時會有數十家、甚至數百家全新公司因為利用這個龐大的新資訊來源而崛起。

例如，假使你可以計算出全美國任何或是所有希爾斯（Sears）或沃爾瑪（Walmart）百貨停車場裡的車輛總數？或是預測像海嘯和颱風這種天災，以及它帶來的衝擊？或是計算亞馬遜河沿岸地區的耗電量在夜晚提高多少？或是即時追蹤全世界每一艘貨櫃船？你很快就可以做到——可能是透過奈米衛星，也可能是透過谷歌的氣球計劃（Project Loon）和臉書的無人機策略之類的全球網路存取計畫。

在這條道路上甚至更接近目標的是谷歌的自動駕駛汽車。它採用的關鍵導航技術是光學雷達（Lidar）。每輛谷歌汽車的車頂都安裝不斷旋轉的光學雷達，這種裝置會構建周邊約一百公尺範圍內的即時３Ｄ地圖。谷歌汽車移動時，每秒會收集將近一ＧＢ的資料，並且構建出解析度在一公分內的周邊３Ｄ地圖。它甚至可以比較兩張影像，取得完美的前後對比分析。如果你移走前門廊的一株植物、敞開一扇窗戶，或是你家孩子晚上從臥室偷溜出來，谷歌都會知道。

這不只是靜態資訊，也是動態資訊——不只是按照現實世界的現狀、也是隨著它的改變加以記錄的資料。堆積如山（以千兆位元組為基準）的資料可以經由分析性的分類，發現我們周遭世界前所未知的真相。這些真相將會帶來目前無法想像的機會。

如前所述，過去幾百年來設計的傳統組織結構，以階層方式管理實體資產或人員，如今這種結構很快就趨於過時。為了在這個瞬息萬變的世界中競爭，我們需要新型的組織，這種組織不僅能管理這種變動，還能藉由變動而繁榮茁壯。

我們在第一章開始就討論了所謂的鈦星時刻，諷刺又巧合的是，恐龍滅絕就是透過岩層中發現的鈦地層而揭露。如今，毀滅的起因變成資訊彗星（Information Comet）。要是我們面臨另一個集體的鈦星時刻，該怎麼辦？這種情況不只是涉及一家大型公司（這種公司未能認清它周遭發生的技術變動所具有的革命性本質），也涉及現代經濟中所有——實際上是主要類型——的大型公司。要是它們全都面臨和鈦星相同的命運，該怎麼辦？

上述問題，以及尋求一種策略，讓新舊企業都能用該策略在這個新世界中生存和發達，將會是本書後續的主題。指數型組織有能力因應這個由深入、無所不在的資訊所構成的新世界，並且將這種能力轉變成競爭優勢。事實上，指數型組織是對新指數世界的適當商業回應。

我們接下來會進一步檢視這種引人注目的新組織形式：它如何運作、如何構成、如何擴張營運，以及為何在已轉變的市場中，其他老字號組織的計畫行不通，它卻能夠成功。最重要的是，我們會探討，如果我們要在業界成功，為何注定要採用指數型組織。

本章要點

- 我們的組織結構發展的目的，是管理稀少的資源。「擁有」的概念非常適用於稀有性，但是在富足、以資訊為基礎的世界，取用或共用的概念更管用。

- 以資訊為基礎的世界正以指數般的速度前進，但我們的組織結構仍然極為線性（尤其是大型組織）。
- 我們已經了解如何擴展技術；現在該是擴展組織的時候了。
- 矩陣式結構在以資訊為基礎的指數型世界行不通。
- 指數型組織已經學會如何在以資訊為基礎的世界中建構安排。

大衛．羅斯（David S. Rose）著有暢銷書《超級天使投資：捕捉未來商業機會的行動指南》（*Angel Investing: The Gust Guide to Making Money and Having Fun Investing in Startups*），他甚至更戲劇性地對此作出結論：「任何為了在二十世紀獲得成功而成立的公司，在二十一世紀注定會失敗。」

Chapter 03 指數型組織

現代的企業相當自豪能比以往的企業更快在市場上推出產品和服務。年度報告、廣告和演說總是在吹噓企業如何虛擬化、加速供應鏈、縮短核准週期，以及改進分銷管道。結果，現在一般的消費性包裝商品（CPG）公司要將一項新產品從發明一直推展到零售商店的貨架，平均需要二百五十到三百天的時間——而且信不信由你，一般認為那已經是極快的速度了。

以消費性包裝商品產業中的先驅指數型組織Quirky為例，它在僅僅二十九天內就完成這個周期，也就是說，從創意發想一直到在當地沃爾瑪商場看到產品出售，只花二十九天。傳統汽車公司要花大約三十億美元，才能夠讓一款新車上市，而指數型組織地方汽車公司只花了三百萬美元——儘管生產規模不同，但成本效率提升了一千倍。

再以Airbnb為例，它在二〇〇八年成立，利用用戶的閒置房間來營運，目前擁有一千三百二十四位員工，管理三萬三千個城市裡的五十萬筆出租資料。雖然它沒有實體資產，身價卻將近一百億美元，比在五百四十九處房產聘用四萬五千名員工的凱悅酒店集團（Hyatt Hotels）還高。此外，儘管凱悅的業務相對清淡，Airbnb 提供的住房夜數卻是呈指數成長（圖表 3-1）。按照目前的速度，到二〇一五年底時，Airbnb 將成為全球最大的旅館業者。

同樣地，有汽車版 Airbnb 之稱的優步將私家車轉變成計程車，市值已達一百七十億美元。就像 Airbnb 一樣，優步沒有資產、沒有員工（這值得一提），而且也是呈指數級速度成長。

如果你覺得這些估值還不夠讓人大開眼界，請回頭把內容再看一

圖表3-1　Airbnb 住房夜數

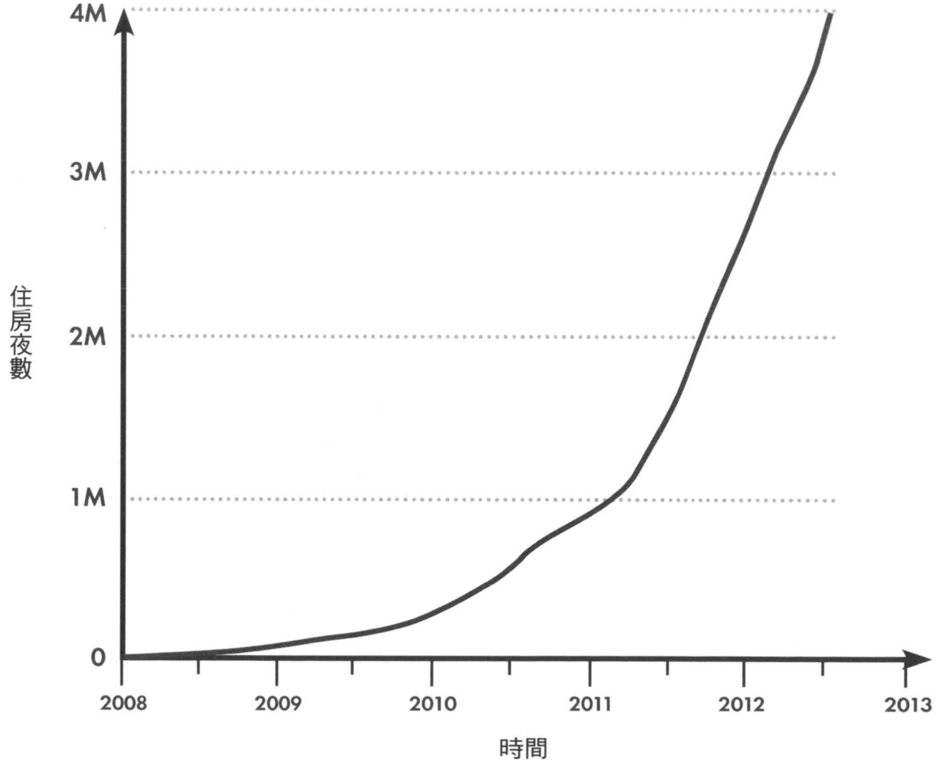

遍——這次要提醒你自己，這些指數型組織成立時間都不超過六年。

就像我們在第二章 Waze 的例子中看到的，有兩個動力促使指數型組織達到這種程度的可擴充性。第一個動力是，該公司產品的某個層面已經由資訊促成，因此按照摩爾定律，會具有資訊成長的倍增特性。第二個動力是，由於資訊基本上是流動性的，主要業務功能可以轉移到組織之外——轉移給使用者、粉絲或是一般大眾（我們稍後會再討論這部分）。

現在來檢視指數型組織的主要特徵。我們對過去六年來全球前一百大成長最快的新創公司進行研究，根據研究結果找出所有指數型企業的共同屬性，其中包括「宏大變革目標」（Massive Transformative Purpose, MTP），以及其他十個屬性，這些屬性反映了它們用來取得指數型成長的內部機制和外部屬性。我們利用字首語ＳＣＡＬＥ來反映五個外部屬性，並利用ＩＤＥＡＳ來代表五個內部屬性（圖表 3-2）。並非每一家指數型組織都具備這十個屬性，但擁有的屬性越多，可擴充性通常會越大。我們的研究指出，實現至少四個屬性，就可獲得「指數型組織」的稱號，並且讓你加速擺脫競爭對手。

本章我們將會檢視「宏大變革目標」和構成ＳＣＡＬＥ的五個外部屬性，下一章我們則會對構成ＩＤＥＡＳ的五個內部屬性進行調查。我們會用來表達指數型組織屬性的一個良好隱喻是大腦的兩個半球，右腦管理成長、創意和不確定性，而左腦主司秩序、控制和穩定性。

宏大變革目標（MTP）

根據定義，指數型組織的思維格局要大，有一個很好的理由是：如果組織的思維格局太小，就不可能追求能取得快速成長的業務策略。即使這家公司以某種方式設法實現令人印象深刻的成長程度，它的業務規模很快就會超越它的商業模式，使得該公司迷失方向、漫無目的。因此，指數型組織必須設定高標準。

這就是為什麼當我們檢視現有指數型組織的定位宣言時，會看到要是在幾年前可能顯得過於自信的使命宣言：

● TED：「值得傳播的構想。」

圖表3-2　指數型組織的共同屬性

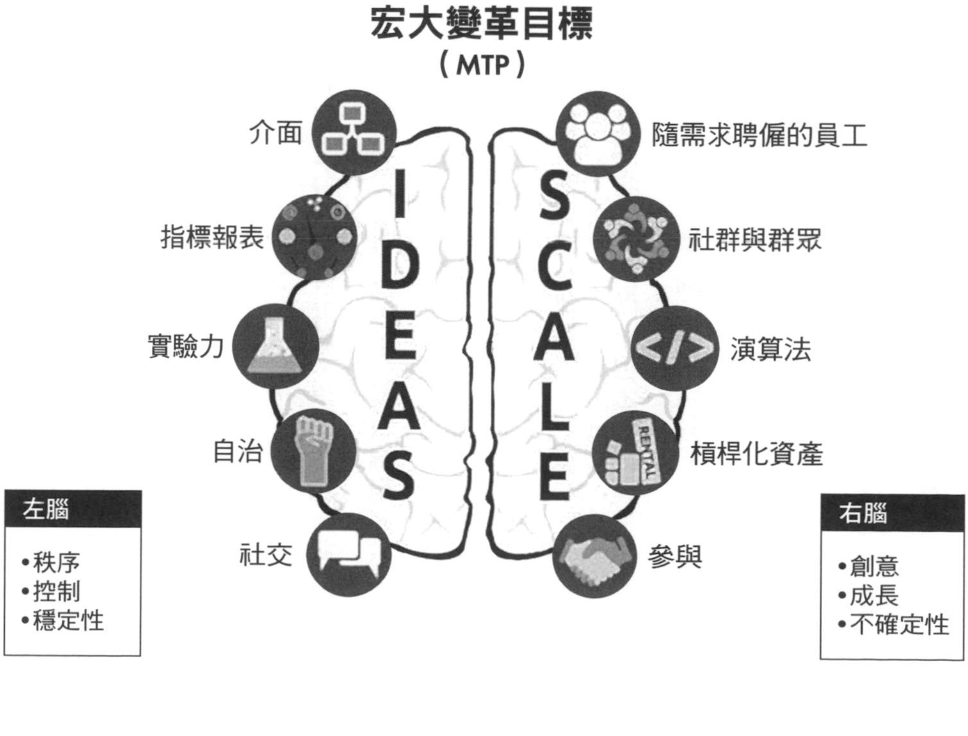

- 谷歌：「組織全世界的資訊。」
- X Prize 基金會：「為人類福祉而促成激進式突破。」
- Quirky：「讓人們能夠使用發明。」
- 奇點大學：「正向影響十億人。」

乍看之下，這些宣言與近年來的趨勢一致，都是將企業宣言改寫得更短、更簡單和更概括性。但是進一步檢視，你會注意到每一項宣言也非常具有雄心壯志：沒有一項是在說這個組織做什麼，而是說它想要完成什麼。這些渴望既不狹隘，甚至非關特定技術，反而是致力於掌握組織內部和（尤其是）外部人員的心靈和思想——以及想像力和雄心壯志。

這就是宏大變革目標，亦即組織秉持的更崇高、更有抱負的目標。我們所知的每一個指數型組織都有這樣的目標，有的致力於改變地球，有的只想改變某個產業，但做出**根本性轉變**是最重要的部分。以往的公司做出這種宣稱時可能會覺得不好意思，但如今的指數型組織卻真誠而自信地宣佈，它打算實現奇蹟。甚至處在規模相對較小市場中的公司也能「思考宏大變革目標」，例如刮鬍刀新創公司 Dollar Shave Club，以「每個月花一美元」的口號改變了刮鬍業。

有必要指出的一點是，宏大變革目標並不是使命宣言。想想看思科的使命宣言，它既未鼓舞人心也沒有充滿抱負：「為我們的客戶、員工、投資人和生態系統夥伴創造前所未有的價值和機會，藉此打造網際網路的未來。」儘管這其中有日標，也多少算得上遠大，但確實談不上具有變革性。此外，同樣的宣言可以直接給至少十幾家網路公司使用。如果我們要為思科設計宏大變革目標，它很可能是類似以下的說法：「隨時隨地連接每個人，連接一切。」那才是激勵人心。

適當的宏大變革目標帶來的成果中，最重要的一項是，它產生一種文化運動——亦即海格和布朗所說的「拉力」（Power of Pull）。也就是說，宏大變革目標相當鼓舞人心，所以社群會以指數型組織為中心成立，並自行開始運作，最後建立它本身的社群、部落和文化。想想蘋果專賣店外長長的人龍，或是報名參加TED年度大會的候補名單。指數型組織都擁有相當喜歡該產品或服務的自發性生態系統，所以它實際上將該產品或服務從核心組織中拉出來，取得它自己的所有權，再搭配行銷、支援服務，甚至負責設計和製造。試想蘋果 iPhone——面對眾多支援產品和上百萬種由使用者產生的應用程式，蘋果公司真的擁有 iPhone 嗎？

這種由宏大變革目標激發的文化轉變，有它本身的二次效應。首先，它將團隊的焦點從內部政治轉向外部影響。大多數當代的大型企業都聚焦於內部，除非透過僵化和制式的市場調查和焦點團體（focus group），否則通常會失去與市場和顧客的聯繫。

在瞬息萬變的世界，這種觀點可能帶來毀滅。現代企業必須持續將目光朝外看，而不只是察覺一項快速接近的技術或競爭威脅。如果你在谷歌工作，你要一直問自己（就如同該公司的使命宣言）：「我要如何才能夠更妥善組織整理全世界的資訊？」在奇點大學，我們在每次轉捩點對自己提出的問題是：「這會正向影響十億人嗎？」

一個有價值的宏大變革目標，最大的要務就是它的目標。根據西蒙・西奈克（Simon Sinek）的開創性研究，目標必須回答兩個關鍵的「為什麼」：

- 為什麼這個可行？
- 為什麼組織會存在？

宏大變革目標是競爭優勢

強有力的宏大變革目標對「先行者」特別有利。如果宏大變革目標夠全面、廣泛，競爭對手就只能屈居其下，畢竟別的公司很難突然跳出來宣布：「我們也要組織整理全世界的資訊，但是會做得更好。」一旦所有企業了解到這個獨特優勢，我們可以預期，在不久的將來，勢必會有一場針對真正宏大變革目標的「地盤之爭」。

強有力的宏大變革目標也能做為絕佳的求才工具，以及留住頂尖人才的磁鐵——在現今超級競爭的人才市場中，這兩者已成為越來越困難的主張。此外，在隨機成長時期，宏大變革目標可以做為一股穩定力量，讓組織能夠在較少的混亂之下擴張。

宏大變革目標不僅是吸引和留住顧客與員工的有效方法，對整個公司生態系統（開發人員、新創公司、駭客、非政府組織、政府、供應商、夥伴等）也有相同作用。因此它有助於降低這些利害關係人的收購、交易成本，以及留住相關人員的成本。

宏大變革目標並非單獨運作，它們反而在四周製造出影響組織每個部分的半影區（penumbra）。一個主要的早期指標是紅牛（Red Bull），它的宏大變革目標是「紅牛能給你翅膀」（Giving You Wings）。

那就是為什為經過一段時間後，我們可以預期品牌會融入宏大變革目標，並且會隨之越來越讓人渴望。為什麼？因為渴望型品牌（aspirational brands）可以在指數型組織的社群中產生正向的反饋迴路：顧客對產品感覺良好，並且越來越自豪能參與一項更大型的良性運動。渴望型品牌會利用內在動機（而非外在動機），藉此降低成本、提高效能和加速學習。

採用宏大變革目標也有經濟上的優點。這個世界正面臨許多重大挑戰，正如戴曼狄斯所言：「這個世界最大的問題，就是這個世界最大的幾個市場。」因此，在接下來的十年中，我們預期連股東都會把宏大變革目標納入他們的股票投資組合策略。

與宏大變革目標類似的是，我們也發現全球社會企業（social enterprise）增加。G8在二〇一三年八月所作的一項研究估計，全球有六十八萬八千家社會企業，年產值為二千七百億美元。這些組織有許多形式（福祉型企業或是B型企業、三重盈餘企業或是低利潤有限債務公司、自覺資本主義運動、慢錢運動），並且運用他們的宏大變革目標，將社會和環境問題——以及利潤——整合到他們的商業流程中。

這種趨勢起源於組織中的企業社會責任（corporate social responsibility，簡稱CSR）計畫出現。二〇一一年，《財星》五百大企業中，有五七%的企業發佈企業社會責任報告——較去年的家數增加一倍。差異在於，對於大多數企業來說，企業社會責任計畫是核心業務的附加項目；對於社會企業來說，企業社會責任計畫本身就是核心業務。

正向心理學權威馬丁・塞利格曼（Martin Seligman）將幸福分成三種狀態：愉快的生活（享樂主義、膚淺）、良好的生活（家庭與朋友）和有意義的生活（尋找目標、超越自我、朝更高的利益努力）。研究顯示，千禧世代——在一九八四至二〇〇二年間出生者——展現出尋求生活意義和目標的傾向。在全球，他們變得越來越有抱負，因此他們身為顧客、員工和投資人，會受到同樣充滿抱負的組織吸引——亦即，受到擁有宏大變革目標並且實踐本身理念的公司吸引。事實上，我們期望看到人們提出自己的宏大變革目標，這些宏大變革目標會與組織的遠大革命性目標並列、重疊和共存。

根據聯合國，赤貧人口在過去三十年減少了八〇%，其中包括在二〇二〇年將能夠上網的五十億人口當中的絕大部分人。我們預測，他們

它為何重要？	依賴關係或必要條件
● 促成一致的指數型成長 ● 結合集體的願望 ● 吸引整個生態系統中的頂尖人才 ● 支持合作／非政治的文化 ● 賦予靈活和學習的能力	● 必須是獨特的 ● 領導人必須言行一致 ● 必須支持MTP這個字首語中所有三個字母的要求

會在尋求自我實現的過程中遵循馬斯洛的需求層次理論（Hierarchy of Needs）──那不正是一種說明宏大變革目標的複雜方式嗎？

我們已經理解了宏大變革目標的意義和目的，現在該來檢視界定指數型組織的五個外部屬性，我們用字首語SCALE加以說明：

- 隨需求聘僱的員工（Staff on Demand）
- 社群與群眾（Community & Crowd）
- 演算法（Algorithms）
- 槓桿化資產（Leveraged Assets）
- 參與（Engagement）

隨需求聘僱的員工

在為亞斯本研究所（Aspen Institute）發表的二〇一二年白皮書中，麥肯錫全球研究所合夥人麥克・崔（Michael Chui）如此描述二十世紀的僱傭理論：

> 運用人才的最佳方法就是透過全職、獨家的僱傭關係，根據員工在一個共同地點工作的時間支付報酬。員工應該在一個穩定的階層中受到組織安排，主要透過上司的評斷來接受評核，而他們的工作內容和方法已事先規定。

崔接下來拆解那段話的每一個語詞，以便讓人了解，區區十年那個理論就已徹底過時，完全不適用於現在。

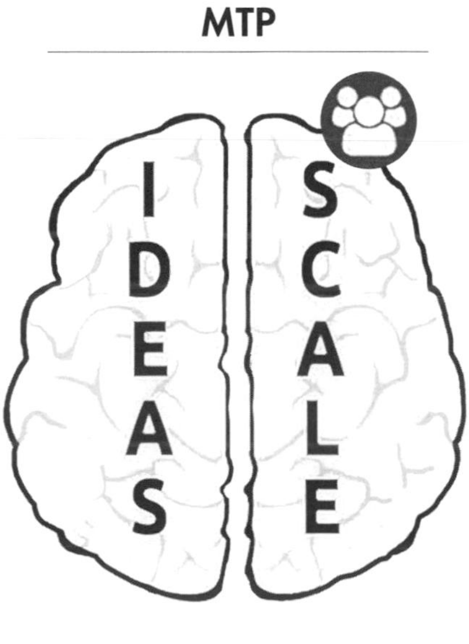

對任何指數型組織而言，擁有隨需求聘僱的員工，是在瞬息萬變的世界中取得速度、功能和靈活彈性的必要特點。利用基本組織以外的人員，是建立和經營成功指數型組織的關鍵。事實上，無論你的員工多有才華，其中大多數人很可能很快就過時，並且失去競爭力。

正如布朗所指出的，一項習得的技能之半衰期通常是三十年。如今這個週期已經縮短到大約五年。LinkedIn創始人霍夫曼在他最近出版的《自創思維》（*The Startup of You*）指出，個人將逐漸學會根據公司的模式來自我管理，而品牌管理（這就是宏大變革目標！）、行銷和銷售職責全都落到個人身上。同樣地，一九九一年諾貝爾經濟學獎得主羅納爾．科斯（Ronald Coase）指出，企業變得更像家庭，而不是產業；公司也變得更像一個社會結構，而非經濟結構。

對現今任何企業來說，擁有正式全職員工的風險越來越高，因為員工可能無法使個人技能與時並進，造成企業需要加強管理人事。在瞬息萬變、由網路推動的全球市場中，越來越急切的組織開始轉而尋求外部和臨時的勞動力，以填補專業技術的缺口。例如，為了使組織整體技術持續更新，澳洲第一大保險公司安保集團（AMP）規定，在IT部門的兩百六百多名員工中，有半數必須是約聘人員。根據安保集團一位全球高階主管安娜莉・基莉安（Annalie Killian），這項規定不僅有幫助，而且在目前也是必要之舉。

在運輸、採礦或建築等設備和資本密集的產業中，保有正式員工可能仍然比較重要，但是在任何由資訊促成的企業中，擁有一大批內部員工似乎越來越沒有必要，可能還適得其反、成本昂貴。以往人們認為自由工作者和約聘人員只會使管理他們所需要的官僚制度變得更龐大，但這種舊論點也很快就消失——拜網際網路之賜，尋找和追蹤外部員工的成本幾乎降到零。此外，由於網路使用者人數快速增加，自由工作者的質與量在過去十年已大幅提高。

Gigwalk 仰賴五十萬名擁有智慧型手機的工作者，它提供了一個例子，說明這個新的僱傭世界如何運作。當寶僑（P&G）需要知道自家商品在全球各地沃爾瑪商場貨架上的擺放方式及位置時，可以利用 Gigwalk 的平台立即部署數千人，以每人幾美元的代價請他們到沃爾瑪去查看貨架，不用一小時就可得知結果。

類似Gigwalk這種隨需求聘僱的計畫，在世界各地紛紛湧現：oDesk、Roamler、Elance、TaskRabbit，以及亞馬遜可敬的土耳其機器人（Mechanical Turk），都是這樣的平台。在這些平台上，可以把各種層次的工作外包，其中包括高技術勞工。這類公司所代表的僅是這種新商業模式的第一波，它們使得「論質（績效）計酬」概念趨於完善，以降低顧客風險。

對有才華的工作者而言，從事多項專案並因此獲得報酬是一個格外令人愉快的機會。不過，這個現象還有另一個觀察角度：構想的多樣性增加。例如，資料科學公司Kaggle提供一個舉辦私人和公共演算法競賽的平台，讓全球超過十八萬五千名資料科學家爭奪獎金和肯定。二〇一一年，擁有四十名最佳精算師和資料科學家的保險業巨擘全州保險（Allstate），想看看自己的索賠演算法是否能夠改進，所以就在Kaggle上舉行一場競賽。

結果，全州保險歷經六十年仔細最佳化的演算法，不到三天就被一百零七支參賽隊伍擊敗。三個月後，這場競賽結束時，全州保險的原始演算法已增進了二七一%。儘管競賽獎金讓該公司花費一萬美元，但是據估計，強化的演算法所省下的成本每年達到數千萬美元。這是相當有意思的投資報酬率

事實上，Kaggle到目前為止舉行了一百五十場競賽，在每一場競賽中，外部的資料科學家都擊敗內部的演算法，而且通常遙遙領先。在大多數情況下，外部人士（非專家）擊敗某個特定領域的專家，這顯示出新思維和多元觀點的力量。

在過去，擁有龐大的勞動力可以讓你的企業有所區隔並且更有成就。如今，同樣龐大的勞動力可能成為一個錨，讓你機動性降低和速度變慢。此外，傳統產業很難吸引資料科學家等隨需求聘僱的高技術工作者，因為一般認為現有的職位帶來的機會很少，而官僚障礙卻很大。德勤公司（Deloitte）委託的一項研究發現，近來的資料科學畢業生當中，有九八%任職於谷歌、臉書、領英或各種各樣的新創公司，留給其他公司的人才就所剩無幾。

儘管如此，即使是谷歌五萬名絕頂聰明的員工，比起現今網路上二十四億人的集體智慧也相形見絀。無疑地，這種智慧資本大集合所包含的特別能力，最終將會顯現。《連線》（*Wired*）雜誌前主編克里斯．安德森曾說：

> 實際情況是，世界上大部分最聰明的人都沒有適當的文憑。他們不會說適當的語言，不是在適當的國家成長，沒有上適當的大學。他們不認識你，你也不認識他們。你找不到他們，而且他們已經有工作了。

我們為本書進行研究時，很快就發現，把任何事情外包出去實在很簡單。事實上，暢銷書《一週工作四小時》（*4-Hour Workweek*）作者提摩西．費里斯（Timothy Ferris）就是以這個主題為中心首創許多新構想。

一家名為諮詢委員會建築師（Advisory Board Architects, ABA）的公司提供了一個極好的例子，讓人了解如何將「隨需求聘僱」概念提高到全新的層次。ＡＢＡ注意到各公司的董事會有兩個問題。首先，如同ＡＢＡ合夥人傑米．葛雷格－梅耶（Jaime Grego- Mayer）指出的，「九五％的董事會根本沒有人管理」，因為執行長的注意力大多放在管理公司上。其次，解任一位無作為的董事可能會引發微妙的政治問題，因為這會讓執行長很難堪，所以通常不會發生。

ＡＢＡ為各家公司提供董事會專屬的人力資源部門，讓執行長能將管理和追蹤董事會的事務外包給他們。ＡＢＡ會為每一位董事建立衡量標準（例如，每個月打三通電話要求開門），然後追蹤那些標準。如果某位董事沒有履行職責，公司需要進行難以啟齒又無法避免的困難對談，以將該董事趕出董事會時，ＡＢＡ會出面處理，紓解執行長面臨的壓力。

二〇一〇年，全世界有十二億網民。到二〇二〇年時，這個數字會達到五十億，透過智慧型手機、平板電腦或網咖工作的人力和腦力，將多出近三十億，因此釋出的能力將超乎想像。面對這樣的突擊，僱用正式、全職員工而停滯不前的傳統組織怎能招架得住？

它為何重要？	依賴關係或必要條件
● 促成學習（新觀點）變得更加敏捷 ● 讓核心團隊之間形成更強大的連結	● 管理隨需求聘僱員工所採用的介面 ● 清楚的任務說明

社群與群眾

社群

從二〇〇七年五月起，克里斯．安德森開始建立一個名為ＤＩＹ無人機（DIY Drones）的社群。這個社群現在有將近五萬五千名會員，可以設計和製造出近似於美國軍用掠食者無人機（Predator）的機型（事實上，ＤＩＹ無人機號稱擁有九八％的掠食者機型功能）。

但兩者有一個重大差異：掠食者的成本是四百萬美元，而ＤＩＹ無人機的成本只有三百美元。沒錯，這二％的效能差異，有大半可以歸因於武器系統……但即使如此，還是很難以置信吧？

這是可能的，因為安德森挖掘了一大群充滿熱情、願意貢獻時間和專業技術的愛好者。安德森說：「如果你建立社群並且公開做事情，你就沒必要去尋找適合的人才，因為他們會找到你。」

在人類歷史中，社群起初是按地理劃分（部落），後來變成按意識形態劃分（例如宗教），然後轉變成民政管理（君主政體和國家）。但如今網際網路正在創造以屬性為基礎的社群（trait-based

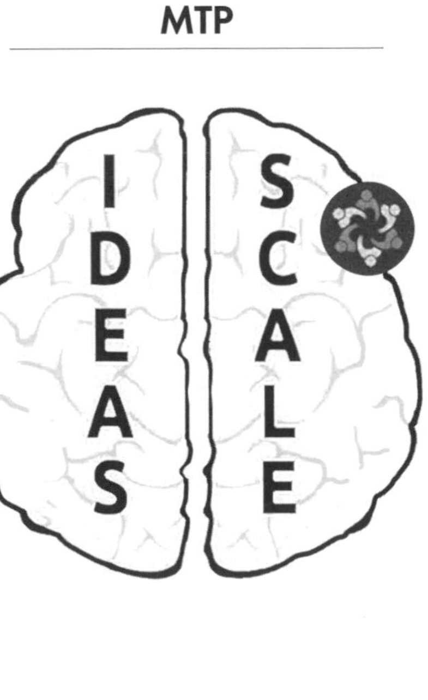

communities），這些社群擁有相同的目的、信仰、資源、偏好、需求、風險和其他特性，但全都與實體上的鄰近無關。對於一個組織或企業而言，它的社群就是由核心團隊成員、前任團隊成員、合夥人、經銷商、顧客、使用者和粉絲組成。「群眾」則可以被視為在那些核心層次之外的每一個人（圖表 3-3）。

務必注意的是，指數型組織與其社群的互動並不只是一項交易。真正的社群是在人與人互動時產生的。但是社群越開放，領導模式就會越傳統，越是以最佳實務為導向。如同安德森所說

圖表3-3

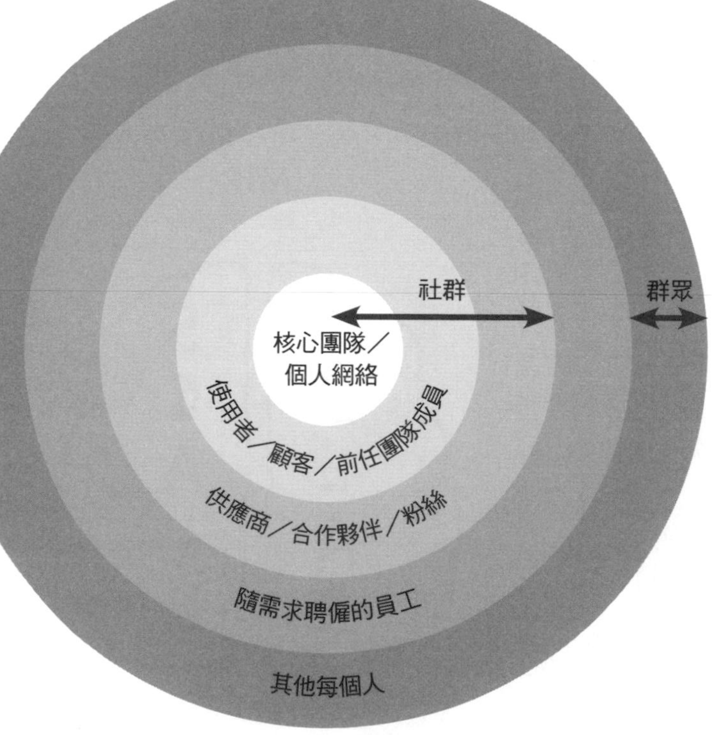

的：「這些社群的每一個人之上，都有一個仁慈的獨裁者。」你需要強大的領導力來管理社群，因為雖然社群裡沒有員工，員工仍然有責任和需求為社群的表現負責。

　一般來說，以指數型組織為中心建立社群，有三個步驟：

- 利用宏大變革目標吸引早期成員參與。宏大變革目標是做為一種引力，將成員們吸引到它的軌道中。特斯拉、火人祭（Burning Man）、ＴＥＤ、奇點大學和 GitHub 都是好例子，可以說明這些社群的成員擁有相同的喜好。
- 培育社群。安德森每天早上花三小時參加ＤＩＹ無人機社群的活動。培育的要素包括聆聽和提供反饋。ＤＩＹ無人機的藍圖是開放原始碼，從一開始就完全對外公開，這一點很好，但原來成員們真正想要的是ＤＩＹ無人機的套件。所以安德森提供他們套件。（ＤＩＹ生技社群也發生相同的ＤＩＹ套件需求。）這是明智之舉。「數位行銷幾乎在消費支出開始發生時就能保持投資報酬率，但是社群不一樣，它是遠遠偏向策略性的長期投資。」社交商業思想領導人狄恩．辛奇克立夫（Dion Hinchcliffe）表示。「此外，有長字輩（CxO）成員參與的社群，更有可能成為業界佼佼者。」
- 建立一個將點對點參與（peer-to-peer engagement）自動化的平台。例如，GitHub 讓成員對其他成員的程式碼評分和評價；Airbnb 的房東和使用者會填寫評估表，計程車業顛覆者優步、Lyft 和 Sidecar 鼓勵乘客和駕駛人互評；而新聞平台 Reddit 邀請用戶對報導文章投票。二〇一三年，Reddit

只有五十一名員工，其中大部分人都在管理這個平台，他們看到七億三千一百萬名獨立訪客針對四千一百萬篇文章投下六十七億張票。談到平台……稍後會詳述這一點。

Zappos 執行長謝家華（Tony Hsieh）受到火人節社群的啟發，在他的拉斯維加斯市區計畫（Las Vegas Downtown Project）中結合了基於實體和以特質為基礎的兩種社群。在包含住家、基礎設施、駭客空間、商店、咖啡廳／劇院和藝術的都市環境中，該計畫將工作和娛樂結合起來。謝家華除了致力於協助將拉斯維加斯的市中心地區轉變為全世界最關注社群的大型城市，也力求充分增加 Zappos 內外部人士之間的意外式學習（serendipitous learning）機會，藉此創造世上最智慧的園地。結果造就的社群不只是以共同愛好為中心，也是以共同位置為中心。

注意，在初期階段許多公司發現，既有的社群會共享本身的宏大變革目標，加入這種社群比較簡單。例如，量化自我運動（Quantified Self movement）開始召集對人體各方面進行測量的新創公司。有一些例子是提供穿戴式技術的新創公司攜手形成社群，其中包括 Scanadu、Withings 和 Fitbit。當然，每家新創公司尋找本身的道路時，也可以建立自己的社群，特別是一旦它的用戶基礎比較顯著時。

群眾

如同前面提到的，群眾是由核心社群之外、同心圓內的人們所組成。要接觸群眾比較難，但它的數量遠比社群龐大，甚至可能比社群大一百萬倍，這是使得追求群眾變得特別吸引人的原因。

群眾和隨需求聘僱員工很類似，但兩者仍然有明顯差異。隨需求聘僱員工是為了特定任務而受僱，通常是透過 Elance 之類的平台。隨需求聘僱員工也受到管理——你會告訴員工必須做什麼。另一方面，群眾是以拉式（pull-based）為基礎。你開放一個構想、提供資金的機會，或是激勵獎項……然後就等待人們找上你。

指數型組織可以透過利用創意、創新、驗證、甚至提供資金來運用群眾：

- 透過使用工具和平台，可以實現創意、創新，以及構思、發展和傳達新構想的整體過程。某些平台有助於這個過程，其中包括 IdeaScale、eYeka、Spigit、InnoCentive、SolutionXchange、Crowdtap 和 Brightidea 等。
- 取得可衡量的證據，來證明某項試驗、產品或服務成功滿足預先定義的標準，藉此完成驗證。例如 UserVoice、Unbounce 和 Google AdWords 等工具可以完成此事。
- 群眾募資是一個日益普遍的趨勢，它利用網路來集結眾多出資金額相對較少的投資人，為構想取得資金——因此不僅募得資金，也反映出市場的興趣喜好。群眾募資公司中的兩個著名例子是 Kickstarter 和 Indiegogo。二〇一二年，透過群眾募資活動籌到的項款估計為二十八億美元。到二〇一五年時，這個數字可望增至一百五十億美元。世界銀行預測，到二〇二五年時，群眾募資將成長到九百三十億美元。

這類平台除了為目標和新創公司大量籌資，也將營運資金的取用權民主化。高級時裝牛仔褲公司 Gustin 將群眾募資運用於旗下所有的設計，顧客會支持特定的設計款式，一旦達到預定的金額目標，公司就會生產產品並對所有的支持者出貨。這樣 Gustin 就沒有產品風險或庫存成本。

指數型組織已經將社群和群眾應用於許多功能部門，這些單位傳統上是在企業內部處理，其中包括創意發想、經費提供、設計、配銷、行銷和銷售等。這種轉變相當強大，並且運用了大學教授和社交媒體大師克雷．薛基（Clay Shirky）所謂的認知剩餘（cognitive surplus）。他在最近一次的TED網路廣播中說道：「全世界的人每年有超過一兆個小時的閒暇時間可以投入共享計畫。」而且這還只是現在的數字，到二〇二〇年時，

它為何重要？	依賴關係或必要條件
●提高對指數型組織的忠誠度 ●推動指數型成長 ●驗證新構想和學習 ●提供敏捷性和快速實現 ●擴大構思能力	●宏大變革目標 ●參與 ●真實而透明的領導力 ●參與的門檻低 ●點對點（P2P）的價值創造

另外三十億使用廉價平板電腦的新人類會加入目前在線上的二十億人，薛基的每年一兆個小時就會變成三倍。

如同矽谷夢想家比爾．喬伊（Bill Joy）的名言：「世界上最聰明的人都不是替你工作。」對指數型組織來說，他們的外部焦點很明確，所以成千上萬人組成的社群，再加上數百萬、最終數十億人組成的群眾，會成為企業本身的擴充延伸。

由於隨需求聘僱員工、以及社群與群眾，企業組織的核心全職員工變得更少，而彈性的勞動人口變得更龐大。因此，拜彈性勞動人口的多樣性和數量之賜，組織不僅變得敏捷得多，也更善於學習和遺忘。構想也能夠更快循環流通。

演算法

二〇〇二年，谷歌的營收不到五億美元。十年後，它的營收暴增一百二十五倍，每三天就創造五億美元。這種驚人的成長，最核心的部分是對網頁的人氣進行排名的 PageRank 演算法——谷歌並不是從人的觀點來衡量哪個網頁比較好，它的演算法只對提供最多點擊的頁面作出回應。

不是只有谷歌這樣，現在全世界幾乎都是根據演算法來運作。從汽車的防鎖死煞車系統，到亞馬遜的推薦引擎；從航空公司的動態定價，到預測下一部好萊塢賣座強片的票房成績；從撰寫新聞貼文，到空中交通管制；從信用卡詐欺偵測，到臉書讓一般用戶看到的二%貼文——演算法存在於現代生活中的每個角落。最近麥肯錫估計，在七百種端對端的銀行流程中（例如開戶或是取得汽車貸款），約有一半都可以完全自動化。電腦逐漸執行越來越複雜的作業。

現在甚至還出現一個名叫 Algorithmia 的市場，在這種開放式演算法市場裡，企業可以尋找可能會讓其資料數據合乎道理的演算法相互匹配。就像 GitHub 一樣（請見第七章），開發人員可以開放自己的程式碼，讓別人加以改進。

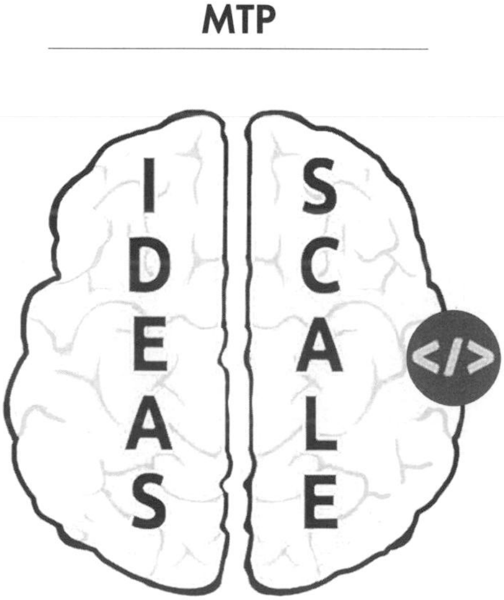

有兩種類型的演算法走在新世界的尖端：機器學習（Machine Learning）和深度學習（Deep Learning）。

機器學習是準確執行未曾見過之新任務的能力，從訓練資料或歷史資料學到的已知屬性做為基礎，並且以預測為根據。重要的開放原始碼範例包括了 Hadoop 和 Cloudera，而機器學習的一個實例透過網飛（Netflix）出現。二〇〇六年，網飛著手改進電影推薦功能時，它沒有讓這項挑戰僅限於內部員工參與，而是推出一項百萬美元（激勵）競賽，既定目標是將它的電影推薦評分演算法改進一〇%。來自一百八十六個國家的五萬一千名參賽者收到一份包含一百萬項推薦評分的資料集，達成目標的期限是五年。這場競賽在二〇〇九年九月提早結束，共有四萬四千零一十四份有效的提交成果，其中有一份達到目標並贏得獎金。

深度學習是機器學習之中一個令人興奮的新子集，以神經網路技術為根據。它讓機器能夠在未接觸任何歷史資料或訓練資料之下發現新的型態。這個領域裡的頂尖新創公司包括 DeepMind 和 Vicarious。

DeepMind 在二〇一四年初由谷歌以五億美元的代價收購，當時 DeepMind 只有十三名員工。Vicarious 得到來自埃隆・馬斯克（Elon Musk）、傑夫・貝佐斯（Jeff Bezos）和馬克・祖克伯（Mark Zuckerberg）的投資資金。推特、百度、微軟和臉書在這個領域也大量投資。深度學習演算法仰賴發現和自我索引，運作方式和嬰兒先學習聲音，再學習字、句、甚至語言的過程非常相似。例如，二〇一二年六月，GoogleX 的一個團隊建立一個由一萬六千個電腦處理器組成、擁有十億個連結的神經網路。團隊讓這個網路用三天時間瀏覽隨機選取的一千萬張 YouTube 影片縮圖後，這個網路就開始辨認出「貓」，而它實際上並不知道「貓」這個概念。重要的是，這一切都沒有任何人為干預或輸入。

在之後的兩年間，深度學習的能力已經大幅改進。如今深度學習演算法除了改進語音辨識、創造更有效的搜尋引擎（庫茲威爾正在谷歌內部進行這項研究）和識別個別物件以外，還可以偵測出視訊裡的特定情節，甚至以文字描述它們，這一切都不需要人為輸入。深度學習演算法甚至會玩電動遊戲，它會先弄清楚遊戲規則，然後再充分提高效能。

試想這項革命性突破的意涵。技術會使大部分產品和服務更具效能、個人化和效率。與此同時，許多白領工作將會受到衝擊、甚至顛覆。

優比速（UPS）在美國的營運據點擁有五萬五千輛卡車，每天進行一千六百萬次的運送，在線路規劃上很可能會欠缺效率。但是藉由運用車載資通訊（telematics）和演算法，該公司每年為司機們省下一億三千六百多萬公里的行程，並因此省下二十五億五千萬美元的成本。在醫療、能源和金融服務上的類似應用，意味著大家正進入「我們就是演算法」（Algorithms R US）的世界。

早在二〇〇五年，作家兼出版人奧萊利就說過：「資料會是下一個 Intel Inside（內有英特爾處理器，意指核心價值）。」他說這句話的時候，全世界還只有五億個連接網際網路的裝置。正如我們在第一章指出的，在我們準備迎接物聯網之際，這個數字勢必會成長到一兆個裝置。

面對那種急遽擴張，對演算法的需求已經成為關鍵任務。試想一下，我們在過去兩年內所創造的資料量，是人類整個歷史資料量的九倍以上。接著再想想，電腦科學公司（Computer Sciences Corporation）認為，到二〇二〇年時，我們會創造出總計七三點五皆位元組（ZB）的資料，也就是七三後面有二十一個零。

相當顯著、而且往往很悲慘的是，現今大部分企業仍然幾乎完全由領導人的直覺猜測來推動。

他們可能會運用資料來引導思考，但同樣有可能深受一長串自欺行為之害，例如沉沒成本偏誤和確認偏誤（請見以下的認知偏誤表）。谷歌成功的原因之一，是比起大多數其他公司，它的資料導向更強烈，就連招募人才都是如此。

就像現在要是沒有演算法，我們就不再能夠處理空中交通管制或供應鏈管理的複雜性一樣，未來幾乎所有的商業洞見和決策都將是資料導向。

美國心理學協會（American Psychological Association）對十七項有關人才招募的做法進行研究，發現在成功招募人才的比例上，一個簡單的演算法比憑直覺僱用人的做法高出二五%。人工智慧專家尼爾・雅各斯坦（Neil Jacobstein）指出，我們可以運用人工智慧和演算法來減少和彌補諸如以下的捷思法（heuristics）認知偏誤：*

- **錨定偏誤：**這種傾向會在決策時，過度仰賴或「錨定」某一項特質或資訊。
- **可用性偏誤：**這種傾向會因記憶中存有較大的「可用性」，而高估事件發生的可能性，這會受到記憶久遠程度，或是它的不尋常程度或受情緒控制程度的影響。
- **確認偏誤：**這種傾向會以確認個人成見的方式，搜尋、解讀、聚焦和記憶資訊。

* 譯注：指根據有限的知識（或「不完整的資訊」），在短時間內找到問題解決方案的一種方法。

- **框架影響偏誤：**根據資訊呈現的方式或是呈現者是誰，對相同的資訊得出不同的結論。
- **樂觀偏誤：**這種傾向會過度樂觀，對偏好和令人滿意的結果過度高估。
- **計畫謬誤偏誤：**高估收益、低估成本和完成任務所需時間的傾向。
- **沉沒成本或損失規避偏誤：**放棄某個物件所產生的負面作用，大於取得該物件所產生的效用。*

雅各斯坦喜歡提到，大腦新皮質在五萬年來並未出現大幅升級，它的尺寸、形狀和厚度如同一塊餐巾。雅各斯坦問道：「如果它變成一塊桌布的大小呢？或是整個加州那麼大呢？」

根據組織營運所在的市場本質，組織應該要運用多少資料？人們在這個問題的看法出現了有趣的差異。傳統觀念認為應該盡可能收集資料（因此有了「大數據」一詞），但是心理學家捷爾德·蓋格瑞澤（Gerd Gigerenzer）警告說，在不確定的市場中，比較好的做法是簡化，運用捷思法並且仰賴較少的變數。另一方面，在穩定而且可預測的市場中，他建議組織運用「複雜化」（complexify），並採取擁有更多變數的演算法。

Palantir 是從大量資料擷取洞見的領導者之一。該公司在二〇〇四年成立，建置政府、商務和醫療軟體解決方案，讓組織能夠了解不同的資料。藉著代為處理技術問題，Palantir 讓客戶有精力專注於解決關於人的問題。創投業認為 Palantir 相當重要，所以該公司在總投資資金上已經得到令人咋舌的九億美元，其市值更是該投資總額的十倍。

麥克・崔指出，現在許多成功企業的基因裡都有大數據。我們認為這只是開端，未來幾年內還會有更多聚焦於演算法的指數型組織出現，運用本書作者之一范吉斯特所謂的大數據五Ｐ優點：生產（productivity），預防（prevention）、參與（participation）、個人化（personalization）和預測（prediction）。

指數型組織想要執行演算法，就需要遵循以下四個步驟：

1. **收集：**演算法的過程始於利用資料，可以透過感應器、人類或是從公共資料集匯入來收集資料。
2. **組織：**下一步是組織資料，這個過程被稱為ＥＴＬ（擷取 extract、轉換 transform 和載入 load）。
3. **應用：**一旦可以取得資料，像 Hadoop 和 Pivotal 這樣的機器學習工具，

它為何重要？	依賴關係或必要條件
● 提供可充分擴充的產品和服務 ● 利用連結網路的裝置和感應器 ● 降低錯誤率，使成長趨穩 ● 容易更新	● 機器或深度學習技術 ● 文化接受度

* 所有認知偏誤的完整清單，請見：en.wikipedia.org/wiki/List_of_cognitive_biases

或甚至像DeepMind、Vicarious和SkyMind這種（開放原始碼）深度學習演算法就能擷取見解，識別潮流趨勢，並且調整新的演算法。

4. 揭露： 最後一步是揭露資料，把它當成一個開放的平台。可以利用開放式資料和應用程式介面（API），讓指數型組織的社群能夠將指數型組織的資料與他們自己的資料重新組合，藉此在平台之上開發有價值的服務、新功能和創意。

不消說，無數個感應器很快就會到處部署，由此產生的資料將會暴增，使得演算法成為未來每個企業的關鍵環節。由於演算法遠比人類客觀、可擴充和靈活有彈性，它不僅是未來商業的關鍵，也對致力於推動指數型成長的組織相當重要。

槓桿資產

租賃、共用或利用資產，而非擁有資產，這個概念在歷史上曾有許多形式。在商業界，從租賃建築物到租賃機械，租賃一直被當做從資產負債表轉移資產的常見做法。

不擁有資產已成為數十年來重型機械和非關鍵任務部門（例如影印機）的制式做法，但最近出現了一個加速發展的趨勢：連攸關任務的資產都外包出去。例如，蘋果就運用了製造夥伴富士康

（Foxconn）的工廠和裝配線來生產關鍵產品線。至於現存的反例，像是特斯拉擁有自己的工廠，或是亞馬遜擁有自己的倉儲和本地配送服務，其背後的原因並非財務，反而是因為任務相關的關鍵資源過於稀少，或是產業太新穎，直到現在才真正完整充實基建。

現今的資訊時代讓蘋果和其他公司能夠隨時隨地取用實體資產，不需要實際擁有它們。技術讓組織不僅能在本地，也能在全球無疆界地共享和擴張資產。

如同前面指出的，二〇〇六年三月亞馬遜網路服務系統的推出，是指數型組織崛起的一個關鍵轉捩點。隨需運算會根據變動成本來擴充，將隨需運算系統租賃出去的能力，已徹底改變了IT產業。

矽谷近來出現了一個名為 TechShop 的新現象，就是「租賃資產」潮流的另一個例子。就像健身房採用會員制來聚集一般人在家裡負擔不起的昂貴健身器材，TechShop 收集昂貴的製造機器，會員只要繳交小額的月費（取決於地點位置，費用為一百二十五美元到一百七十五美元不等），就能無限制地使用這些資產。

TechShop 的成果既非不起眼、也非曇花一現。例如，當紅的 Square 支付裝置就是在 TechShop 製

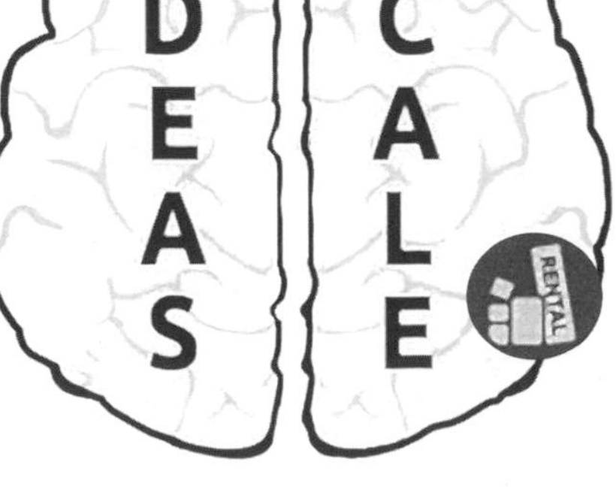

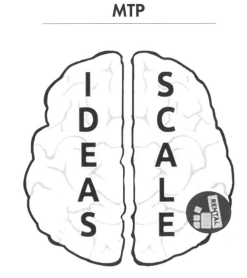

作原型。Square的發明者不必購買昂貴的機器來製作他的原型，他只是加入TechShop，利用隨需求使用的資產。Square目前每年處理的交易金額超過三百億美元，公司市值超過五十億美元。奇異和福特等老字號公司也使用TechShop。福特二〇一二年在底特律設立新的TechShop工廠，兩家公司合作推出福特員工專利激勵計畫（Employee Patent Incentive Program）。大約兩千名福特員工參與這項計畫，使可以取得專利的構想增加五〇%。奇異與TechShop、Skillshare及Quirky二〇一四年在芝加哥合作推出類似的計畫，名為奇異車庫（GE Garages）。

和隨需求聘僱的員工一樣，指數型組織並未擁有資產，因此可以保持靈活彈性，甚至在策略領域也一樣。這種做法充分運用彈性，讓企業能夠以快得驚人的速度擴張，因為它不需要員工管理那些資產。正如Waze借用用戶的智慧型手機，優步、Lyft、BlaBlaCar和Sidecar利用未充分運用的汽車——如果你擁有車子，它約有九三%的時候無人使用。

非資產業務（non-asset business）的最新潮流，是所謂的協作消費（Collaborative Consumption），這是蕾秋・波茲曼（Rachel Botsman）和魯・羅傑斯（Roo Rogers）在《我的就是你的：協作消費的興起》（*What's Mine*

它為何重要？	依賴關係或必要條件
● 容許可擴充的產品 ● 降低供應的邊際成本 ● 不必管理資產 ● 提高敏捷性	● 充足或容易取得的資產 ● 介面

is Yours: The Rise of Collaborative Consumption）一書中宣傳的概念。這本書推行共用的哲學，做法是建立各種由資訊促成的資產，從教科書、園藝工具到房屋——充足而且隨處可見的資產和資源。二〇一四年四月由Crowd Companies進行的一場研究，強調了在這個新經濟中營運的七十七家最大組織所屬的產業。如圖表3-4所示，零售、運輸和科技是目前最大的產業。

因此，擁有未來的關鍵是不擁有——當然，稀少的資源和資產就另當別論。如前所述，特斯拉擁有自己的工廠，亞馬遜擁有自己的倉儲，當討論中的資產是稀有或極度稀少時，擁有就是比較好的策略。但如果你的資產是以資訊為基礎，或是完全商品化，使用資產就比擁有資產好。

圖表3-4

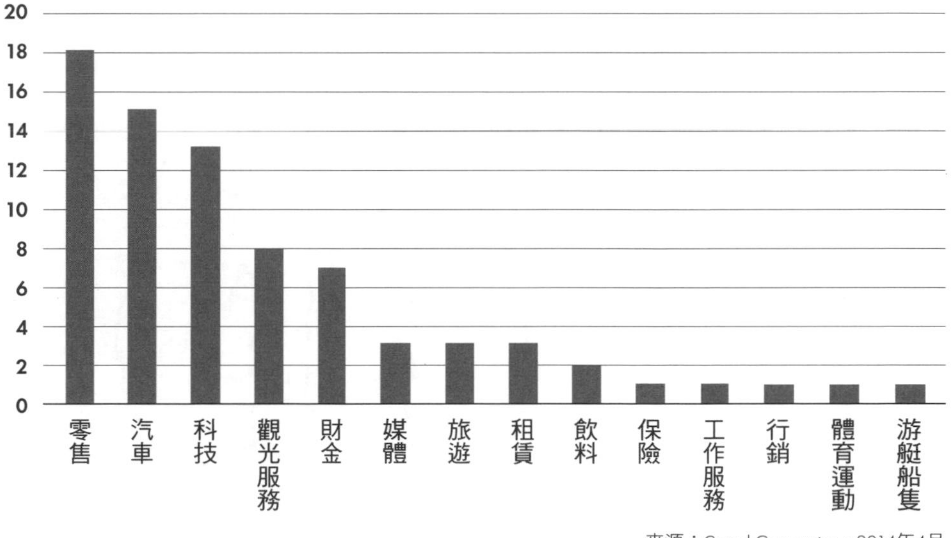

來源：Crowd Companies，2014年4月

參與

抽獎、測驗問答、優惠券和會員卡這類「使用者參與」的技巧，已經存在很久。但在過去幾年，這種技巧完全由資訊促成，而且趨於精緻化和社交化。參與的途徑包含數位聲譽系統（digital reputation system）、遊戲和激勵獎，並提供良性、正向反饋迴路的機會——這促成更快速的成長，因為擁有更創新的構想以及顧客與社群忠誠度。像谷歌e、Airbnb、優步、eBay、Yelp、GitHub和推特等企業，全都採用不同的參與機制。聖塔克拉拉大學管理學教授妮洛佛．莫晨特（Nilofer Merchant）寫了兩本關於協作的書，她在《社群時代創造價值的十一個準則》（*11 Rules for Creating Value in the Social Era*）中談到「參與」：

> 參與是促成協作式人類行為——社交行為——作用的一種方法。事實是這樣的：相互連結的個人，現在能夠做到一度只有大型中央集權式組織才能做的事情，在每一個指數型組織案例都能看到

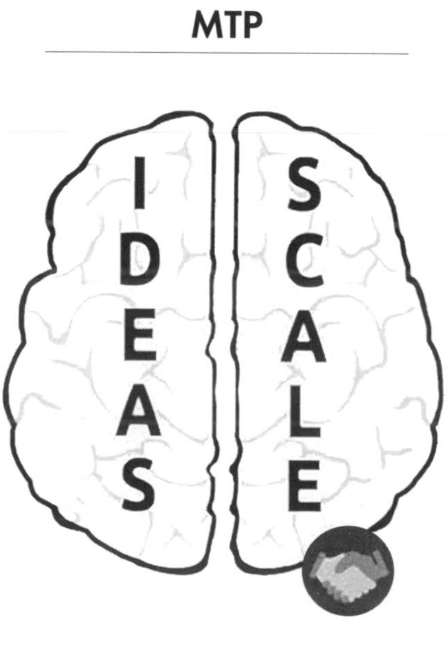

這種效應。但正是這種管理上的事實，需要我們深入思考。人們為什麼會連結？是根據什麼樣的目的？促使人們為了共同利益而非個人利益而行動的動機是什麼？是什麼讓他們這麼信任你，乃至於想要貢獻出自己的某些東西，以達成某個共同的目標？所以領導人面臨的問題是，人們具有貢獻長才和彼此合作的基本能力，你要如何促成、培養、組織、刺激那種能力，並且據此採取行動？

參與的關鍵屬性包括：

- 評等的透明化
- 自我效能（控制、代理和影響的感覺）
- 同儕壓力（社交比較）
- 引起正向而非負面的情緒，以推動長期的行為變化
- 立即反饋（較短的反饋週期）
- 清楚可靠的規則、目標和報酬（只酬謝產出，不酬謝投入）
- 虛擬貨幣或點數

如果適當執行，參與會創造觸角特別廣大的網路效應和正向反饋迴路。「參與」這項技巧最具

影響力之處，是在顧客和整個外部生態系統上，但這些方法也可以用於內部員工，以促進協同合作、創新和忠誠度。

對千禧世代來說，遊戲是一種生活方式。目前全世界有超過七億人玩網路遊戲，光是美國就有一億五千九百萬人，其中大多數人每天玩遊戲的時間超過一小時。一般年輕人到二十一歲時，花在遊戲上的時間累積起來超過一萬個小時，這幾乎與孩子們從初中到高中待在教室裡的時間一樣長。遊戲不只是年輕人從事的活動，也代表了他們是什麼樣的人。

這些數字有助於解釋，為什麼人工智慧的研究人員會利用遊戲來繪製人類大腦。唯一的問題是，借助人工智慧的研究人員花了五十個小時，才能夠重新建構一個神經元的3D圖。大腦擁有八百五十億個神經元，這表示要花四兆二千五百億個小時才能完整繪製人類大腦，換算下來要花四億八千五百二十萬年。這是相當線性的算法，你說是不是？

為解決這個問題並加速流程，從麻省理工學院獨立出來，並於二〇一二年十二月成立的EyeWire創作了一款遊戲。在這項遊戲中，玩家將2D物件著色以組成3D物件，同時也重新建構了神經元。這項為了解決高難度問題而設計的超簡單工作，已促使一百四十五個國家的十三萬人繪製超過一百個神經元。

EyeWire的案例闡明，指數型組織如何在非遊戲類的產品和服務中應用遊戲元素和技術，以製造樂趣和令人投入的體驗，將用戶轉變成忠誠的玩家，並在過程中完成一些非凡的事情。其他採用這種技巧的遊戲，包括 MalariaSpot 狙擊瘧疾（在真實影像中尋找瘧疾寄生蟲）、GalaxyZoo 星系動物園（根據形狀將星系分類）和 Foldit 蛋白質摺疊電子遊戲（藉由預測和製造蛋白質模型，協助生物化學家對抗愛滋病和其他疾病）。

如同遊戲設計師和作家珍．麥戈尼格爾（Jane McGonigal）所見：「人類天生就要競爭。」不過要吸引玩家，所需要的不僅是把一款遊戲丟到網站上，讓玩家實際動起來。「遊戲化（gamification）應該賦予人們權能，而不是剝削他們。在玩了一天之後，玩家應該感到開心，因為他們在對自己重要的事情上有所進展。」

想要成功，所有的遊戲化計畫都應該運用以下的遊戲技巧：

- **動力（Dynamics）**：透過情景、規則和進度來激勵行為。
- **技術（Mechanics）**：透過團隊、競爭、獎勵和回饋來協助達成目標。
- **元件（Components）**：透過搜尋、點數、關卡、徽章和收藏來跟蹤進度。

遊戲化不僅可以借助社群來處理挑戰和難題，另外也可以做為徵才工具。谷歌以使用遊戲來衡量潛在員工的價值而著稱，達美樂披薩（Domino's Pizza）則創作了一款名為《披薩英雄》（Pizza Hero）的電動遊戲，遊戲的目標就是又快又好地做出完美的披薩。顧客可以創作自己的披薩然後訂購，最優秀的披薩製作者會被鼓勵應徵工作。

遊戲化的另一個用途是提升公司的內部文化。卡爾・卡普（Karl M. Kapp）在其著作《遊戲，讓學習成癮》（*The Gamification of Learning and Instruction Fieldbook: Ideas Into Practice*）中研究這個主題。他提到的一個例子是 Pep Boys，這家大型汽車維修保養零售店在美國三十五州設有七百多家分店，年營收高達二十億美元。儘管利潤豐厚，該公司每年因為諸多與安全相關的事故和傷害而飽受困擾，其中不少事故是人為疏失造成。它也發現，偷竊已經成為越來越嚴重的問題。

為了提高大眾對相關問題的意識，Pep Boys 建立了一個名為 Axonify 的平台，利用小測驗來教育員工了解特定事故。員工正確回答，就能得到獎金；答錯了，系統會顯示其他相關資訊，並繼續測試員工，直到員工完全熟悉這份資料為止。該平台的自願參與率超過九五％，甚至在分店和員工的數量不斷增加之際，安全事故和傷亡數字降低了四五％以上，偷車和人為疏失則降低了五五％。當安全成為 Pep Boys 的首要焦點時，它的文化也完全改變。

遊戲化計畫可以從頭開始建立（如同 EyeWire 的例子），但是有許多新創公司和既有企業提供了組職可以直接採納和運用的服務，就像 Pep Boys 運用 Axonify 那樣。遊戲化公司（Gamification Company）提供一項清單，上面有九十幾個例子，包括 Badgeville、Bunchball、Dopamine 和 Comarch。組織也可以使用完全整合遊戲化概念的 work.com（Saleforce 旗下的公司），或是專為改善員工健康狀況而成立的 Keas。

激勵競賽是另一種參與形式，最近由 X Prize 基金會和其他組織廣泛傳播。這種參與技巧通常用來在群眾中尋找前途有望的人才，促使他們進入社群。競賽也同樣用於挑戰、運用和激勵社群，以便尋求可能帶來徹底突破的構想。對 X Prize 基金會創始人戴曼狄斯而言，一切都是從安薩里 X Prize（Ansari X Prize）開始的。

該比賽的條件是，任何非政府組織若是率先在兩週內將可反複使用的載人太空船發射到太空兩次，該單位將提供一千萬美元的獎金。全世界共有二十六個團隊參賽，參賽選手形形色色，包括業餘愛好者以及有大型公司支援的團隊。二〇〇四年十一月，莫哈維航太創投公司（Mojave Aerospace Ventures）以其「太空船一號」（SpaceShipOne）贏得獎項。維珍銀河（Virgin Galactic）目前就採用這項設計的改良版來促成商業太空旅行，這項旅行的船票售價為二十五萬美元，預計在二〇一四年底展開。

在安薩里 X Prize 競賽成功後，有更多 X Prize 競賽成立。X Prize 目前舉辦的活動之一是高通三錄儀（Qualcomm Tricorder）X Prize 競賽，哪支團隊先開發出手持式醫療診斷裝置，而且效能可以超越十位經過醫學委員會合格認證的內科醫師，它就頒給該團隊一千萬美元的獎金，目前有二十一支隊伍爭奪這項大獎。最近從 X Prize 分拆出來的 HeroX 讓這個模式更上層樓，企業可以透過 HeroX 平台成立自己的挑戰賽，以解決區域和全球的挑戰。

激勵獎建立明確、可衡量和客觀的目標，並為首先達到該目標的團隊提供現金。這類競賽提供的優點是，它們能夠促成極高的運用率和效率。激勵獎同時也是個人、新創公司、政府、媒體及大型公司可以運用的工具，但它們之所以獨特，就在於讓小型團隊或個別創新者能夠推出產業或是改變產業。藉由運用人類根深柢固的競爭心，這些競賽促使各個隊伍創作出最佳作品。在大多數情況中，激勵競賽也延伸了深植參賽者心中的目標。這意味著，他們需要有突破性思考和革命性產品才能夠獲勝。

或許，激勵競賽最重要的附帶好處是，當眾多競爭者奮力奔向一個共同目標時，它會在邊陲產生創新。這種創新可以激發一家公司或甚至整個產業，使它以空前的速度向前衝刺。從二〇〇八年到二〇一一年，吉斯特和沃達豐荷蘭（Vodafone Netherlands，即後來的沃達豐集團）創辦和舉行全世界最大的行動網路新創公司大賽「沃達豐 Mobile Clicks」，獎金超過三十萬美元。這場比賽從荷蘭展開，並迅速擴展到總共七個歐洲國家。

Mobile Clicks 讓沃達豐不僅有機會與九百多家行動網路新創公司互動，而且也接觸這些國家的在地行動社群。在這個過程中，這項活動一開始是做為外部競賽，後來匯集到一個內部介面，這個介面讓沃達豐有機會為構想提供資金，進而取得構想、發現人才、以及獲得候選人。沃達豐的「競賽」成為一種企業創投形式，進而順利蛻變成在整個歐洲繁榮成長的 Startupbootcamp（SBC）新創公司育成／加速計畫。

激勵獎不是什麼新鮮事，畢竟查爾斯・林白（Charles Lindberg）一九二七年駕駛飛機完成單人不著陸飛行橫跨大西洋，就是為了得到獎金；事實上，他的自傳啟發了戴曼狄斯創立 X Prize。另一個為促進參與而設立的著名激勵計畫是存在已久的「本月優良員工」計畫，不過至今激勵計畫仍然很少用來激發社群與群眾的創意和生產力。

參與，特別是在遊戲化方面，有另一個正向的副作用，那就是訓練。現在的一些遊戲非常複雜，它對領導能力和團隊合作技巧可以提供絕佳的教育作用。事實上，伊藤穰一（Joi Ito）觀察到，在《魔獸世界》（World of Warcraft）中成為一位具有效能的公會會長，就相當於上過完全沈浸式的領導力課程。

的確，公司想要更上層樓會需要人才，而事實證明，在公司用戶和員工參與計畫中，那些看似最不重要的工具，往往是尋找和訓練人員最強有力的工具之一。

雖然對傳統企業而言，參與是相對微不足道的事情，但對指數

它為何重要？	依賴關係或必要條件
● 提高忠誠度 ● 增強構思能力 ● 將群眾轉變成社群 ● 運用行銷 ● 促成邊玩邊學 ● 提供與使用者的數位反饋迴路	● 宏大變革目標 ● 清楚、公平和一致的規則，沒有利益衝突

型組織來說，參與卻是關鍵。它是讓組織擴展到社群與群眾中，並且製造外部網路效應的關鍵要素。不論指數型組織的產品或是經營場所多麼有前途，除非它能夠充分改進它的社群與群眾參與，否則就會消亡。

總結：熱情和目標

我們在本章的一開始，基本上是提出兩個問題：是什麼賦予組織意義？是什麼促使員工、顧客、甚至一般大眾致力於該企業的成功？在討論指數型組織時，這些問題甚至變得更重大，因為指數型組織異常快速的成長率，再加上大幅仰賴社群協助它們實現願景，都需要有更廣大的「利害關係人」史無前例的承諾——這些利害關係人就是傳統上與企業只有薄弱連結的個人。

這樣的承諾，在音樂團體和運動團隊經常可以看到，但在企業界則不然。儘管如此，還是有一些搖滾明星級的公司存在，其中最著名的是蘋果。蘋果的數百萬忠實信徒排隊購買蘋果的產品，成立關於蘋果和其產品的部落格，在汽車後車窗貼上蘋果貼紙，並在異教徒和叛教者面前為該公司大聲辯護。說到活躍、複雜和強大的企業社群，蘋果粉絲就是典型範例。

要建立這樣的社群，顯然需要有絕佳的產品和引人注目的願景，但它也需要許多時間。蘋果電腦在推出麥金塔（Macintosh）之後，花了八年才成為一種流行現象，之後又過了十六年，才達到它做為文化圖騰的地位。

指數型組織既沒有那麼多的時間，也不可能擁有像賈伯斯那樣的魅力領袖。相反地，它們必須更快速和有系統地行動，並且使用經過驗證的技巧和工具。在本章中，我們提供了兩者：宏大變革目標——吸引所有的利害關係人熱情參與改革行動，以實現引人注目且更遠大的願景；SCALE的各個屬性——建立和吸引社群與群眾、利用隨需求聘僱員工和槓桿資產，並且運用演算法。

這些屬性是領袖魅力和天賦的完美替代品嗎？不是，但它們更加容易取得，更不容易受風險影響，也更容易管理。最棒的是，宏大變革目標與SCALE的組合可以應用在大、小皆宜的任何組織。

既然我們已經涵蓋指數型組織的外部屬性，在下一章中，我們將檢視內部屬性，以了解組織如何以這麼快的速度運行，同時又能管理混亂的局面，避免分崩離析。

本章要點

- 指數型組織擁有宏大變革目標。
- 品牌將開始轉化成宏大變革目標。
- 指數型組織可以利用或接觸人員、資產和平台，充分提高彈性、速度、靈活度和學習，藉此在組織的界限之外擴展。
- 指數型組織利用五大外部屬性（SCALE）來達成效能的改進：
  - 隨需求聘僱的員工
  - 社群與群眾
  - 演算法
  - 槓桿資產
  - 參與

Chapter 04 指數型組織的內部屬性

運用SCALE五大屬性時，想要處理產出，就需要仔細、有效地管理指數型組織的內部控制機制。例如，一項X Prize競賽會產生數百個需要經過評估、分類、排名和確定優先順序的構想。對於指數型的產出，內部組織需要極為健全、準確和適當的調整，以便處理所有的輸入。因此，指數型組織遠超出外界看到的樣子，或是它們與顧客、社群和其他利害關係人相處的方式。它們也擁有截然不同的內部運作，其中包括：它們的營運理念、員工與彼此互動的方式、它們衡量本身績效的方式（以及在那種績效中重視什麼），甚至是對風險的態度等——事實上，特別是它們對風險的態度相當與眾不同。

就像可以用SCALE來包含指數型組織的外部屬性，我們也可以用IDEAS來表示指數型組織的內部屬性：

- 介面（Interfaces）
- 儀表板（Dashboards）
- 實驗（Experimentation）
- 自治（Autonomy）
- 社交技術（Social Technologies）

同樣地，我們會依序檢視每一項。

介面

介面是指數型組織從「SCALE外部屬性」連接到「內部IDEAS控制架構」所採用的過濾和匹配過程。它們是演算法和自動化工作流程，會在內部適時將SCALE外部屬性的產出發送給適當人員。在許多情況中，這些過程一開始都是手動的，並且在周邊逐漸變成自動化。

不過，最後介面會變成自我配置的平台，讓指數型組織能夠擴張。一個典型的例子是谷歌的AdWords，它現在是谷歌內部價值數十億美元的業務。它的可擴張性有一個關鍵，那就是自我配置，亦即，AdWords客戶的介面已完全自動化了，所以不需要手動處理。

在上一章，我們介紹 Quirky 這家消費性包裝商品業者，它最出名的就是在不到一個月內將一項產品從構想變成商店貨架上的商品。該公司運用一個由一百多萬名發明者組成的社群，每一位發明者都渴望讓自己的構想問市。因此 Quirky 必須發展特殊的流程和機制，來管理、評等、篩選和吸引那個龐大的社群。像 Quirky 所使用的這類介面，可以協助指數型組織以系統化和自動化的方式，將來自外部屬性的產出加以篩選和處理，以納入核心組織中。使用介面會促成更有效能和效率的流程，並縮小誤差範圍。一個組織以指數級速度成長時，如果要緊密無縫地擴張，特別是在全球層次擴張時，介面就是關鍵。

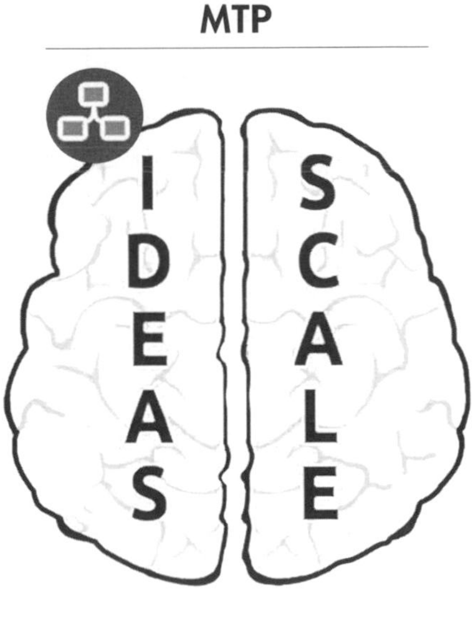

這也適用於協調資料和監控各項作業（包括獎項與人事）的其他公司。Kaggle 擁有自己獨特的機制來管理旗下二十萬名資料科學家；X Prize 基金會為它的每一場競賽設立機制和專門團隊；TED擁有嚴格的指導方針，以協助它在全球的眾多「特許加盟」活動（TEDx）一致地進行；優步也有自己管控司機團隊的方法。

這些介面流程大部分都是開發它們的公司所獨有，因此包含了某種獨特而且可能極具市場價值

圖表4-1 指數型組織介面案例

	介面	描述	內部用途	SCALE屬性
優步	司機選擇	讓用戶能夠尋找和選擇司機	演算法使最好／最近的司機與用戶所在位置匹配	演算法
Kaggle	選手積分榜排名	顯示競賽目前名次的即時積分榜	集合並比較一場競賽中所有用戶的結果	參與
	用戶掃描	為私人競賽掃描相關用戶的系統	為特殊的專案小心選擇最優秀的用戶	社群與群眾
Quirky	評分／投票	為產品週期每個層面投票的系統	對新產品的功能特性和優點排定優先順序	參與
TED	視訊翻譯字幕	管理由志工創作的譯文（透過供應商dotsub網站）	緊密無縫地整合成TED演講譯文	社群與群眾
地方汽車公司	構想提交工具	允許用戶提交構想的系統	僅處理有效或可行項目的演算法	社群與群眾
	競賽創立工具	為社群建立新競賽的系統	簡化競賽中所有步驟的演算法	社群與群眾
	評分／投票	為產品週期每個層面投票的系統	對新產品的功能特性和優點排定優先順序	參與

Google Ventures	員工搜尋	在Google的員工資料庫中搜尋相關和鎖定的技能／人員	將GV新創公司與鎖定的Google技能／員工匹配	演算法
	履歷搜尋	尋找相關新進員工履歷表的系統	將履歷與特定技能組合匹配	演算法
Waze	GPS座標	從每個用戶那裡取得GPS信號	即時計算交通延誤狀況	槓桿資產
	用戶開車時的手勢	用戶發現事故、警車巡邏等	地圖對所有用戶顯示所得到的手勢信號	社群與群眾
谷歌	AdWords	用戶選擇需要廣告的關鍵字	Google在對應的搜尋結果中放置廣告	演算法
GitHub	版本控制系統	多個程式設計師以序列或並行方式更新軟體	讓所有貢獻成果保持同步的系統	社群與群眾
Zappos	招聘流程	激勵競賽	將人才庫裡的候選人數縮小	參與
Gigwalk	任務可用性	Gigwalk工作者在有空的時候獲得根據位置分配的簡單任務	將任務需求與Gigwalk用戶的能力匹配	隨需求聘僱的員工

的智慧財產。指數型組織相當注意介面，並且在這些流程中加入許多以人為中心的設計思維，以使每個實例都臻於完善。

隨著這些新流程發展並且變得更具效力，它們通常會有兩種特性：擁有龐大的測量儀表，以及用於公司儀表板的那類後設資料（metadata）收集（我們會在下一節說明這點）。

最後，介面往往會成為一家充分落實的指數型組織最獨特的內部特性。這背後有個很好的理由：在生產力達到巔峰時，介面讓企業得以管理SCALE外部屬性——尤其是隨需求聘僱的員工、槓桿資產，以及社群與群眾。若沒有這樣的介面，指數型組織就無法擴張，因而使介面變得越來越攸關任務。

現在最戲劇性的一個介面範例，或許是蘋果的應用程式專賣店AppStore，Appstore目前包含超過一百二十萬個應用程式，被下載的次數總計達到七百五十億次。蘋果在該生態系統內有大約九百萬名開發人員，這些人員的總收入超過一百五十億美元。

為了管理這個獨特的環境，蘋果的介面包含一個內部編輯委員會，負責審查新應用程式和變更要求，以及其他員工的建議，這構成了一個

它為何重要？	依賴關係或必要條件
● 過濾外部大量的產出，轉化為內部價值 ● 連接外部成長的驅動力和內部穩定的因素 ● 容許擴張的自動化	● 促成自動化的標準化流程 ● 可擴張的外部因素 ● 演算法（在大多數情況中）

非正式的網路。新的產品與政策在蘋果全球開發者大會（WWDC）中公佈，蘋果採用一種複雜的演算法來協助判斷，哪些應用程式在其類別中領先，哪些應用程式應該放在首頁做為號召。正如所料，這個流程是蘋果所獨有，就和指數型組織大部分的介面一樣。商學院沒有教這個，也沒有哪位學者會談論如何構建它們。然而，它們卻是指數型組織可以用來擴張的核心槓桿。圖表4-1顯示一些指數型組織和它們的介面。

思考介面的最後一個方式是，介面可以協助管理大量的產出。雖然大多數流程都是以稀有性和效率為中心做到臻於完善，但SCALE屬性會造就大量產出，這表示介面是為了過濾和匹配而設計。例如，網飛辦的那場大獎競賽就產生了四萬四千一百零四條候選項目，需要進行篩選、評等、區分優先順序和打分數。

儀表板

由於可以取得大量來自顧客和員工的資料，指數型組織需要新方法來衡量和管理組織，這個方法就是即時、可調整的儀表板，它裡面包含所有讓組織裡每個人都能取用而且必要的公司和員工衡量標準。

一九九〇年代初，西爾斯（Sears）和凱瑪（Kmart）這類大型零售業者所採用的產業標準是，每天批次處理銷售點的交易金額，區域中心會在幾天後記錄多家分店的營業成果。幾週後，在總部辦公室裡的採購人員會查看整體數字，並決定公司在下次大量採購時需要訂多少箱的幫寶適。

沃爾瑪打破這個模式，並在過程中徹底改革零售業。它的做法是發射自有的同步衛星，然後即時追蹤庫存和供應鏈的變動。它擊潰競爭對手，始終領先其他供應鏈一五％——這在零售業是相當巨大而且有競爭性的利潤。西爾斯和凱馬特此後元氣大傷，一蹶不振。

「為了平衡設備安裝和資料收集而產生業務」，以及「經營公司和完成任務」，這兩者之間一直存在著緊張關係。收集內部進度統計資料，需要時間、心力和昂貴的ＩＴ資源，這就是為何營業業績經常是每年追蹤，或頂多是每季追蹤。

現在的新創企業（和更多的成熟企業）開始利用無線寬頻、網際網路、感應器和雲端來即時追蹤這些資料。Focus@Will是一家很棒的新創公司，它提供防止分心的音樂和音效，協助用戶保持專注，該公司創始人兼執行長威爾・亨歇爾（Will Henshall）幾乎把整家公司都套用上測量標準。他在公司營運中嵌入以下衡量指標，以便即時追蹤：

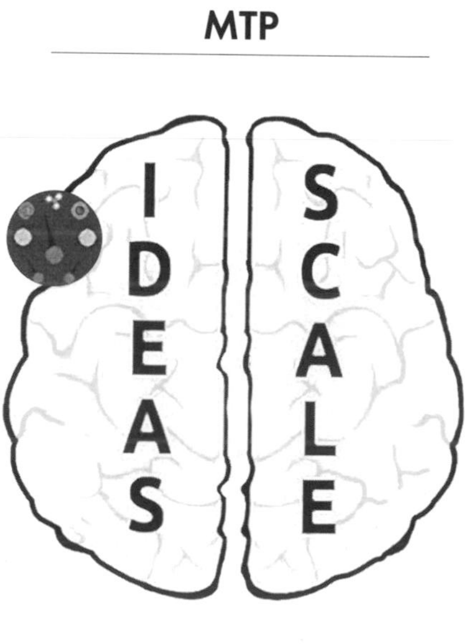

- 用戶總數
- 前一日的新訪客
- 個人用戶總數
- 前一日新註冊的個人用戶
- 前一日新註冊個人用戶與新註冊訪客的比例
- 專業訂戶總數
- 前一日新專業訂戶
- 前一日新註冊專業訂戶和新註冊個人訂戶的比例
- 現金總收入
- 前三十日的現金收入
- 前一日的現金收入

對僅僅二十年前的公司主管而言，這會是一項驚人的衡量清單，幾乎是難以想像。但是比起追蹤的指標數量，這份清單的品質更令人驚豔。它提供有關顧客行為的衡量資料，就跟以往商店老闆將小鎮常客的需要和欲求記在腦中一樣詳細——只不過這些資料屬於全球規模。此外，即使用來處理它們的大數據分析工具持續改進，儲存的資訊量依然會每年增加。

不只如此，我們現在看到的資料收集方法，和過去並不相同。傳統的虛榮指標（vanity metrics，例如訪客人數或行動應用程式下載量等統計數字）已經由包括重複使用率、留客比率、貨幣化和淨推薦值（NPS）等真實值指標所取代。這種自然而然對真實值關鍵績效指標（KPI）的關注，已經納入現在流行的新精實創業（Lean Startup）運動中（請見本章的「實驗」一節）。

甚至在企業加快安裝測量儀表的同時，類似的改變也在員工個人和團隊績效追蹤的層次上發生。令人生畏的年度績效評核會使大多數員工士氣低落，對高績效員工尤其如此，因為成就和表彰之間會有長時間的延遲。在這段等待期間，頂尖員工很可能會感到沮喪、厭倦，最後另謀高就，造成快速成長中的企業失去他們最不能失去的員工。

為因應這一點，許多指數型組織採取「目標和關鍵成果」（OKR）方法。這是英特爾執行長安迪·葛洛夫（Andy Grove）於一九九九年發明，並且由創投家約翰·杜爾（John Doerr）帶進谷歌。「目標和關鍵成果」以開放和透明的方式追蹤個人、團隊和公司的目標與成果。葛洛夫在他備受推崇的著作《葛洛夫給經理人的第一課》（*High Output Management*）中，提出「目標和關鍵成果」做為兩個簡單問題的回答：

一、我想要去哪裡？（目標）

二、我如何知道自己正往何處走？（關鍵成果，確保有進度）

除了英特爾和谷歌之外，其他採用該系統的快速成長公司，包括領英、甲骨文（Oracle）、Zynga、推特和臉書。

在運作上，顧名思義「目標和關鍵成果」計畫會依照兩條路線運作。例如，我們的目標可能是「銷量成長二五％」，而期望的關鍵成果是「建立兩個策略夥伴關係」和「進行AdWords行銷活動」。「目標和關鍵成果」是關於專注、簡單、縮短反饋週期和開放性，因此比較容易發現洞見並且進行改善。相形之下，複雜、秘密和廣泛的目標往往會阻礙進展，通常造成非預期的後果。

正如創新策略諮詢顧問公司德布林創始人基利所說的：「事實上，創新有大約六十五種不同的衡量標準，但沒有一家公司需要所有六十五種標準，你只需要其中幾種。針對自己在策略上試著要達到的目標，看情況挑選適合的幾種。」

「目標和關鍵成果」的一些特性如下：

- 關鍵績效指標是由上而下決定的，而「目標和關鍵成果」是由下而上決定的。
- 目標是夢想，關鍵成果是成功的標準（亦即，衡量朝著目標前進多少的方法）。
- 目標是定性的，關鍵成果是定量的。「目標和關鍵成果」與員工評核不同，它是關於公司的目標和每位員工對那些目標有多少貢獻。績效評核全部是關於評估員工在特定時期的表現如何，和「目標和關鍵成果」無關。

● 目標是具有雄心的，而且應該讓人覺得不安。

一般而言，一項方案最多有五個目標和四個關鍵成果是最理想的，而且關鍵成果應該要有六〇%到七〇%的達成率；否則，標準就定得太低。

指數型組織不僅很在意這項技巧，有許多指數型組織現在已採用高頻率「目標和關鍵成果」，亦即，為公司內部的每個人或團隊設定每週、每月或每季的目標。

從神經科學、遊戲化和行為經濟學得出的科學結果顯示，明確性和經常反饋對推動行為改變並且最終發揮影響力很重要。明確性和快速的反饋週期能活化、激勵和推動公司的士氣和文化，因此許多服務紛紛設立，包括 OKR Hub、Cascade、Teamly 和 7Geese 等，協助企業追蹤這些衡量標準。

儘管如此，我們還有一段長路要走，特別是在熱門的新創企業界之外，這甚至適用於全球的高科技中心。義大利全球性的諮詢顧問公司商業整合夥伴（BIP）總經理法比歐・特羅亞尼（Fabio Troiani）觀察到，即使是在矽谷，「目標和關鍵成果」也仍然相當獨特。他指出，在他熟悉的一百家歐洲和南美洲大型企業中，沒有一家採用「目標和關鍵成果」方法。

與此同時，和「目標和關鍵成果」一起使用的價值衡量標準（value metrics）儀表板，已逐漸成為衡量指數型組織的實際標準。例如，在谷歌內部所有的「目標和關鍵成果」完全透明公開。

此外，新世代員工在衡量標準和反饋迴路上所受到的訓練，與老一輩員工的經歷不同。例如，高人氣的《魔獸世界》遊戲中嵌入的儀表板，就類似於「目標和關鍵成果」和精實創業這樣反饋週期較短的指標。

關於快速週期的「目標和關鍵成果」的優點，有個很好的類比是手機。在過去十五年間，手機提供的即時電子郵件和隨時連線功能，大幅提升了決策的速度和對話週期。「目標和關鍵成果」也為組織提供相同功效。

為什麼儀表板是指數型組織的關鍵？因為要快速成長，就必須將評估企業、個人和團隊的測量儀表整合起來，並且即時執行，尤其小失誤可能很快就會演變成嚴重錯誤。如果沒有採行這兩項功能，公司很容易就會再度把焦點放在「虛榮」指標並且失去專注力，或是對團隊提供誤導的關鍵績效指標，甚至是同時犯下兩種錯誤。

如同本章開頭提到的，嚴格控管架構對管理超高速的成長非常重要，而即時儀表板和「目標和關鍵成果」則是那種控制架構的關鍵要素。

它為何重要？	依賴關係或必要條件
● 即時追蹤關鍵性的成長驅動因素 ● 「目標和關鍵成果」建立控制架構以管理快速成長 ● 盡量減少因為反饋迴路縮短所造成的犯錯機率	● 即時的衡量標準追蹤、收集和分析 ● 落實「目標和關鍵成果」 ● 員工的文化接受度

實驗

我們將實驗界定為：**執行精實創業方法，對假設進行測試，並且不斷嘗試已受控制的風險**。根據Zappos執行長謝家華的說法：「一個偉大的品牌或公司，就是一個永遠說不完的故事。」亦即，品牌一定要持續發展和實驗。比爾．蓋茲把謝家華的見解推進一步：「成功是一位糟糕的老師，它誘使聰明者自認為不可能失敗。」

布朗最近在新加坡管理大學（Singapore Management University）一場畢業典禮演講中，提出極有說服力的論點：所有的企業架構都是為了抵擋風險和變動而設立。此外，他表示所有的企業規劃行動，都是為了提高效率和可預測性，因此企業會努力建立靜態——或是至少成長受控制——的環境，認為這樣他們就會減少風險。

但是布朗繼續說，在現今這個瞬息萬變的世界，事實恰恰相反。臉書創始人馬克．祖克伯對此表示贊同，指出「比較大的風險是不承擔任何風險。」持續實驗和處理疊代（反復運算）是現今降低風險的唯一可行之道。不論處於何種產業或組織，許多由下而上的構想經過適當過濾篩選後，總

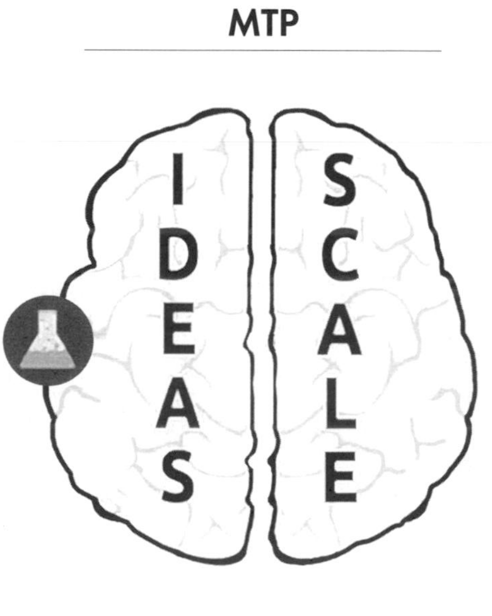

是勝過由上而下的思考方式。布朗和謝家華稱呼這是「可擴展的學習」（scalable learning），此外，鑑於指數型組織的成長速度，這是它們唯一可行的策略。在最佳的情況中，指數型組織應該兩者兼具，亦即，構想是由下而上產生，而接受／批准／支持則是由上而下。最後，不論是誰提出的，最好的構想都會勝出。

為了啟動這種思維，奧多比系統公司（Adobe Systems）公司最近推出「啟動創新工作坊」（KickStart Innovation Workshop）。參加的員工會拿到一個紅色的盒子，裡面有一本步驟式的創業指南，以及一張含有一千美元種子基金的預付信用卡，公司還提供他們四十五天時間對自己的創新構想進行實驗和驗證。雖然他們能得到公司裡一些頂尖創新者的指導，但其餘一切都得靠他們自己。二〇一三年，奧多比的一萬一千名員工中，有九百人參與這項活動。奧多比的方法不僅激勵實驗，也建立一個可量測的管道，讓員工能夠藉此以系統化和可比較的方法，識別和尋求大有可為的構想和概念。

許多其他公司也在探索實驗——不只是在不受約束的設計研發部門（skunkworks，又稱臭鼬工廠），也在核心流程中進行，但這其實並非全新的概念。日本人長久以來遵循「改善」（kaizen）的做法：將不斷改進當做基本的流程管理技巧。「可擴張的學習」與「改善」之間的唯一差別是，前者採用新的和更先進的離線和線上資料導向工具，以測試顧客群的假設、使用案例和解決方案。

蘋果運用某種「改善」方法來推出它的第一家零售店，當時一般認為那是風險極大的舉動。蘋果先延攬蓋璞（GAP）公司執行長米拉德．德雷克斯勒（Millard Drexler）加入董事會，之後又聘用羅恩．強森（Ron Johnson）管理新的零售部門營運。強森擔任塔吉特（Target）百貨銷售部門副總裁時，因為促使該公司的形象超越高階的凱馬特百貨形象而知名。他和德雷克斯勒運用兩人的集體智慧，創造了蘋果零售店的原型，然後根據顧客資料和反饋意見測試和改良該原型。蘋果反覆持續這個過程，直到它獲得足夠的驗證，進而在二〇〇一年五月十五日於北維吉尼亞州設立第一家蘋果零售店。一旦這個概念成功，蘋果便積極擴張，它目前在十六個國家擁有四百二十五家零售店。

這項技巧有一個眾所周知的名稱：

圖表4-2　精實創業方法

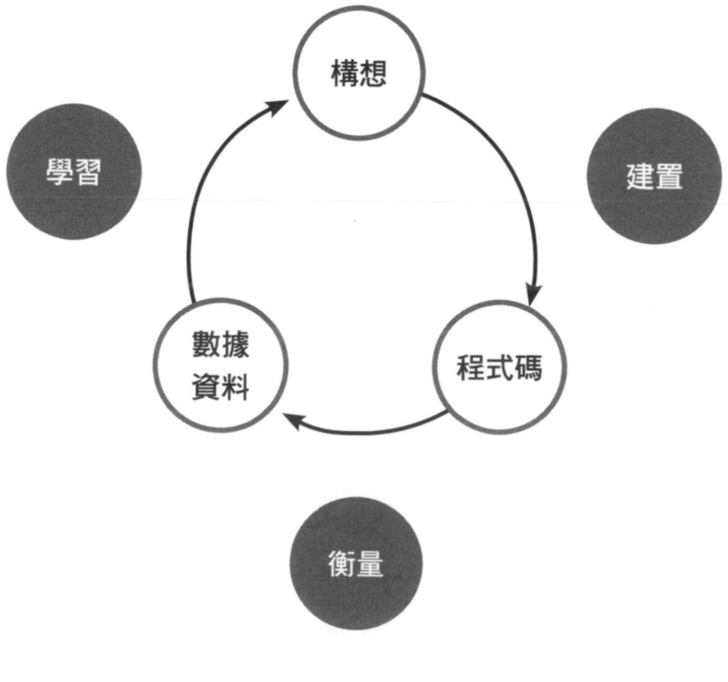

精實創業運動。該運動是由萊斯和史蒂夫・布蘭克（Steve Blank）創立，並且根據萊斯的同名著作，而精實創業哲學（又稱精實創業平台Lean Launchpad）則是根據豐田的「精實製造」原則。在半個世紀前創立的「精實製造」原則，主要強調排除浪費的流程，其原則範例是：「除非是為一般顧客創造價值，否則任何其他目標的一切支出全都排除。」

「精實創業」概念也受到布蘭克的著作《四步創業法》（*The Four Steps to the Epiphany*）所激勵，那本書的焦點集中在**顧客發展**。（概念範例：「要等到驗證過各項假設，我們才會知道顧客想要什麼。」）精實創業運動最重要的訊息是，「快速失敗、經常失敗，同時排除浪費。」它的方法可以概述為：新創企業、中型企業、大型公司、甚至政府採用的新型、科學、資料導向、疊代（反復運算）、和高度顧客導向的實際創新方法。為了說明這個信條如何對公司產生如此正向的影響，我們將它與傳統的產品開發方法（又稱為瀑布模型waterfall model）做比較。

如同第二章提到的，傳統上用於產品開發的「瀑布式」方法是一種線性流程（經常被稱為NPD，也就是新產品開發），採用諸如發想、篩選、產品設計、開發和商業化等順序步驟。這個流程不僅耗掉許多寶貴時間，更重要的是，會逐漸造成新產品不符合（或者因為市場變動太快而不再符合）顧客的需求，最後導致產品乏人問津。結果企業勢必投入甚至更多的時間和金錢來調整產品，以符合顧客需求，當市場繼續進展時，這個過程同樣又花了太多時間。

到最後，這項產品當然會失敗了。總而言之，「新產品開發」變成一種將思考和行動長期分開的過程，而且在開發過程中太晚提供資料導向和行為上的顧客反饋。正如數學家納西姆・塔雷伯（Nassim Taleb）所解釋的：「知識會提供你一點優勢，但修補（反復試驗）相當於智商一千分。是修補讓工業革命實現。」

相較之下，想想看在同樣的情況採用精實創業方法。公司首先研究顧客的需求，然後進行一項實驗，看看提議的產品是否符合那些需求。公司藉著定量和定性資料來得出一項結論，其根據是一系列考慮周詳的問題：

- 產品是否符合顧客的需求？
- 顧客過去如何解決問題或需求？
- 目前顧客的問題所製造的成本是多少？
- 我們是否應該調整或改變自己的路線？
- 我們準備好要進行擴張了嗎？

這個持續學習的過程，只要用最低的成本在幾週或幾個月內就可以完成。最棒的是，如果產品注定失敗，通常在初期就會一目瞭然。觀察這一點有一個好方法：當你從A點走到B點時，可以看到C點；但是當你從A點看，就看不到C點。疊代（反復運算）／實驗才是唯一的方法。

萊斯解釋說：「現代的競爭規則是，誰學得最快誰就能贏。」因為網路效應，大部分的數位市場是「贏家通吃」市場。這使得持續實驗的文化甚至更重要。

麻省理工學院創業馬丁信託中心（Martin Trust Center for MIT Entrepreneurship）將精實創業流程應用在企業創新上，這個流程類似奧多比所採用的方法，名稱就叫5×5×5×5法（5^4）。五個分別包含五位互補成員的公司團隊，展開為期五週（每週一至兩天）的競賽，以不超過五千美元的支出提出一項創意。要以不同的離線和線上方法，針對與顧客群、顧客問題（使用案例）和解決方案（創新概念）相關的各種真實顧客假設進行測試，這筆五千美元的預算相當符合需求。

五週後，每個團隊提交自己的成果，每項成果綜合了概念、競爭力分析、商業模式圖、以及根據不同實驗或最低可行產品（Minimal Viable Product，簡稱 MVP）的實證學習（validated learning）。簡而言之，這是一種資料導向、具科學性，既可解決問題，又符合產品市場需求的創新構想，這種創新構想能充分增進學習和加速產品開發流程——對快速變化的世界來說，這兩者均是關鍵要素。才一個多月就有如此成果，已不算差。

瑪莉亞．穆吉卡（Maria Mijica）為糖果公司億滋國際（MondeleZ International）公司領導已成立兩年的「飛翔車庫」（Fly Garage）創新單位，她利用「實驗」來經營數天的「車庫」，以創造新的品牌參與。來自組織內外部的自由思想家們受邀參與一個沒有界限的環境，「車庫」的體驗由下列步驟構成：

- 中斷與一切事物的連結，以便放空。
- 產生共鳴並沈浸其中，以便與機會連結。
- 將構想歸結為創新簡報（接著將簡報轉印到要穿的T恤上）。
- 進行鼓動以促進構想的產生，並且組合／重新組合解決方案。
- 迅速建立原型，以促成快速的使用者經驗。

飛翔車庫已經產生極好的成果，其中包括「波哥大的交通卡拉ＯＫ」和一台讓用戶根據饑餓程度（藉著吞入肚子的感應器來測量）付款的自動販賣機。飛翔車庫成功地使「公司程序的可重複性」與「高度創意的成果」達到平衡——這對任何組織而言就如同聖杯一樣。穆吉卡也掌握另一種傳統上難以達到的平衡：在幾乎沒有或完全沒有文化緊張氣氛之下，實現由上而下的指揮和由下而上的創意。

實驗的最終和關鍵必要條件是願意接受失敗。三十年前，矽谷的行銷先鋒雷吉斯．麥坎納（Regis McKenna）率先指出，無論矽谷的成功聲譽如何，它實際上是建立在失敗之上，或者更準確地說，是建立在接受、甚至獎勵「良好」失敗的意願上。

可惜的是，在傳統的企業環境中，由於漫長的前置時間（lead time）和龐大的投資，失敗往往依舊對職涯造成負面後果。這當然會降低冒險欲望。與此同時，沉沒成本（sunk cost）偏誤（會繼續進行專案，純粹是因為錢已經砸下去）也會產生作用。要不了多久，公司就會發現，儘管有清楚的資料顯示產品會失敗，它甚至花更多錢推出這項注定失敗的產品。

還記得銥星行動電話的案例嗎？記得 Navteq 與 Waze 的案例嗎？此外，細想美國國家航空暨太空總署（NASA）出名的標語：「只許成功，不許失敗。」雖然它既崇高又激勵人心，最終卻對探索敲響了喪鐘。當只許成功、不許失敗時，你最後只會進行安全、漸進的創新，而不會有徹底的突破或破壞式創新。

藉由將實驗整合為一種核心價值，並採用精實創業之類的方法，企業的失敗——一般仍然同意，風險是無法避免的，而失敗是風險的一部分——就可以很短暫，痛苦相對減輕，而且能提供深刻見解。谷歌就是特別擅長實驗的公司：如果某種產品未達到目標，而資源在其他地方可以獲得更好的運用，這個產品就會喊停，其中不會有太多的指責，公司會迅速繼續前進，相關員工也不會面臨職涯受限的後果。

有時員工會對「失敗」這個概念產生文化抗拒，因此有些公司甚至會例行性地慶祝失敗，以抵銷員工的這種想法。例如，寶鹼（P&G）公司會頒發給「英雄式失敗獎」給犯下最重大失敗、並因而提供最佳見解的員工或團隊。同樣地，塔塔集團（Tata）每年會頒發「勇於嘗試獎」，獎勵承擔了最大風險的經理人。光是二〇一三年，這個獎項就吸引兩百四十多人報名。

當然，這並不表示任何失敗或錯誤都該獲得鼓勵或慶祝。但如果某個團隊在策略、商業、倫理道德和法律的架構內運作，並且避免重蹈覆轍，公司就可以、也應該慶祝實驗所提供的學習經驗。矽谷的一項著名信條認為，分辨「好的」失敗（基於各種正當理由，而且會產生實用的結果）和「壞的」失敗——甚至是「壞的」成功（主要靠運氣而非靠成就來取得成功）——並因此給予獎勵，是極其重要的。

失敗不僅能釋出人員、構想和資本，以用於日後的學習和突破，另外值得注意的是，雖然很少人明白，但企業文化接受失敗帶來的利益是：內部政治鬥爭減少，互相指責和諉過於人的情況更加少見，這歸功於信任、透明和開放。

精實創業法有一些限制，包括缺乏競爭對手分析或設計思考上的考量。此外還應該注意，在軟體和以資訊為基礎的環境中，失敗的能力比較容易，因為疊代容易得多；但對硬體公司而言，

它為何重要？	依賴關係或必要條件
● 讓流程與快速變動的外部因素保持一致 ● 充分提高價值獲取（value capture） ● 加快上市（MVP） ● 冒風險可以提供優勢和更快速的學習	● 實驗的衡量和追蹤 ● 文化接受（失敗＝經驗）

疊代困難得多。蘋果公司只有在硬體產品臻於完美時才會推出該產品——在製造核反應爐時，你不會想要疊代和快速失敗。

如同納桑・弗爾（Nathan Furr）和傑夫・岱爾（Jeff Dyer）在新書《精實創新學》（*The Innovators Method: Bringing the Lean Start-up into Your Organization*）中所說的：「在搞定事情之前，別嘗試擴張。」

自治

我們將「自治」描述為：藉由分權式管理機構來運作的自我管理、多重專業團隊。遊戲公司威爾烏（Valve）是最獨特的企業，擁有三百三十名員工，卻沒有典型的管理結構、匯報體系、職務說明或例行會議。相反地，該公司招募有才華、創新、做事主動的人，讓他們決定自己想要參與哪些專案。只要他們符合公司的宏大變革目標，公司也鼓勵他們成立新專案。自治是「無許可創新」（permissionless

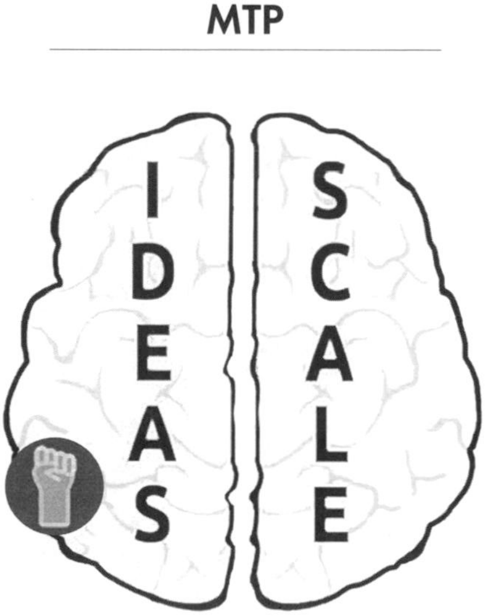

innovation）的必要條件。

仰賴小型、獨立、多重專業的團隊，這種極端的自治對威爾烏很管用。它的平均每一員工營收（revenue-per-employee）比任何其他遊戲公司都高，而且它的方法讓所有的員工都能夠改變職務和活動。這種組織風格也創造了友善、開放和信任的文化，擁有高度滿意的員工。事實上，該公司對自己的經營方式極有信心，以至於連員工手冊都是開放原始碼，包括競爭對手在內的任何人都可取得和修改。

威爾烏並不是唯一為提高績效而首創新組織模式的公司。它的自治方式類似麻省理工學院媒體實驗室（MIT Media Lab）：兩者都是由熱情推動的組織，員工和學生都具有主動精神，會推出自己的專案，或是從進行中的專案挑選其一。有些專案甚至是由外部夥伴展開的，唯一的目的是讓大家在創新構想上協同合作。

菲利浦・羅斯德（Philip Rosedale）是第二人生（Second Life）的創始人和前執行長，也是虛擬實境平台High Fidelity的創始人兼執行長。他在High Fidelity實施的自治，或許是最極端的案例：他讓員工每季投票決定他是否能繼續擔任執行長。此外，該公司分配認股權不是根據員工評核，而是根據匿名的對等（peer-to-peer）評核。

從在家工作、外包、到扁平和虛擬組織，職場走向員工自治的趨勢已漸趨明顯和穩定，因此我們預測輕量級的「目標和關鍵成果」方法，將會逐漸取代傳統由上而下的管理方式。此外，許多指數型組織採內部管理方式——只不過管理單位不是包含許多中階管理層級的傳統部門，而是擁有高度分權管理機構的自我組織、跨領域團隊。千禧世代挾著網際網路和遊戲技術，培養出具有主動精神和創新精神的心態，他們與注重效率而非適應性的典型階層式結構，越來越意見相左。

皮克斯動畫工作室（Pixar Animation Studios）共同創始人，以及皮克斯動畫和迪士尼動畫工作室（Pixar Animation and Walt Disney Animation）總裁艾德．凱特穆（Ed Catmull）著有《紐約時報》暢銷書《創意電力公司：我如何打造皮克斯動畫》（*Creativity, Inc: Overcoming the Unseen Forces That Stand in the Way of True Inspiration*），他在書中擴充了前述的概念：「我們一開始就假定員工個個都有才華，而且想要有所貢獻。我們同意公司確實以許多無形的方式扼殺那些人才，但那並非公司本意。最後，我們試著找出那些障礙，努力加以排除。」

越來越吹毛求疵和見多識廣的消費者，期望獲得零延遲的服務和遞送，如果達不到他們越來越高的期望，他們很快就會在評論網站上投訴爆料，這進一步推動了企業對員工自治和分散權限的需求。麥肯錫的一項意見調查發現，經歷過糟糕的顧客經驗後，有八九％的消費者會轉投另一家公司的懷抱；另一方面，八六％的消費者表示，他們願意為更好的顧客經驗支付更多錢。企業要將最有能力、最積極主動的員工安排在第一線，才能滿足這些斤斤計較、要求超多的顧客。

這種自治趨勢的一個好例子，是一家稱為無領導管理（Holacracy）的公司。該公司採取軟體界的「敏捷」方法和精實創業方法，並將這種方法擴及公司的每個層面。無領導管理（這既是一個概念，也是該公司的名稱）的定義是一種社交技術或組織治理系統，它讓權限和決策通過碎形（fractal）、自我組織的團隊分散開來，而不是全都集中在階級組織的最高層。這種系統結合了實驗、「目標和關鍵成果」、開放性、透明性和自治。

據說無領導管理可以提高組織中的敏捷性、效率、透明度、創新和責任心。該方法鼓勵團隊成員採取主動，並提供他們一個能說明疑慮或構想的流程。分權制度也減少領導人單獨制定每一項決策的負擔。

重要的是，員工自治並非暗示缺乏責任擔當。組織設計專家史蒂夫・丹寧（Steve Denning）解釋說：「網

非無領導管理	無領導管理
中央控制和管理	分散式控制和管理
長期的預測和計畫	動態和彈性：改變可以發生，而且經常發生
階級結構或扁平式，根據共識	兩者皆非，每個人都是自身角色的「最高長官」和其他角色的「追隨者」
利益導向	核心目標導向
緊張氣氛是問題	緊張氣氛是動力
重整和變革管理	自然發展、演進和運動
職位頭銜	不斷變動的角色
英雄主義的領導人、員工和流程監督人	履行個人職責、活力充沛的人
管理人	管理工作
將人際關係當作工具，用來達成組織的目標	在人員、關係和角色之間有清楚的區分

路中依然有階層，只不過這種階層往往以能力為主，比較仰賴同儕的責任擔當，而非基於職權的責任擔當——亦即，責任應該屬於知道情況的人，而非只論職位、不問能力來分配責任。這是經理人職務的改變，而不是將職能廢除。」

下面是一些走在員工自治尖端的企業：

Medium（二〇一二年）——四十名員工

- **市場：**內容平台。Medium 是一個新網站，讓人們能夠用 140 字以內的篇幅分享想法和故事。不僅限朋友使用。
- **公司的組織方式：**Medium 沒有人事經理，並且強調授予員工最大的自治權。Medium 關鍵部分如下：
  - 緊張情況的解決（識別問題，並以系統化的方式解決問題）。
  - 有機擴張（如果工作有需要，員工可以雇用新的人員）。
  - 決策權分散，不鼓勵尋求共識。
- **財務影響力：**最近一次的投資是在二〇一四年，公司市值為兩億五千萬美元。

Zappos.com（一九九九年）——四千名員工

- **市場：**鞋類和服飾類的線上零售市場

公司的組織方式：

- Zappos 非常重視公司文化和核心價值觀。
- 如果員工不適應公司文化，Zappos 會付錢請他們離職。
- 鼓勵員工突破傳統的顧客服務。
- 鼓勵公司代表自行作決策。
- 沒有設立任何的工作標準。

財務影響力：二〇〇九年十一月，Zappos 被亞馬遜收購，在收購完成當天，交易價值為十二億美元。二〇〇八年，總銷售額超過十億美元（較前一年提高二〇%），七五%的顧客都是老顧客。公司從二〇〇六年開始獲利。

威爾烏公司（一九九六年）——四百名員工

市場：遊戲開發

公司的組織方式：

- 公司沒有經理。
- 每位員工都有創作自由，不必擔心失敗的後果
- 鼓勵員工選擇並致力於自己的專案計畫。

- 員工負責專案的批准和終止，以及人員的招募。

● **財務影響力：**其社交娛樂平台上的活躍用戶數量超過七千五百萬。二〇一二年資產淨值為二十五億美元。

Morning Star（一九七〇年）——四百到二千四百名員工（在收穫季節員工人數會更多）

● **市場：**農業企業和食品加工（番茄），

● **公司的組織方式：**

- 沒有負責監督的管理階層。
- 鼓勵員工獨立創新，自行界定工作職責、作出設備採購的決定。
- 員工可以和同事商量和訂定個人的職責。
- 薪酬以同儕表現為基礎。每位員工制定一份同事理解書（CLOU），內容概述員工如何達成個人使命宣言。受此員工的工作影響最大的同事必須同意 CLOU，該文件才會開始生效。

● **財務影響力：**對來自內部資源的所有成長，公司幾乎都會提供經費，這意味著它的獲利豐厚。根據它本身的基準資料，Morning Star 自認為是世界上最有效率的番茄加工業者。

FAVI（一九六〇年）——四百四十名員工

- **市場：**FAVI 是銅合金汽車零件設計商和製造商。
- **公司的組織方式：**FAVI 沒有階層或人事部門，也沒有中間管理層或正式程序。團隊是以客戶為中心來組織，每個團隊不僅要對顧客負責，還要對本身的人力資源、採購和產品開發負責。
- **財務影響力：**二〇一〇年，FAVI 的營業額為七千五百萬歐元，其中八〇％來自汽車業務。年資逾十五年的老員工占全體人數的三八％。員工人數從一百四十人增加到四百四十人。

其他已採行員工自治結構的公司還包括：以生產 Gore-Tex 紡織品聞名的戈爾公司（W L. Gore & Associates）、西南航空（Southwest Airlines）、戶外服裝公司巴塔哥尼亞（Patagonia）、塞姆勒（Semler）、愛依斯電力公司（AES）、居家照護服務組織博祖客（Buurtzorg）和科技出版商施普林格（Springer）。

密西根大學經濟學家史考特・佩吉（Scott Page）發現，比起同質性的團隊或個人，多樣化的團隊更擅長回答複雜的問題，即使同質性

它為何重要？	依賴關係或必要條件
● 提高敏捷性 ● 在顧客看來更有責任擔當 ● 更快速的回應和學習時間 ● 更高的士氣	● 宏大變革目標（做為重力井） ● 做事主動的員工 ● 儀表板

團隊和個人較有才華。不過，這個結論應該沒有那麼讓人意外。達爾文發現，某個物種的小群體從主要群體分離出來，並適應各種壓力之時，就是進化速度最快的時候。同樣地，小型、獨立、跨領域的團隊攸關未來的組織，尤其是邊緣的部分。

最後要提醒的是，員工自治的方法，比方說在無領導管理公司裡建立的方法，不只適用於小型公司。包括 Zappos 和塞姆勒在內的大型公司也在更龐大的業務中採用這個結構。哈佛大學教授羅莎貝絲・肯特（Rosabeth Moss Kanter）說的最貼切：「在因應快速變動的環境以及各個事業單位變動不定的界限時，更多工作將會由跨領域專案團隊完成，而且會有更多由下而上的自我管理情況。」

社交技術

社交技術是一個被濫用的業界時髦名詞，過去十年來一直讓資訊長感到腸胃不適。儘管如此，它確實能有效推動舊式類比商業環境轉變成為更數位化、低延遲的環境。類比的社交技術當然是所謂的茶水間八卦效應，如今的社交技術則是在垂直組織的公司中創造水平的互動。

社交技術找到發展的沃土，是因為職場已經日益數位化。這種技術始於提供非同步連接性的電子郵件；接著出現維基百科以及提供同步資訊共享的企業內網路；如今，我們擁有提供整個組織即時更新資料的活動串流。正如馬克・安德森（Marc Andreessen）所言：「溝通交流是文明的基礎，而且將會是許多產業未來實現更多創新的催化劑和平台。」

我們認為這很重要，原因在於社交商業專家賽奧・普里斯特利（Theo Priestley）在以下談話中對溝通交流所賦予的架構：「透明度是新的貨幣，信任則是我們正要支付的帳單」。普里斯特利的社交商業等式是：**連結＋參與＝信任＋透明**。

談到推動業務，Salesforce 的首席科學家蘭加斯瓦米（J. P. Rangaswami）認為社交技術具有三個關鍵目標：

一、將「取得（和處理）資訊」以及「決策」之間的距離縮短。

二、從「必須查詢資料」移轉為「讓資料流過你的認知（perception）」。

三、利用社群產生構想。

MTP

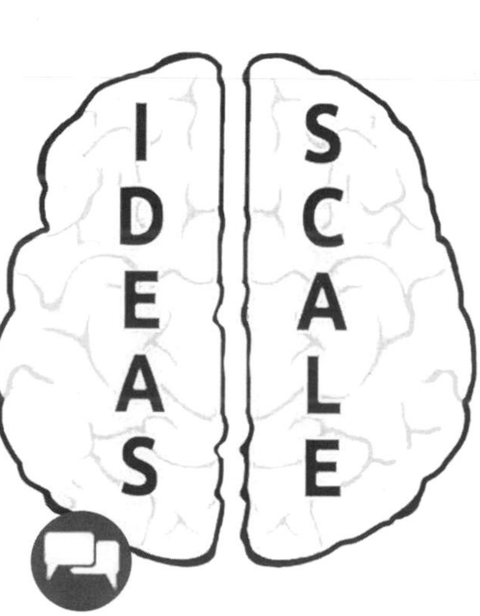

從我們的觀點來看，社交技術是由七個關鍵部分組成：社交對象、活動串流、任務管理、檔案共享、遠端呈現（Telepresence，或譯「網真」）、虛擬世界和情緒感知。

實際執行後，這些要素創造了透明度和連結性，最重要的是降低組織的資訊延遲。最終目標是顧能諮詢公司所謂的零延遲企業（zero latency enterprise），亦即在構想、接受和執行之間不浪費時間的公司，執行這樣的做法就能提供重大的投資報酬。

這種報酬有多大？弗雷斯特研究公司（Forrester Research）研究一個組織，該組織有兩萬一千名員工，在導入微軟的 Yammer 企業社交網路之後，於僅僅四點三個月的還本期間，只有三分之一的員工使用 Yammer，投資報酬率卻已達到三六五%。

鑑於這樣的成果，Yammer 現在擁有八百萬客戶就不足為奇了。同樣地，Salesforce 的產品 Chatter 從二○一一年二月的兩萬個主動式網路（active network）開始，在不到十八個月內，成長到十五萬個。此外，Salesforce 的資料顯示，在採用該平台的公司中，員工參與率提高三六%，存取資訊的速度也提高四三%。

資訊促成的**社交對象**（social object）有很多，員工關係管理只是其中一類。這個社交對象組合中還有位置、實體物件、構想和知識——包括定價資料、庫存水準、會議室使用率、甚至咖啡續杯的最新資訊，這一切訊息現在全都在整個公司裡廣為傳播，並成為組織中任何人都可以訂閱的**活動串流**（activity stream）基礎。

任務管理也變得越來越社交化。以往，任務管理主要是做為待辦事項清單，但現在已轉向更敏捷的方法。團隊持續自我衡量評估，做法是更新程式碼並且結案，根據任務管理軟體所提供的標準行事。由達斯汀．莫斯科維茨（Dustin Moskovitz，臉書的共同創始人）和賈斯汀．羅森斯坦（Justin Rosenstein）成立的阿薩納（Asana）軟體公司致力於提高工作生產力，並且遵循以下的原則：「你的待辦事項清單應該和你的臉書塗鴉牆一樣令人上癮。」

檔案共享是社交凳的第四隻腳，最近廣受採用。來自 Google Drive、Box、Dropbox 和微軟 OneDrive 的各項工具，攸關共享資訊以及對客戶資訊的單一例證提供更新。例如，花旗銀行（Citibank）一度擁有三百多個不同的客戶資料庫，每個資料庫都消耗寶貴的經常費用，並且因重複和冗餘而耗費鉅資。這種對成本和營運構成的累贅，令指數型組織——或者實際上對任何試圖在二十一世紀中競爭的企業——根本沒辦法接受。

遠端呈現（網真）已經以視訊會議的形式存在多年。雖然視訊會議在過去相當麻煩，但企業組織現在可以利用 Skype 和 Google Hangout 等快速、容易使用、又普遍存在於每一種裝置的服務。遠端呈現讓員工能夠在任何地點主動工作，以及進行全球性的互動，進而降低差旅成本和增進身心健康。Suitable Technologies 的 Beam 和 Double Robotics 這類遠端呈現互動機器人可以運用用戶的平板電腦，提供了更顯著的改善。這些機器人甚至讓用戶能夠同時出現在多個地點，這會對經營生意的方式造成重大影響。

遠端呈現讓人們在真實的環境中互動，虛擬實境則讓人們在**虛擬世界**中互動、合作、協同合作、協調，甚至製作原型。羅斯德的《第二人生》虛擬世界就是最著名的例子之一。他表示：「《第二人生》的特點之一是，它讓IBM等特定單位能夠召集世界各地上千人進行一項大型聚會。」。雖然《第二人生》沒有充分滿足顧客（或投資人）的期望，幾年後就停止成長，但它保持活躍狀態，每月上線人數都有一百萬人，並且擁有交易額達到六億美元的經濟結構。

為了促成完全沉浸式的虛擬世界，羅斯德推出的新平台 High Fidelity 運用 Oculus Rift、PrimeSense 深度相機和 Leap Motion 動作控制器之類的硬體。High Fidelity 的環境已經縮短了用戶動作與系統回應之間的時間延遲，達到幾乎能趕上人類感知速度的地步，促成真正的即時體驗。

情緒感知是社交技術的最後一個關鍵要素，它在一個團隊或群組中運用各種感應器——例如健康感應器和神經技術——創造出「量化的員工」和「量化的勞動力」。員工將可以量測自己的一切和工作，避免感染疾病、過勞倦怠和憤怒，同時也能增進團隊的活性、協作和績效。以往的工作主要聚焦在智商（IQ）的重要性，如今情緒商數（EQ）和靈性商數（Spiritual Quotient，簡稱 SQ）成為日益重要的指標。

對指數型組織而言，整個社交典範呈現了許多關鍵的意涵。組織的親密度提高，決策延遲的情況減少，知識提升而且更廣泛散播，機運也增加了。簡而言之，社交技術促成了即時企業。

最後，社交典範也像萬有引力一樣，使組織與其宏大變革目標緊密連結，並確保各個部分不會在尋求相互衝突、甚至相反的目標時漸行漸遠。

如果你記得第二章中列出的傳統組織線性屬性清單，我們就可以將線性與指數型組織的特性並列檢視（圖表4-3）：

現在回顧指數型組織的定義：「指數型組織是影響力（或產出）異常大的組織，比起其他類型組織至少大十倍，因為運用了採取加速技術的新組織技巧。」

在研究這個典範時，我們發現六十多個分數超過指數型組織門檻的其他組織，它們各個績效都達到同領域對手的至少十倍。以下是前十名（按字母順序排列）：Airbnb、GitHub、谷歌、網飛、Quirky、特斯拉、優步、Waze、威爾烏、小米。

如果說要回顧四個世紀之前，才能掌握最現代企業組織的本質，這聽起來似乎有點奇怪，但是牛頓的第二定律恰好總結了指數型組織的整體概念。外力等於質量乘以加速度（F=MA）這個公式闡明，外力引起的加速

它為何重要？	依賴關係或必要條件
● 更快的對話 ● 更短的決策週期 ● 更快的學習 ● 在快速增長時穩定團隊	● 宏大變革目標 ● 雲端社交工具 ● 合作文化

度與質量成反比。質量小，加速度就大，在該方向的速度變化也更快——這正是我們目前在許多指數型組織身上看到的情況。由於內部慣性（即員工人數、資產或組織結構）極小，它們展現異常的靈活彈性，這在現今瞬息萬變的世界是一個關鍵特質。

這種引人注目的特性，在網飛上充分展現。如前所述，該公司提供一百萬美元的獎金（參與），獎勵能改進其影片租賃推薦計畫的人。但鮮為人知的是，網飛從未實際執行獲勝的演算法。

為什麼？這顯然是因為市場繼續發展。比賽結束之時，業界已經改變，不再經營租賃 DVD 業務。與此同時，奈飛的串流視訊業務正迅速擴大，可惜

圖表4-3　組織特性比較	
線性組織特性	**指數型組織特性**
組織結構是由上而下、階層式	自治、社交的技術
由財務成果推動	宏大變革目標、儀表板
線性、順序的思維	實驗、自治
創新主要來自於內部	社群與群眾、隨需求聘僱的員工、槓桿資產、介面（創新發生在邊緣）
策略計畫主要基於過去的推斷	宏大變革目標、實驗
無法容忍風險	實驗
流程不靈活	自治、實驗
大量的全職員工	演算法、社群與群眾、隨需求聘僱的員工
控制／擁有自己的資產	槓桿資產
在現狀上大幅投資	宏大變革目標、儀表板、實驗

獲勝的該演算法並不適用於串流推薦。串流遠非「全家人週五晚上一起吃爆米花觀看的節目」，比較像是「在機場裡有四十五分鐘，足夠看一集《廣告狂人》（Mad Men）影集」這樣的事情。

現在，想像網飛將獲勝團隊花在專案上的兩千個小時，用來開發一個完全一樣、但目前已經過時的演算法。鑑於普遍的沉沒成本偏誤，以及機構堅持要看到該筆投資得到報酬（再加上自負心理），公司內部會形成一股「必須執行該演算法」的龐大壓力，無論市場實際情況如何。這樣一來，網飛或許就不會改變路線，成為一家徹頭徹尾的串流內容公司，而我們現在都明白，那樣會是毀滅性的錯誤。因為該演算法是在組織外部開發，公司內部對於演算法的執行並沒有賦予多少感情（即質量）和慣性（外力），於是網飛可以自由地將焦點集中在別處，最終讓自己發展為現今的串流內容巨擘。

任何組織要回答的關鍵問題，並不是你「看起來」是否像個指數型組織，而是「你的指數程度有多少」。也就是說，你將「成為指數型組織」的理念內化到何種程度？這種理念在員工自治和社交技術方面，如何對你的日常營運提供資訊？你在使用從儀表板到介面等適當工具時，效率如何？你對風險、實驗，甚至失敗的接受度有多高？

以上是你需要自問的問題——不只是問一次，而是每個月，甚至每週都要問。要成為指數型組織並且維持下去，那是必要條件。

本章要點

- 指數型組織利用宏大變革目標的指引，以及五大內部屬性（IDEAS）的控制架構，來管理SCALE外部屬性的大量結果：
  - 介面
  - 儀表板
  - 實驗
  - 自治
  - 社交技術
- 你擁有的資產和勞動力越多，切換策略和商業模式就越困難。你以資訊促成事情的程度越高，策略靈活度就越大。
- 附錄的診斷調查可協助你衡量組織的「指數商數」（Exponential Quotient）。*
- 介面可以使從外部屬性移轉到內部屬性的過程平順。
- SCALE和IDEAS要素會自我強化，而且是一體化的。

* 網路版英文互動式診斷調查：www.exponentialorgs.com/survey

Chapter 05 指數型組織的意涵

指數型組織的概念看似革命性，但它的許多特性其實早已出現在商業界的某些角落——最明顯的是好萊塢。

好萊塢距離百老匯的演藝世界和紐約的銀行中心有四千八百多公里遠，為什麼它能在一九二〇年代末期成為世界電影工業之都？一開始僅僅是因為自然光線充足，但很快就出現第二個因素。美國西岸與東岸的傳統文化大相逕庭，再加上它幾乎取之不盡的廉價不動產和善於變通的當地政府，早期的電影巨頭們幾乎可以為所欲為，包括訂定自己的遊戲規則。

以上因素促成了片廠制度，在這種制度中，早期的電影製片打算完全擁有旗下資產和勞動力，從佈景、片廠到員工都是如此。甚至連演員都要簽約挑選片廠，發行權也專屬於該片廠擁有的電影院。

這種策略很快就建立起地球上最有價值的產業之一，但幾十年過去，欠缺效率和反壟斷問題逐漸顯現。到一九六〇年代時，片廠制度幾乎瓦解，取而代之的是幾乎完全相反的制度。

如今好萊塢運作的方式，跟指數型組織生態系統寬鬆結合的網路連結環境如出一轍。從編劇、演員、導演到攝影師，每位參與者管理本身的職涯；與此同時，各個層級的代理商協助尋找劇本，並將劇本與人才、製作公司及設備連結起來。目前當一部電影在製作時，大批獨立公司會在拍片期間聚集起來，全天候運作並且緊密合作。等到電影殺青，佈景會被拆除供日後重複使用，設備會被重新指定去處，而所有的演員、攝影和製作人員會解散，各自尋求下一項拍片計畫，這個程序通常會從隔天就開始。

好萊塢並沒有策劃過這種轉變；相反地，它演變成類似指數型組織的生態系統，是因為電影的本質就是一連串不相關的計畫。電影製作過程本身一律具有的特點是：由高密度、鄰近性和鬆散結合的要素，所形成的一項組合。這些因素讓好萊塢成為企業視覺化的先驅，如今結合了新的社交和通訊技術，又使它成為指數型組織崛起的前鋒。

矽谷的高科技新創公司生態系統，是這個模式的另一個例子：創業家、員工、科學家、行銷人員、專利律師、天使投資人、創投家，甚至顧客——全都在舊金山灣區一小塊地理區內運作。又一個例子是華爾街，不過這比較屬於功能異常。

拜摩爾定律之賜，新一代技術每過幾年就會出現，使得讓許多產業得以轉移到這種架構的基礎設施如今已經準備就緒。這些產業也真的會這樣做，不僅因為它會賦予極大的競爭優勢，也因為它會獎勵先行者。

在本章，我們會深入檢視指數型組織生態系統的一些特性，尤其是我們已經識別出九個發揮作用的關鍵動力。

一、資訊使一切加快速度

摩爾定律和其他對數位世界造成影響的基本作用力，促成了新的資訊典範。你所看到的每個地方，這個新的資訊典範正在加速產品、公司和產業的新陳代謝。在一個又一個的產業，產品和服務的發展週期越變越短。就如從底片攝影到數位攝影的轉變一樣，一旦產業基礎從物質、機械轉變成數位、資訊，就等於是點燃一根火柴，勢必會引發一場大爆炸。

一九九五年，有七億一千萬捲底片在數千家相片處理中心沖洗。到二〇〇五年，有將近兩千億張數位相片，相當於八十億捲底片，透過各種方式拍攝、編輯、儲存和展示，這在幾年前是無法想像的事情。如今網路使用者每天把將近十億張相片，上傳到 Snapchat、臉書和 Instagram 等網站。

如同我們在第一章中所見，從類比到數位的轉變正在許多核心技術中發生，而那些技術的特性是在交集時出現乘數效應（multiplier effect）。這種將一個又一個產業「虛擬化」的過程，不只是呈指數般迅速進展，當某個物件或程序的許多不同部分的相關資料，經過軟體的系統化分析和自動化時，進展速度甚至會成倍增加（資料分析）。而且那只是開端而已：當我們在每個裝置、程序和人員身上增加數兆個感應器時，那種程序甚至會以幾乎無法想像的速度加快（大數據）。最後，根據愛立信研究中心（Ericsson Research），在未來八年內，我們將會看到誇示每秒速度高達五十億位元組（5GB）的下一代行動網路（5G）。想想看那會促成什麼樣的事情。

當馬克・安德森二〇一一年在《華爾街日報》的一篇文章中聲稱「軟體正在吞噬世界」，就是在說明這個現象。安德森曾協助發明網際網路瀏覽器，現在是矽谷最強有力的創投家之一。他認為在每個產業和每個層級，軟體都在使世界自動化和加速。雲端運算和應用程式商店的生態系統就是這種趨勢的明證，蘋果和安卓平台各自擁有超過一百二十萬個應用程式，其中大部分都是來自顧客的群眾外包結果。

這種驚人的改變速度，在消費型網際網路（consumer Internet）上最明顯。許多產品現在都會提早發佈——未完成版和「永久測試版」（perpetual beta）——唯一的目的是盡早從使用者那裡收集資料，以決定要如何「完成」產品。從早期使用者那裡收集到的資料會經過快速分析以取得重要見解，比方說需要修正的錯誤，還有使用者最想看到的功能特性。一旦落實這些改變，產品就會重新發佈和經過分析……這個程序會持續下去。

如同領英創始人霍夫曼所說的：「如果你在發佈產品時不會對產品感到難堪，就代表你太晚發佈產品。」

如今，產品的開發週期已不再是按月或按季衡量，而是按小時或天來估計。精實創業運動及其不斷疊代／實驗的典範，是從一九七〇年代豐田汽車生產線開始，經歷一九九〇年代的網際網路，現在顯示它適用於幾乎任何一種商業類型。

這種新方法的絕佳例子是位於荷蘭的軟體開發平台 Wercker，它透過使用高階測試和除錯技巧，持續測試和部署程式碼，以協助開發人員降低風險並避免浪費。Wercker 的目標是讓個別開發人員無後顧之憂，能將焦點集中在最需要這種關注的程式碼和應用程式，而不是集中在繁瑣的安裝程序或系統管理上。

開放原始碼運動進一步使這個趨勢加快。例如，編寫一款印表機驅動程式的開發人員，現在可以因為上百個曾經從事類似計畫的其他開發人員開放原始碼而獲益。而且那只是個開端：網路效應開始作用時，整個社群以更快的速度展開學習。我們在 GitHub 和 Bitbucket 等網路託管（web-hosted）開發者社群中看到這種情況發生。

這種資訊加速的現象並不僅限於軟體開發，在硬體世界中也出現。想想率先開發高速基因體定序儀器的生物科技公司 Illumina。二〇〇八年，Illumina 的產品單價高達五十萬美元，再加上為使機器保持運行，每年花在消費耗材的額外二十萬美元；與此同時，新機型的產品開發週期為十八個月。十八個月的產品開發週期是個格外糟糕的消息——為什麼？因為這個產業的變化速度太快（由基因體的新資訊基礎所推動），以至於任何新設計產品的保存期限僅為九個月。這表示當 Illumina 的銷售團隊正在推銷該公司某個版本的基因定序機時，同類機型甚至已有兩個後續版本正處於開發週期的某個時點。

對每個參與者而言，在庫存或開發中有二代並存的技術的成本相當高，因此一個新的開放原始碼社群應運而生。這個名為OpenPCR的社群致力於建置售價僅五百九十九美元的DNA複製機，與家釀電腦俱樂部（Home Brew club）內的業餘愛好者有相似之處。當年家釀電腦俱樂部成員們創造第一台個人電腦，徹底改革了運算，而OpenPCR促成整個產業的轉變，讓新玩家和業餘愛好者能夠進入這個領域，進而使包括Illumina在內的所有業者獲益。

雖然很少有產業經歷像生技業這樣驚人的轉變，但類似的趨勢在許多其他硬體戰場中也可以看到。因此，一台陽春型3D印表機在二〇〇七年要價將近四萬美元，但最近在Kickstarter上獲得資金、名為Peachy的新印表機只要一百美元就可以擁有。而那只是開頭而已：市場領導者3D系統公司（3DSystems）執行長艾維・瑞肯托（Avi Reichental）認為，在未來五年內，讓他公司的高階3D印表機以僅僅三百九十九美元的售價問世應該不成問題。

這個趨勢的另一個例子，包括了應用於機器人和教育的單板電腦，事實證明開放原始碼的樹莓派（Raspberry Pi）平台有自我改革能力。單板控制器（single-board controller）產業也是好例子，Arduino在這個領域已佔有主導地位。因此，毫不令人意外地，電腦業最流行的新「迷因」（meme）之一，*是「硬體是新的軟體」。現在投身製造機器人的前太空人丹・貝瑞（Dan Barry）指出，每

* 譯註：指在網路上像病毒般衍生複製傳播，迅速擴及全球的內容。

次他在機器人配置或感應器方面遇到困難，他會先在網路上張貼問題後才就寢，等他隔天早上醒來，就會發現來自上萬名機器人愛好者提供的解答。

這種「數位化」正徹底改變許多領域中的競爭局面，讓來自意想不到之處的新人能夠加入。在某些國家，銀行正在涉足旅遊業務；我們也看到旅遊業者轉進保險業，零售商轉進媒體。結果，無論你從事什麼行業，你的競爭對手可能都跟以往不同了。

這股趨勢的最終結果是，我們似乎正在步入「贏者全拿」的市場。現在實際上只有一個搜尋引擎（谷歌）、一個拍賣網站（eBay）和一個電子商務網站（亞馬遜）。網路效應和顧客經驗鎖定（lock-in），似乎是競爭本質中發生這種徹底改變的原因。

二、消滅營收的行動

在過去十年中，網際網路最重要、也最不知名的成就之一，是它將行銷和銷售的邊際成本降到幾近於零。

我們說這句話的意思是，在網路時代要以二十五年前成本的一小部分來推銷一項網路產品，這是行得通的。此外，配合病毒式推薦行銷迴路（viral referral loop），顧客取得成本（customer acquisition cost）也可以削減到曾經被認為不可能做到的地步：零。正是這項優勢，讓克雷格列表、

eBay和亞馬遜等企業能以特別快的速度擴張，躋身全球最大企業之林。

這些企業的虛擬優勢摧毀了他們的競爭對手，特別是傳統的印刷分類廣告行業。對消費者提供免費的線上分類廣告選擇，而非付費的報紙廣告之後，消費者就紛紛湧入克雷格列表和eBay等網站。結果在二〇一二年，報紙的營收降至一百八十九億美元，這是美國報業協會（Newspaper Association of America）從一九五〇年開始追蹤資料以來營收最低的一年。由於無法與免費服務競爭，許多報社都關門大吉，其他業者也大不如前。

這場革命至今仍在進行中。最近法國新創公司Free開始提供行動電信服務，這種服務受到由品牌擁護者組成的活躍大型數位社群所支持。該公司培養許多高度連結的意見領袖，讓他們透過部落格、社交網絡和其他網路管道與網友互動，進而建立一波迅速傳遍數位世界的話題。雖然Free的行銷預算相對較低，但該公司已經獲得可觀的市場佔有率，並贏得相當高的客戶滿意度。

在指數型組織時代務必要了解到，新的資訊促成技術將使得成本如指數般快速降低，不僅在銷售和行銷上如此，在每個企業功能上也一樣。

在二〇〇三年《哈佛商業評論》（*Harvard Business Review*）一篇名為《力求成長的關鍵數字》（One Number You Need to Grow）的文章中，佛瑞德．瑞克赫爾德（Fred Reichheld）提出淨推薦值（Net Promoter Score, NPS）的概念。淨推薦值是用來衡量供應商與消費者之間存在的忠誠度，最低為負一百（每個人都是批評者），最高為正一百（每個人都是推薦者）。正數的淨推薦值（即高於零）

被視為良好，而正五十的淨推薦值是非常好。

淨推薦值主要根據一個直接的問題：你將我們的公司／產品／服務推薦給朋友或同事的可能性有多大？如果你擁有很高的淨推薦值，你的銷售功能就不需耗費資源。如果你採用點對點模式，你的服務成本基本上也是零。利用群眾外包和社群觀念構成（例如 Quirky 或 Gustin），你的研發和產品開發成本也能近乎零。

還不只如此，我們如今在指數型組織身上看到的是（這點相當重要），**供應的邊際成本變成零**。

優步便是一個精準的案例，它在車隊中增加一輛車和一名司機的成本，基本上是零。同樣地，Quirky 能以基本上為零的成本找到下一個消費產品。即使是在傳統資本支出龐大的產業中，指數型組織也能以將近百分之百的變動成本來擴張自己的業務。

以資訊為主或由資訊促成的產業，這個優勢似乎很顯著。但各位要記住，所有產業都逐漸以資訊為主，有的是藉由數位化，有的是利用資訊來識別未充分利用的資產。例如以 Airbnb 來說，一間招租的新屋邊際成本基本上是零，但是對凱悅或希爾頓飯店而言就非如此。邊際成本下降的一個關鍵因素是供應（相對）充足。如同戴曼狄斯和科特勒在他們所著的《富足》中指出，隨著科技帶給我們一個充滿資訊的世界，存取權將會勝過所有權。相較之下，供應或資源稀少，往往會使得成本居高不下，並且刺激人們擁有資產而非租用資產。

如今，稱為「合力消費」（Collaborative Consumption）的趨勢運用了網際網路和社交網絡，以便更有效利用實體資產。以下所顯示的，只是一些受到從「擁有」轉向「取用」的現象所影響的垂直市場：以物易物、共用腳踏車、共享船隻、汽車共乘（carpooling, ridesharing）、汽車共享、協作工作空間、共同住宅（co-housing）、共同工作、群眾集資、花園共享、分時擁有制（fractional ownership）、對等式租賃（peer-to-peer renting）、產品服務制度、種子交換、計程車共享、時間銀行、虛擬貨幣。*

要注意的是，在可以完全由資訊促成的傳統產業中，新的競爭已經使舊企業的營收大幅縮水。透過這項轉變，音樂、報紙和書籍出版的商業模式全都遭受重挫，如今的做法和十年前幾乎完全不同。倖存的報社多半都致力於從自家網站上取得收入，音樂產業的專輯和ＣＤ也細分到按單曲選擇的ＭＰ３世界，許多暢銷書的主要利潤則來自電子書銷售。

另外要注意的是，「媒體產業」——這是根基為實體媒體的公司一直試著要推銷的名稱——有一大部分實際上是由已經數位化的資訊事業組成。我們相信，電視產業將會是下一個遭到資訊之斧毒手的目標。

* 本處舉例來源為維基百科（Wikipedia）。

三、顛覆是新常態

克里斯汀生在他深具影響力的暢銷書《創新的兩難》中指出，破壞性創新很少來自現狀。也就是說，當顛覆終於出現時，既有產業的業者很少已經架構或準備好要展開反擊。報業就是一個完美的例子：當克雷格列表系統化地顛覆分類廣告模式時，報業袖手旁觀了十年。

如今，外來者具備一切優勢。由於不需要擔心舊有的系統，再加上能夠享有低廉的經常費用、得利於資訊民主化，以及——更重要的——技術，新業者能以最低限度的開支快速行動。因此有意行動或進場的人已有萬全準備，可以對任何市場展開攻擊，包括你的市場——以及你公司的利潤率。

事實上，現今各個地方的改變非常快，你必須假設有人會顛覆你，而且這種顛覆往往來自你最意想不到的方向。如同富比士所見：「你必須顛覆你自己，否則別人就會將你顛覆。」這句話適用於每一個市場、地區和產業。

在一個世紀之前，競爭主要由生產推動；四十年前，行銷占支配地位。如今在網際網路時代，隨著生產和行銷趨於商品化、民主化，競爭關鍵就在於構想和理想。

行銷逐漸成為產品創新，亦即好的產品能自我推銷。當年輕人和新創公司擁有許多理想和構想時，競爭優勢——以及競爭場地——會朝他們的遊戲和強項轉移。現今的顛覆比較可能來自新創公司、而非原有的直接競爭對手，這是關鍵原因之一。

這種模式需要花更久的時間才會衝擊到石油、天然氣、礦產和建築等舊式資本密集產業，但毋庸置疑的是，顛覆已經來臨。想想受到資訊科技推動的太陽能，性價比每三年就提高一倍；事實上，據估計再過四年，美國的太陽能發電成本就能降至與市場電價相當（Grid Parity），屆時將永遠改變能量公式。

與此同時，包括不動產和汽車在內的其他傳統產業，也已屈服於這種新的時代精神，汽車產業尤其因為純電動車特斯拉的興起而擔憂。儘管特斯拉是高性能豪華汽車，但它遠不止於此。事實上，在矽谷，一般常將特斯拉描述為一台正好會移動——而且移動得很快——的電腦。

誰曾經預測到在僅僅三年內，矽谷的一支（主要為）電子工程師的團隊會製造出有史以來最安全的汽車？首先，他們並沒有像雪佛蘭（Chevrolet）在設計伏特（Volt）電動概念車時一樣，將一百二十年的鋼鐵時代汽車歷史當做錨一樣拉著不放。伏特車款是插電式汽車，仰賴傳統的汽油引擎來啟動能將電池充電的發電機。它確實沒有電動車常會出現的「里程焦慮」（no-range anxiety）問題，但它的傳動系非常複雜——而且昂貴。

我們在破壞式創新中發現了一套一致的步驟，其中包括下列幾點：

- 領域（或技術）變成能由資訊促成。
- 成本以指數速度降低，存取權已民主化。

- 業餘愛好者聚集起來，組成開放原始碼社群。
- 推出新的技術組合和融合（convergence）。
- 新產品和服務出現，而且品質和價格都改進了好幾個數量級（order of magnitude）。
- 現狀被顛覆（該領域能夠由資訊促成）。

我們看到這種演變在無人機、DNA定序、3D列印、感應器、機器人、當然還有比特幣上面發生。在每個領域中，一個開放原始碼和連結網路的社群已經出現，以和上述步驟完全一致的方式，提供更快速的一連串創新。

說「顛覆是新常態」，原因在於：民主化、加快的技術，再搭配社群的力量，現在可以將克里斯汀生的「創新的兩難」延伸成一股勢不可擋的力量。

四、當心「專家」

有句諺語說，專家是「告訴你為何不可以做某件事的人」，這句話比以往任何時候都要來得確實。從歷史來看，最好的發明或解決方案很少出自專家之手，幾乎都是來自外部人士，也就是來自並非領域專家、卻提供新觀念的人。

Kaggle舉辦比賽時，發現首先回應的都是特定領域的專家。他們說：「我們懂這一行，我們之前做過這件事，之後也會搞清楚。」同樣不可避免的是，在兩週內，進入這個領域的新來者打敗了專家們的最佳結果。例如，休利特基金會（Hewlett Foundation）在二〇一二年贊助一場比賽，目標是開發針對學生的作文進行自動評分的演算法。在參賽的一百五十五個團隊中，有三個團隊得到總計十萬美元的獎金。特別有趣的是，在勝利者當中，沒有一人在自然語言處理（NLP）上有過經驗。儘管如此，他們還是擊敗了專家，其中有些專家甚至擁有數十年相關經驗。

這自然會衝突到現狀。奇點大學生物技術與生物資訊學教授雷蒙・麥考利（Raymond McCauley）注意到：「當人們想在矽谷找到生技方面的工作時，都刻意不提自己的博士學歷，以免被視為領域狹窄的專家。」

如果專家靠不住，我們應該向誰求助？如同之前提到的，一切事物都是可衡量的，進行那些衡量工作的最新職業就是資料科學家。經濟學家安德魯・麥克菲（Andrew McAfee）將這種新類型的資料專家稱為「技客」（geek）。他也將最高薪資者的意見視為技客的天敵，因為那些人仍然大多以直覺來建立他們的觀念。我們認為這並不是應該分出勝負的比賽。相反地，我們認為談到指數型組織，這兩類人將會共存——不過有一個但書：最高薪資者（或是專家）的角色會改變。他們會繼續做為回應問題和識別關鍵挑戰的最佳人選，但是技客接著會挖掘資料，針對那些挑戰來提供解決方案。

五、五年計畫之死

大型公司的特徵之一，就是擁有擬定和發佈五年計畫的企業策略部門。這些計畫是理應概括公司長期願景和目標、橫跨多年的策略。事實上，許多企業開發部門的主要功能只是填補該願景的細節，並且提供關於規畫、採購、人力資源和營運的細節。

五年計畫以往都是秘密的內部文件，但近年來由於意識到有必要在自己的改革運動中取得供應商和顧客的支持，傳統的公司——例如美國國家鐵路客運公司（Amtrak）、美國郵政服務（United States Postal Service）和克萊斯勒（Chrysler）——都轉而公開他們的五年計畫。

許多老字號公司依然認為，先進的商業思考達到極致就會擁有透明度。但實際情況是，五年策略計畫本身就是一種過時的工具；它其實並未提供競爭優勢，反而常常拖累營運，亨利．明茲伯格（Henry Mintzberg）的重大著作《策略規畫的五個角色》（*The Fall and Rise of Strategic Planning*）就詳細記錄了這樣的情況。

數十年前，做這樣長遠的計畫是可行的（也是重要的）。企業展望未來十年或更久的時間，以便進行策略性的投資，五年計畫就是做為核心文件，以概述那些長期策略投資的執行細節。不過在指數世界裡，五年計畫不僅不可行，而且會是產生嚴重的反效果——指數型組織的到來就代表它的死亡。

這一切似乎違背直覺。畢竟，隨著企業越來越快速發展，它們難道不該需要更多前瞻監測作為預警系統嗎？理論上是如此，但實際情況是，未來的變動太快，任何前瞻觀點可能會產生錯誤的情況，以至於現在的五年計畫極有可能提供錯誤的建議。想想看TED和它推出的各種活動。如果克里斯・安德森在二〇〇九年初起身說，「好，各位，我們來推TED這種活動。我們要在五年內舉行幾千次這樣的活動」，他就會立刻失去團隊的認可，因為要辦那麼多次活動，聽起來無異是癡人說夢。

現在想像一下，如果安德森請TEDx品牌的引導者蘿拉・斯坦恩（Lara Stein）為其實際擬訂五年計畫，斯坦恩提出的極度積極計畫看來可能如圖表5-1：

這樣的數字用聽的都覺得太瘋狂：在五年內舉辦將近兩千五百場活動？不可能。以線性思維來說，那個目標顯然是一項誇大的遠景，也就是詹姆斯・柯林斯（James Collins）和傑瑞・薄樂斯（Jerry Porras）在他們一九九四

圖表5-1　假設性的TEDx每季的活動數量

年份	第一季	第二季	第三季	第四季	總數	備註
2009	2	8	20	40	70	慢慢開始以便測試和學習
2010	60	30*	80	100	270	夏季步調放緩
2011	120	100	140	160	520	穩定改進
2012	180	150	190	200	720	開始達到飽和
2013	200	180	220	250	850	一些變化促使活動增加
					2,430	5年內TEDx活動的總數

年的經典著作《基業長青：百年企業的成功習性》（*Built to Last: Successful Habits of Visionary Companies*）中所謂的BHAG（Big Hairy Audacious Goal，宏偉、艱難、大膽的目標）。順帶一提，可以將宏大變革目標視為一個帶有目標的BHAG。

但如同我們現在所知道的，已有超過一萬兩千場TEDx活動在五年內舉行，這一開始讓人難以想像。要是安德森和斯坦恩提出舉辦兩千五百場活動的目標，他們可能會在團隊間引發叛亂，或是可能錯失更多機會。但他們並沒有如此，而是直接著手去做，並且讓社群來決定TEDx發展的步調。事實上，在安德森、斯坦恩和團隊實際這樣做之前，他們都不知道自己可以維持如此快的發展速度。

簡而言之，對指數型組織來說，五年計畫形同自殺。如果它未讓公司往錯誤的方向快速前進，也可能會呈現一幅錯誤的前景，即使它是朝著正確的方向。唯一的解決之道是建立宏大的願景（即MTP）、將指數型組織部署妥當、實施一年計畫（至多一年），並觀察它一邊擴張，一邊即時修正路線。那正是TED所做的，也是未來致勝的企業將會做的事。

我們談論營運計畫和決策，就不能不說明部門或公司策略會議的剋星。在其精彩的新書《影響力時刻：設計策略對話，五核心原則驅動團隊高效解決問題》（*Moments of Impact: How to Design Strategic Conversations That Accelerate Change*）中，克里斯・厄特爾（Chris Ertel）和麗莎・凱・索羅門（Lisa Kay Solomon）概述組織內部成功的規畫、策略會議和決策要素，以解決一個普遍的問題：大部分規畫和策略會議都會失敗。厄特爾和索羅門歸結出，任何團隊規畫會議或策略性決定所具備的五個不同階段：

一、定義目標
二、採用多種觀點
三、架構問題
四、設定場景
五、落實

如果你想要減少一連串令人傷透腦筋、毫無成效的會議，並且充分運用管理階層會面所花費的時間，《影響力時刻》是一本重要的指南。

因此對指數型組織而言，在不遠的將來，五年計畫將會由以下的要素取代：

- 宏大變革目標可做為整體指引和情感投入。
- 儀表板可針對業務進展提供即時資訊。
- 利用《影響力時刻》進行公正、富有成效的決策。
- 與儀表板連結的一年（至多一年）營運計畫。

在指數型組織的世界，目標勝於策略，執行力凌駕規畫。將五年計畫換成這些即時的新要素可能引起驚慌，但也讓人得到自由，對那些願意繼續努力的人們而言，報酬將會既明確又驚人。此外，被新崛起的競爭對手生吞活剝，絕不是令人輕鬆愉快的事情。

當然，對大型組織而言，這種轉變相當具有挑戰性，因為大型組織仰賴持續很久的預測，以及針對規畫與控制目標的追蹤。

六、小規模勝過大規模（亦即規模確實重要，只不過和你所想的不同）

羅納爾．科斯（Ronald Coase）一九九一年贏得諾貝爾經濟學獎，獲獎理論是：較大型的企業表現較好，因為它們將資產集中在同一處，因而降低交易成本。二十年後，資訊革命所提供的影響範圍，從一開始就否定了集中資產的需求。

數十年來，規模和大小一直是企業渴求的特質。這項論點指出，較大型的企業可以做更多事，因為能夠利用規模經濟並且靠實力來談判。這是商學院和諮詢顧問公司長期以來都把焦點集中在超大型公司管理和組織上的原因之一。大型企業經常合併，進而製造出更龐大的巨型組織，華爾街因為交易大型企業的股票而財源廣進。

這一切正在改變。在《自創思維》（The Start-up of You）一書中，霍夫曼指出交易成本不再是一種優勢，每個人都能夠（而且應該）像管理企業一樣管理自己。為什麼？一個原因是，如今小型團隊擁有無比和空前的能力可以做大事——如果運用第一章中所描述的指數型技術，這種能力會不斷增強。現在以及未來數年，適應力和敏捷性將會使大小和規模顯得無足輕重。

一個有力的例子是網飛，它仰賴集中式的DVD租賃業務和很小的占地面積，輕易智取並最終摧毀百視達（Blockbuster），即使百視達擁有九千家分店和分散式的地理資產。在軟體世界，百分之百在雲端營運的Salesforce.com，能比競爭對手SAP更快速適應多變的市場狀況，因為SAP需要在現場進行客製化的設備安裝。

我們已經討論過Airbnb，Airbnb運用用戶既有的資產，現在的價值已經超過全世界凱悅連鎖酒店的總和。凱悅在五百四十九處房產聘用四萬五千名員工，Airbnb只有一千三百二十四名員工，而且全都位於同一辦公室。同樣地，借貸平台Lending Club、比特幣、行動支付新創公司Clinkle和群眾募資網站Kickstarter分別迫使人們徹底重新思考銀行和創投產業——這些新興的金融技術新創公司，都沒有實體門市。

理查·布蘭森（Richard Branson）的維珍集團（Virgin Group）在結構上充分利用小規模的好處。維珍的全球研究中心是該公司研發部門的總部，同時也是在這個「傘域品牌」（umbrella brand）之下分拆出新事業的一個單位。維珍集團現在包含四百多家獨立營運的公司，加起來的價值高達兩百四十億美元。

正如戴曼狄斯經常指出的，小型團隊的一個關鍵優勢在於，它能承受的風險遠超出大型團隊，從以下圖表可以清楚看出這點。從承蒙麻省理工學院媒體實驗室主管伊藤穰一（Joi Ito）提供的圖表 5-2 來看，新創公司的特性是上升的可能性高，下降的可能性低；大型組織的特性恰好相反。

在醫療保健業，我們目前對醫院裡出現新類型具有抗生素抗藥性的超級細菌仍束手無策，於進入後抗生素時代之際，世界衛生組織（WHO）已將之視為一項生存威脅。我們也無法阻擋過敏症和自體免疫疾病的攻擊，全世界有超過十億人正遭受其苦。不過 Quotient 製藥公司以威廉．波拉克博士（Dr. William Pollack）的先驅研究做為基礎，致力改變這種狀況。

波拉克在一九六〇年代初開發了第一個阻斷人類抗體的解決方法，使超過六千萬名母親和她們的嬰孩避免罹患可怕的新生兒溶血症。疫苗解決了母親與胎兒血型不合的問題，這個問題光是在美國，每年就造成數以萬計的嬰兒死亡。位於阿納海姆市（Anaheim）的 Quotient 製藥藉由利用人體自身的抵抗力，已推出一款有效產品，能在超級細菌形成抗藥性的過程中加以阻止——這距離它決定接受挑戰只經過四年。一個令人吃驚的附帶作用是，他們的產品也能治療大部分的過敏症；Quotient 製藥的阻斷抗體能控制免疫連鎖反應，而免疫連鎖反應就是花粉熱症和氣喘等過敏症的根源。

令人難以置信的是，Quotient 製藥的團隊只有十個人。這種小型團隊能涵蓋這麼廣的免疫學領

圖表5-2　新創公司與大型組織的成長性

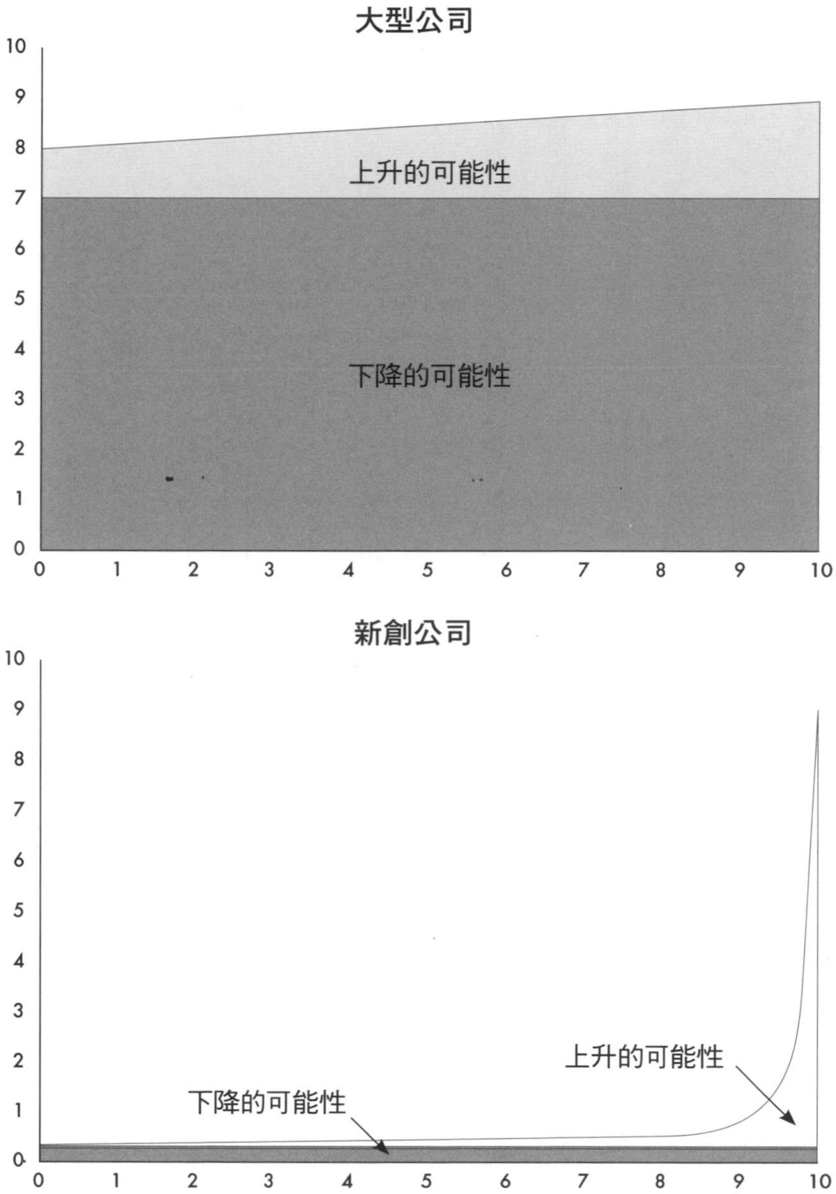

域，關鍵原因就是核心成員的多重專業背景，以及開發產品的成本大幅降低。Quotient 製藥擁有高阻隔實驗室和實驗分館設施（pilot fractionation facilities），所以能夠在幾天內而非幾年內分離抗體、開發產品和測試，而且全都是在公司內部進行。該公司避免了生物／製藥產業通常需要的數十年研發努力和數億美元的資金。

我們經常聽到的一個基本問題是：指數型組織可以發展到多大？我們認為更重要的問題是：指數型組織在擴大之後會發生什麼事？

儘管這種新典範仍處於初期階段，但是有初步的跡象顯示，指數型組織一旦成功，就會以其外部屬性創造的槓桿做為基礎，並且成為平台。但是這個答案製造了它本身的一系列問題，目前最有密切關係的是：指數型組織可以如何利用群眾外包、社群管理、遊戲化、獎勵競賽、資料科學、槓桿資產和隨需求聘僱員工等SCALE屬性的優勢來成為平台？

我們認為答案是：它們會讓自己連結到基礎設施，並且開始讓其他指數型組織能夠從那些平台出現並且運作。

或許這種平台模式最早的例子是谷歌，搜尋能力讓它能夠快速擴張，一旦該公司達到關鍵多數

（critical mass），它旗下的 AdWords 平台就促成自行設定管理（self-provisioning）廣告平台，讓其他公司能夠透過該平台擴大，谷歌則反過來利用那種成長，取得它的一份收益。

臉書也成功成為一個平台，仰賴其異常強大的市場滲透力和它對用戶的了解，產生像 Zynga 這類指數型組織及其最近的行動成果。亞馬遜是另一個成功案例，蘋果的應用程式商店生態系統也是如此，在指數型組織產品變成平台的例子中，蘋果的應用程式商店可能是最顯著的。另一方面，MySpace 和 Friendster 就未能成為平台。

指數型組織能發展到多大？這個問題的答案促成另一個更明確的問題：你能多快將指數級成長轉換成做為平台所需要的關鍵多數。一旦那種情況發生，後面就沒有什麼實際限制。這是一個大型珊瑚礁。

例如，優步擴張時會幫司機購買汽車，它預購的兩千五百輛谷歌汽車將提供龐大的資料量，供它轉化為新的服務。現在的優步是擁有關鍵多數駕駛員的平台，這讓它能夠水平移動發展，並且提供新服務：郵件、禮物和雜貨遞送，以及小型巴士、甚至是醫療服務。這一切都運用了優步的關鍵零售和需求導向定位，促成人們使用一支智慧型手機就幾乎能立即獲得滿足，另外它還提供出色的顧客經驗。

重要的是，平台必須是共生的，同時對供應者提供服務。我們全都熟知 Rovio 的遊戲《憤怒鳥》（Angry Birds）取得重大成功，但比較鮮為人知的是，《憤怒鳥》是 Rovio 的第五十三款遊戲。該公司從一九九〇年代初就投身遊戲產業，但在二十年前，創作遊戲的業者必須與一百五十家不同的手機公司簽訂雙邊合約，每一家手機公司都想要七五％的營收。所有的焦點、時間和精力全都投入與行動電信公司談判的慘境中。不過，一旦登上蘋果的平台，Rovio只需要全力應付一方進行談判，騰出來的時間可以投入它的遊戲——我們強烈懷疑這正是Rovio偏好的情況。

由於數位化資訊就像行星般撞上地球，全球經濟已經永遠改變。由恐龍企業主導的傳統、階層式市場時代即將告終，世界現在屬於更聰明、更小型、更快速前進的企業。這固然適用於以資訊為主的產業，以後也很快就會適用於更傳統的產業。

七、租賃而非擁有

有一項重要的機制對世界各地的個人和小型團隊賦予權力，那就是低廉的技術和工具取用權。這是新的實際情況，雲端運算可做為它的標誌象徵。雲端運算讓人能夠儲存和管理大量資訊，而且沒有處理限制，全部按使用次數收費，不需要前期成本（upfront cost）或資本投資。實際上，這使得記憶體幾乎免費。雲端也讓小型公司與大型公司平起平坐，甚至比大型公司更具優勢，因為大型公司往往會受到昂貴的內部ＩＴ運作拖累。此外，越來越多創新的大數據分析工具，將會讓各種規模的公司空前了解他們的市場和顧客。

我們在其他地方也看到類似的工具取用權。正如第三章中談到的，TechShop 讓任何人都可以使用以往只有政府機關和大型企業實驗室才能取用的昂貴設備。舉例來說，Lightning Motorcycles 公司創始人兼執行長理查・哈特菲爾德（Richard Hatfield）想要創造摩托車速度的世界紀錄，但是破紀錄所需的摩托車市面上沒有，所以他就在 TechShop 自己製造一台。到目前為止，根據 TechShop 的執行長和共同創始人馬克・哈奇（Mark Hatch）的說法，在 TechShop 實驗室製造的新產品價值大約六十億美元。

據估計，目前全世界有數百家營運中的「製造實驗室」（fablab）。要不了多久，每一個城鎮和每一個街區都將擁有一個這樣的地方，這表示任何人或小型團隊都能租借設備，並和老字號公司一樣獲得資金挹注。

在生技設備領域也發生類似的轉變。BioCurious 是另一項矽谷的發明，它是一間開放式的濕式實驗室，業餘愛好者可以在這裡上課、使用離心分離機和試管以及合成ＤＮＡ。紐約市的 Genspace 也提供類似的資源。

這種租賃而非擁有的哲學，進一步擴大了目前的協作消費和共享經濟熱潮。擁有一家工廠、一所實驗室或甚至一項科學工具的需求越來越低。相反地，你何不乾脆租用這些資產，降低事前投資，讓別人去擁有和維護最先進的設施？此外，如果軟體和網際網路提供的控制機制，讓人可以遠端管理這些功能，那你何必建立自己的資產設施？連蘋果基本上也是租用富士康（Foxconn）的生產能力來製造自己的產品，中國電子商務巨擘阿里巴巴則讓你可以將整個製造週期外包出去。

先是運算，接著是工具和製造，目前這種「租賃而非擁有」的哲學甚至包含員工。當然，個別的「臨時僱員」已不是什麼新鮮事，但這個概念如今已擴及臨時僱員群組。組織需要人手快速完成大量工作時，可以向 Gigwalk 及其他公司隨需求聘僱員工，這樣就可以避免傳統上讓人不快的連續僱用和解雇做法。在這個例子中，「租來的」員工和指數型組織的「隨需求聘僱的員工」屬性之間並沒有區別。

不論是設施、設備、運算或是人員，租賃而非擁有的哲學都是促成指數型組織敏捷性和彈性、進而促成其成功的主要因素。這也可以視為一個長期趨勢的頂點。數十年來，企業主對商業的觀點，已經逐漸從資產負債表轉變成專注於損益表——也就是說，強調利潤第一，而非所有權第一。

這種轉變主要源自一項了解：即使是攸關任務，資產的所有權還是交給專家處理比較好。所以就此而言，指數型組織的崛起是一萬年前就開始的專業化趨勢加深：只專注於你真正表現優異的領域。這不僅能充分提高利潤，而且在這個普遍存在數位信譽系統的世界裡，它也能將你的形象設定在最高的水準，這正如作家泰勒・科文（Tyler Cowen）的書名：《再見，平庸世代》（*Average is Over*）。

航空業者過去一向會自製引擎，這是一項複雜和高風險的作業。後來，同為引擎製造專家的奇異和勞斯萊斯（Rolls Royce）開始提供租賃方案。如今，航空公司按照飛行時數支付引擎的費用。換言之，像飛機引擎這樣昂貴和複雜的東西，現在已成為一種用多少付多少的租賃資產，而非昂貴的內部事業單位。

勞斯萊斯甚至讓這種過程更上層樓。該公司在它的每一台引擎中安裝數百個感應器，因此能夠收集和分析引擎在使用時的大量資訊。當然，在這個過程中，勞斯萊斯將自己轉變成大數據公司，進而成為指數型組織。這種從所有權轉換到取用權，再從取用權轉換到資料分析的軌跡，在汽車和不動產等許多其他垂直市場中也可以看到。

八、信任勝過控制，開放勝過封閉

如同我們在威爾烏軟體公司看到的，員工自治可以成為指數型組織時代的一個強大驅動因素。千禧世代天生獨立自主，具有數位化天性（digitally native），而且抗拒由上而下的控制和階級制度。為了充分利用這批新的勞動人口並留住頂尖人才，企業必須接受開放的環境。

谷歌就是那樣做。一如我們在第四章提到的，谷歌的「目標和關鍵結果」系統在全公司完全透明。每一位員工都能查詢其他同事和團隊的「目標和關鍵結果」，看看他們嘗試達成什麼目標，以及過去做得多成功。這樣的透明度需要有相當程度的文化和組織勇氣，但谷歌發現它產生了開放性，即使引起不安也很值得。

謝家華運用這種哲學，將 Zappos 打造成一家十億美元的公司。Zappos 的一切都是關於顧客服務和開放性，它公開而且每年更新的五百頁「文化手冊」（Culture Book）界定了公司的定位和性質。根據 Zappos 的「公司教練」大衛・維克（David Vik），Zappos 有五大箴言推動整個組織的文化：

- **願景：**你在做什麼
- **目標：**你為何做這件事
- **商業模式：**你在做的時候，什麼因素會激勵你
- **令人驚豔和獨特的因素：**什麼特質使你與眾不同
- **價值觀：**對你來說，什麼事情最重要

傳統組織採用的控制架構問世，是因為管理階層和團隊之間的反饋迴路較長（和較慢），通常需要相當多的監督和干預。但在過去幾年間，新一波的協作工具出現，讓組織能在微乎其微的監督和最高度的員工自治下，監控每一個團隊。指數型組織開始學會利用這些能力，並且藉著即時追蹤資料來提供自我管理——通常成果斐然。一個絕佳的例子是 Teamly，它將專案管理、「目標和關鍵成果」以及績效評核，與內部社交網絡的力量結合起來。

指數型組織採行信任架構的另一個關鍵原因是，在變動日益劇烈的世界中，可預測的流程和穩

定的環境已經絕跡。任何可預測的東西，都已經或者將要透過人工智慧或機器人自動化，人類工作者只需要處理異常狀況即可。因此，工作的本質開始改變，需要每個團隊成員貢獻更多的主動性和創意。與此同時，團隊成員經常希望組織能更信任他們。根據二〇一〇年為美國經濟諮商理事會（The Conference Board）進行的一項意見調查顯示，只有五一％的美國人表示對自己的老闆感到滿意。

必須了解的是，開放式的信任架構不能獨立執行，或是僅根據命令來執行。它們是實行員工自治、儀表板和／或實驗所產生的一個重要結果。

臉書能變得如此成功，原因之一是公司對員工的信任。在大多數軟體公司（當然還包括較大的企業），新軟體的發佈會經歷層層的單元測試、系統測試和整合測試，這些測試通常是由獨立的品管部門來管理。不過，臉書的開發團隊擁有管理階層的充分信任，任何團隊成員不用受到監督就可以將新程式碼發佈到網站上。

從管理風格來看，這種作法似乎違反直覺，但因為攸關個人名聲——而且不會有其他人抓出劣質的編碼——臉書團隊最後更努力那樣做，以確保沒有錯誤出現。結果，臉書能夠比矽谷史上任何其他企業更快發佈複雜程度難以想像的程式碼。在這個過程中，它大幅提高了業界標準。

九、一切皆可衡量和得知

史上第一個加速儀（這項裝置用於測量在三維上的新運動）相當於一隻鞋盒的大小，重量約為〇．九公斤。現在的機型直徑只有四毫米，並已出現在地球上每一支智慧型手機中。

歡迎進入這場感應器革命，這是目前正在發生的最重要和最不知名的技術革命之一。現在一輛寶馬汽車安裝了超過兩千個感應器，從胎壓、燃油量、到傳動性能和急停的一切資料都加以追蹤。飛機引擎擁有多達三千個感應器，用以測量每次飛行的數十億個資料點。就像我們在第一章提到的，谷歌汽車的光學雷達用六十四道雷射光掃描周圍環境，每輛車每秒可以收集十億位元組（1GB）的資料。

這項革命也影響了人類的身體。二〇〇七年，《連線》（Wired）雜誌編輯蓋瑞．伍爾夫（Gary Wolf）和凱文．凱利（Kevin Kelly）成立量化自我（Quantified Self, QS）運動，將焦點放在自我追蹤的工具上。第一屆量化自我大會於二〇一一年五月舉行，如今量化自我社群已有來自三十八個國家的三萬兩千個成員。

許多新裝置是從這項運動中分離出來，其中一項是Spire，它是測量呼吸的量化自我裝置。奇點大學校友法蘭西斯科．莫斯科尼（Francesco Mosconi）是Spire資料長，他編寫的分析法和軟體全都是關於呼吸的即時反饋，以及呼吸與壓力和專注力如何相關——這就像寶馬汽車循跡控制系統

（TCS）中的感應器反饋資訊能減少輪胎打滑一樣。

全球使用中的手機超過七十億支，其中許多配備了高解晰度相機。有了這些手機，任何事物都可以即時錄下，從一名小嬰兒發出聲的第一個字，到阿拉伯之春的民主運動事件都是如此。無論你是否喜歡，我們正衝向一個徹底透明的世界——將我們一舉一動記錄下來的數兆個感應器，也將隱私推到懸崖邊。以色列公司 Beyond Verbal 可以分析十秒語音片段中的音調變化，進而以高達八五％的準確率判斷心情和隱含的態度。

現在丟進這個組合的是谷歌眼鏡（Google Glass），這副智慧型眼鏡讓人可以隨時隨地即時錄製或傳送影片或影像。接著，再加進無人機，它的費用不到一百美元，能以各種高度飛行，五十億像素相機能捕捉下方任何景物。最後，想想看許多奈米衛星公司，它們在近地軌道部署了網格狀的數百顆衛星，可以提供地球上任何地區的即時影片和影像。鑑於科技創新的驚人速度，可能辦到的事情永無止境。

再看看一個更為貼近的層次。人體有大約十兆個細胞，這些細胞的運作方式就像是複雜到難以想像的生態系統。但儘管如此錯綜複雜，我們通常只用三個基本衡量標準來追蹤健康狀況：體溫、血壓和脈搏。現在想像一下，如果我們能對這十兆個細胞逐一測量——不只用三項標準，而是用一百項——情況會如何？如果我們能追蹤血液、腎臟和肝臟中的酵素濃度，並且即時將那些資料與其他指標建立關聯，又會如何？從這些堆積如山的資料中，會出現什麼樣我們甚至從不知道已經存在、而且更龐大的整合因素（meta-factor）？

例如，雷射光譜目前用來分析食物和飲料中的過敏原、毒素、維生素、礦物質和熱量。包括蘋果、Consumer Physics 的 SCiO、TellSpec、Vessyl 和 Airo Health 在內的多家公司，都已開始探索這項技術的能力。不久後，雷射光譜將做為一種醫學和身心健康的指標，並且測量和追蹤人體中的一切，包括生物標記（biomarker）、疾病、病毒和細菌。例如，OwnHealth 創始人約納坦・阿迪里（Yonatan Adiri）就利用雲端來分析尿液檢驗試紙的相片，以便診斷許多病況。

與此同時，正如第三章提到的，高通三錄儀 XPrize 競賽將頒發一千萬美元的獎金，給率先開發既能快速準確地對病況進行診斷和監控，又能夠超越十位檢定合格專科醫師的手持式醫療裝置開發團隊。來自全世界的三百支團隊，包括 Scanadu ——專為贏得這個獎項而成立的公司——展開競爭，獎金可能在一年內就會頒發出去。至少，《星艦迷航》（Star Trek）宇宙中的這個層面，不用花一百五十年就能實現。

指數型組織以兩個方法的其中一種來利用這個加速的趨勢：在既有的資料流之上建立新的商業模式，或是在舊典範之上增加新的資料流。前一種方法的一個例子是 PASSUR Aerospace 公司。由於班機早到或晚到會造成每分鐘高達七十美元的成本，該公司在全美各地設置了冰箱大小的廣播式自動回報監視（ADS-B）系統。這些追蹤系統會監控空中的每一架飛機，並以分鐘等級的精確度預測飛機抵達登機門的時間。這些系統除了能節省大量成本之外，還被美國聯邦航空總署（FAA）和航空公司反向運用，以決定特定班機應在何時起飛。

如同上述例子和其他數百個例子所顯示的，我們正朝著「一切都可衡量，一切都可知道」的世界前進，不論是我們周遭的世界，或是我們體內的世界，都是如此。只有為這個新的實際情況做好準備的企業，才有機會長期成功。

我們已經說完指數型組織的特性和意涵，接下來可以檢視指數型組織與其他概念之間的關連。以下將指數型組織的屬性，與伊藤穰一的MIT媒體實驗室原則，以及塔雷伯的反脆弱（Anti-Fragile）理論的啟發法進行比較。

伊藤穰一（MIT媒體實驗室）	塔雷伯（反脆弱理論）
宏大變革目標	
「拉」比「推」重要；羅盤比地圖重要	側重長期目標，而不只是財務和短期目標
隨需求聘僱的員工	
回復力比實力重要	保持小規模和靈活彈性
社群與群眾	
系統（生態系統）比物件重要；回復力比實力重要	在各種選擇中建置；保持小規模和靈活彈性
演算法	
—	在各種壓力源中建置 > 簡化和自動化；啟發法（風險共擔，正交）

租用的資產	
回復力比實力重要	減少依賴性和IT；保持小規模和靈活彈性；投資於研發；投資於資料和社交基礎設施
參與（IC、遊戲化）	
「拉」比「推」重要	在各種選擇中建置；啟發法；風險共擔
介面	
—	簡化和自動化； 克服認知偏誤
儀表板	
學習比財務重要	簡化和自動化；縮短反饋迴路；僅在專案完成後獎勵
實驗	
實務比理論重要；風險比安全性重要；學習比教育重要	多樣化；自行在破解和壓力源中建置（快速和頻繁地失敗；網飛個案和Chaos Monkey），特別是在景氣良好時；在各種選擇中建置；風險比安全性重要；避免太過專注於效率、控制和最佳化
員工自治	
緊急性比權威重要；反抗比順從重要	分散化；不要過度管制；挑戰高層管理；區隔劃分；在指數型組織內部共用所有權（風險共擔）
社交技術	
緊急性（點對點學習）比權威重要	在各種壓力源中建置

貴組織的指數程度如何？

在第三章和第四章中，我們說明指數型組織的各個特性。在本章中，我們轉向外部，討論指數型組織更廣泛的意涵，以及它們將會在其中運作的美麗新世界。我們猜測許多讀者現在會提出的關鍵問題包括：

- 我的組織指數程度如何？
- 我們要在新的現實情況中競爭，準備的程度如何？
- 我們需要改變什麼，才能夠成為指數型組織？

毫不意外地，我們發現並非所有的指數型組織都具備典範指數型組織的一切特性。事實上，我們的研究顯示，一家指數型組織要達到十倍的基準線門檻，並且贏得指數型組織的頭銜，通常只需要這十一項屬性中的至少四項即可。那個數字便足以讓你利用資訊服務來支配一個新市場，或在既有的市場中大幅降低成本。

此外，有些屬性雖然指出明路，卻可能並不適用於某些產業（至少目前並不適用）。因此，如果你從事特務工作，或是你的公司在北海經營鑽油平台，「隨需求聘僱的員工」這個屬性可能就不適用。（話雖如此，有時也可能適用！）

要知道你的公司是否走在成為指數型組織的道路上，唯一的方法是進行指數型組織稽核。為協助你做到那點，我們建立了一項診斷測驗（請見附錄）。你可能對測試結果感到欣慰，也可能感到不安。無論如何，我們確定你會發現它具有啟發性。

本章要點

- 資訊加速一切。
- 供應的邊際成本有史以來第一次以指數速度降低。一切開始被顛覆。
- 在顛覆性的世界裡，規模越小越好。
- 「專家」告訴你某件事怎麼會無法完成。
- 租賃，而非擁有資產。
- 一切都被轉化為資訊——因此可以衡量和知道。
- 指數型組織診斷測驗可以協助你替自己的組織打分數和分析。
- 執行至少四項指數型組織屬性，可以產生十倍的績效改進成果。

第二部
建立指數型組織

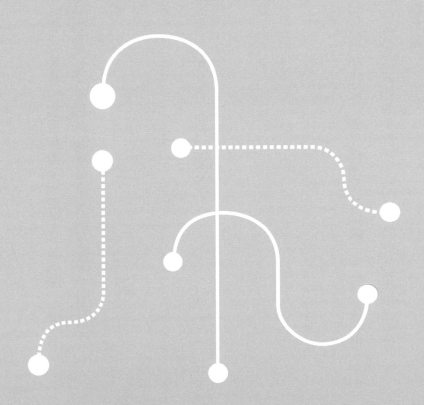

我們已經檢視過指數型組織的屬性和意涵，接下來要探討實現指數型組織的實務層面，以及這些組織可能的未來。從一開始，我們就致力於讓這本書不只是記錄這種現象的智力體操，同時也是在自家企業內實現指數型組織的指導手冊。

接下來幾章會回答下列問題：

- 你會如何創立指數型組織，是做為純粹的新創公司，還是從既有的組織內部建立？
- 你如何將這些構想應用到中型公司？
- 你如何修改指數型組織原則，以應用於大型組織？
- 哪些組織實現了指數型組織的思維？

等你看完第二部，你應該能夠了解如何應用指數型組織架構到任何規模的組織，不論那是新創公司、中型公司，或是大型組織。此外，你會了解如何成為指數型高階主管，以及如何識別要追蹤的問題和議題，這樣往後幾年它們就不會令你感到驚訝。

Chapter 06 創立指數型組織

從網際網路問世，我們就已經看到企業建立和成長方式上的徹底改變。尤其，在一九九八年到二〇〇〇年的網路熱潮（dot-com boom）期間，建立超快速成長企業的最早期戰術手冊出現。二〇〇五年，社交媒體的興起使得戰術手冊增加新的一章。到了二〇〇八年，內容又增加一章，主因是低成本雲端運算廣泛普及。

現在，隨著指數型組織的崛起，我們看到該戰術手冊增加了最重要的正文。受到加速技術的推動，指數型組織讓我們能夠以新的方法管理自身，進而運用這個由資訊促成的世界。

地方汽車公司就是指數型新創公司的好例子。二〇〇七年，該公司由傑夫·瓊斯（Jeff Jones）和傑·羅傑斯（Jay Rogers）創立，位於亞利桑那州鳳凰城，是一個全球共同創作平台，讓它的社群能夠設計、建置和銷售客製化汽車。羅傑斯二〇〇四年在海軍服役並派駐伊拉克，當時他閱讀艾默里·洛文斯（Amory Lovins）的著作《贏得石油終局》（*Winning the Oil Endgame*），受到啟發，後來成立新類型的汽車公司。他的目標（與宏大變革目標）是以有效率的方式在市場上推出令人興奮的汽車。

羅傑斯拜訪許多汽車公司，包括法拉利、通用和特斯拉，後來為自己設立三個目標。

一、成立破天荒第一個針對汽車車身設計的開放原始碼社群。

二、製造一輛汽車。

三、建立一條上市管道。

為了吸引社群，地方汽車公司先接觸設計學校，徵求學生的點子。後來這種策略失敗，主因是關於所有權的法律問題和授權費用，另一個原因是學生缺乏像公司那樣的目的感和承諾，結果對平台幾乎沒有貢獻（實驗）。瓊斯和羅傑斯沒有被嚇倒，再次嘗試吸引社群，這次是透過群眾外包。他們這次成功了，在二〇〇八年三月，地方汽車公司成為第一個將車子以群眾外包方式完全外包出去的社群，該公司目前有八十三名員工和三家用於製造汽車的微型工廠。地方汽車公司的員工轉而將注意力轉移到宣傳上，在許多設計師網站上分享自己對產品的熱情，這種做法是要像個磁鐵般吸引志同道合的社群（社群與群眾）。

接著為了落實「參與」，地方汽車公司舉辦它首次的汽車設計比賽。當時該公司僅有的四名員工要負責管理一千名社群成員（這就是「富足」）。最後，有一百件參賽作品湧入，啟動了平台的形成。如今，地方汽車公司的社群包含四萬三千一百名成員，這些成員在三十一項專案的六千個設計和兩千個構想上協同合作，每項專案平均投入兩百到四百個小時。

地方汽車公司的社群由愛好者、業餘創新家和專業人士組成。他們是設計師、工程師和製作者，參與設計的每一個環節（內部、外部、名稱、商標等），這些成果之後會按照創用（Creative Commons）授權方式來開放原始碼。你可以把這個平台想成是Quirky（產品開發）和Kaggle（激勵競賽）的結合，只不過是用於汽車和其他種車輛。

一旦初步的社群成立，羅傑斯便繼續進行他的下一個目標：製造第一輛群眾外包汽車。二〇〇九年，地方汽車公司生產Rally Fighter，因而達成該目標。這輛車的最終設計，是來自一百多個國家的兩千九百個社群成員、貢獻三萬五千個設計構想的最終結果。RallyFighter在一年半內就製造完畢，比傳統流程快了大約五倍，而且開發費用僅三百萬美元。買家不會收到一輛組裝好的汽車，他們支付九萬九千九百美元，買到的是一組套件，內附說明書、維基百科和視訊影片。他們也可以諮詢地方汽車公司在美國三家微型工廠（預計未來十年會在全球開設另外一百家）中的專家。目前全球已有二十三輛RallyFighter上路，設計師金尚昊（Sangho Kim）也因為對這款車的貢獻，獲得南韓通用汽車公司的聘用。

地方汽車公司也鼓勵其他組織運用它的社群。二〇一二年，它與殼牌石油公司（Shell Oil

Company）合作時，舉辦了一場名為「殼牌改變賽局DRIVEN」（Shell GameChanger DRIVEN）的比賽。DRIVEN為字首語，意思是「為能源需求進行的相關創新汽車設計」。參賽者必須設計出一輛未來五到十年能在五個地點（阿姆斯特丹、班加羅爾、伊拉克的巴斯拉、休斯頓和聖保羅）其中一處利用當地能源和材料生產的汽車。參賽者也需要針對每個地點特有的社會挑戰來設計。各地點的優勝者得到二〇〇〇美元，而大獎得主（從二百一十四項作品中脫穎而出）獲得額外五千美元，他的設計成果也被製作成四分之一比例的模型，在全世界展出。

地方汽車公司還與寶馬汽車合作舉辦「城市駕駛體驗挑戰賽」（Urban Driving Experience Challenge），參賽者必須解決二〇二五年生活在城市裡的寶馬車主可能會有的需求。參賽作品共計四百一十四項，前十名可以獲得總計一萬五千美元的獎勵〔參與〕。地方汽車公司社群作出貢獻的其他挑戰，還包括為達美樂比薩設計最佳的外送車，以及為銳跑（Reebok）發明開車鞋。地方汽車公司接下來的兩個目標是：創造世界上第一輛３Ｄ列印汽車，以及設計零件數量不超過二十個的高度客製化汽車。

點火裝置

有了地方汽車公司指點明路，現在終於可以討論如何建立指數型組織。不過要先提醒一下：本書不是要做為一本詳盡的創業手冊，那種書還有待撰寫。我們會討論若要建立由資訊促成並且能夠大幅擴張的指數型組織，不論它是做為純粹的新創事業，或是來自既有企業的內部，有哪些相關的環節要注意。

順帶提出扼要但相關的一點：我們強烈建議閱讀萊斯的《精實創業》（*The Lean Starup*）做為本章的附件，因為我們會經常提到其中內容。事實上，對於新創公司，我們找到的最佳定義出自萊斯：「新創公司是一個人類機構，目的是在極端不確定的情況下，提供新產品或新服務。」我們建議的第二本書是彼得・提爾（Peter Thiel）和布雷克・馬斯特（Blake Masters）的最新力作《從0到1：打開世界運作的未知祕密，在意想不到之處發現價值》（*Zero to One: Notes on Startups or How to Build the Future*）。

這可能是商業史上建立新企業的最佳時機。突破性技術的融合、創業精神受到認可（甚至讚揚）、不同的群眾外包選擇、群眾籌資機會、以及已經時機成熟到可以顛覆的舊有市場——這一切都為成立新公司創造吸引人（和空前）的情況。此外，傳統的風險領域前所未有地緩和下來。延續先前提到的彗星／恐龍比喻：彗星撞擊地球，使得恐龍搖搖晃晃，新一類小型、敏捷的有機體茁壯成長的條件已經成熟。你要說這就像一場新的寒武紀大爆發也未嘗不可。

在針對投資資金評估一家新創公司時，投資者通常會區分三大風險領域。

- **技術風險：**行得通嗎？
- **市場風險：**人們會購買這個產品嗎？
- **執行風險：**這個團隊能恰如所需地運作嗎？

每家新創公司都面臨的挑戰在於：找到降低這三類風險的方法，並且在過程中，從選取的問題領域中找到一個商業模式。沒有比這點更重要的事情。

現在我們逐一檢視這三種風險領域。

技術風險

一九九五年，在矽谷成立一家軟體新創公司要花大約一千五百萬美元，這筆錢主要用於建立伺服器堆疊、購買軟體、雇用人員來配置和管理這一切技術，以及編寫新的程式碼。到了二〇〇五年，這個成本下降到大約四百萬美元。伺服器變得更便宜，軟體（現在通常是開放程式碼）也更容易開發和配置。大部分直接成本都集中在行銷和銷售上。

如今，擁有雲端運算和社交媒體這種現成的能力，相同的事情只需要花不到一百萬美元就可以搞定。過去二十年裡，曾經龐大的技術風險（尤其是軟體）已經下降到變成原來的一百五十分之一，其餘的風險大多只是關於擴充規模的問題。一個恰當的例子是：標準化網路服務的興起，讓新創公司只需要按一個按鈕，就可以整合複雜的軟體功能。其他例子包括谷歌用於預測分析的 Prediction API 和用於型樣識別（pattern recognition）的深度學習軟體 Alchemy API 等。

為說明技術風險降低的程度，可以想想硬體新創公司。中國深圳新一批大型企業，例如富士康、偉創力（Flextronics）和 PCH International，以及開放原始碼硬體平台，例如 Arduino、Raspberry Pi 和 3D 列印機，讓每個人都能夠設計硬體產品，並且快速製作原型和加以建置。PCH 執行長利安・凱西（Liam Casey）積極將他的公司轉變為一個平台，在這個平台上，任何人都可以推出一家硬體新創公司，乃至於人們想要設立像硬體新創公司應用程式商店那樣的場所。Highway1 主管兼 PCH 育成者布雷迪・弗瑞斯特（Brady Forrest）說得簡單扼要：「我們想要硬體和軟體一樣簡單。」事實上，硬體已經逐漸融入軟體。

根據企業家克里斯・迪克森（Chris Dixon），和十年前相比，對企業家來說最重要的變化是影響範圍與資金的比率。現在，新創公司的影響範圍比過去大一百倍，而需要的資本是十年前水準的十分之一——在僅僅十年內增進了一千倍。結果是，技術風險幾乎都消失無蹤，特別是對主要以資訊為基礎或是由資訊促成的公司而言。但不消說，如果你想建置一艘超大型油輪，你還是需要一些資本。

市場風險

至於是否有人會購買產品，我們再度想到布蘭克，他曾說過一句名言：「和顧客第一次接觸時，你的業務計畫就沒有用了。」從歷史角度來看，你必須先委託機構進行典型的市場研究，充分建置產品或服務，雇用昂貴的銷售團隊，然後花費時間和金錢行銷構想。你還沒有真正知道那個問題——是否有人會購買產品——的答案之前，就得把這一切事情全都做好。

網際網路問世，狠狠咬了那種典範一口；社交媒體崛起，又對它咬了一大口。從二〇〇〇年代開始，新創公司能夠藉由利用AB測試（AB testing）*、谷歌的AdWords廣告活動、社交媒體和登陸頁（landing pages）等方法，前所未有地測試市場。現在，我們可以在產品設計尚未開始之前，就對構想進行部分驗證。

當然，市場驗證的縮影，就是群眾籌資。Kickstarter和Indiegog等群眾籌資網站讓使用者能夠預購一項產品，如果預購的人夠多，網站就會將錢交給開發人員。可以理解這種民主化的籌資過程會讓人們非常興奮激動，但我們認為更為有趣的結果是，創業家能在製造產品之前驗證市場需求，這是史上頭一遭。

執行風險

在三大風險領域中，執行風險仍然是創立公司唯一真正的問題。企業會如何自我組織，以充分提高創始人和管理團隊的績效？它將如何利用技術和資訊，來創造獨特而持久的優勢和商業模式？正確回答這些問題是建立成功指數型組織的關鍵，因此我們需要更仔細觀察建立強大和有效團隊的每一個步驟。

二〇一三年，愛琳．李將她過去十年來對市值超過十億美元的美國軟體新創公司（亦即她所謂的「獨角獸」公司）進行的研究，寫成一份廣泛的概論，並且在科技媒體 TechCrunch 上發表。由於每一家公司都逐漸成為軟體公司，她的發現結果與典型的垂直市場和部門也益發相關。我們建議讀者看完她的整篇文章，但底下還是列出該文中與指數型組織相關的關鍵發現：

- 平均要花超過七年才會碰到清償事件或套現機會（liquidity event）。
- 二十來歲欠缺經驗的創始人是局外人。三十多歲、受過良好教育、並有過合夥經歷的共同創始人，建立的公司往往最成功。
- 在創業之後「大幅轉移」到不同產品的狀況是少數，大部分獨角獸會堅持自己最初的願景（亦即他們創始的宏大變革目標）。

我們發現指數型組織和李氏獨角獸之間有強烈的相關性。事實上，在我們的診斷中，大多數李氏獨角獸的得分遠高於指數型組織的門檻分數。這些獨角獸公司相對年輕，意味著它們一直在運用

* 譯注：是指在網路行銷策略中分成兩個版本A和B，並對雙方進行特定測試，以確定對客戶而言哪個最吸引人。

新的資訊流、擁有低成本的供應鏈，並且接納社群，因而可以擴張。大多數公司遵循以下步驟的一些組合，藉此達到他們目前的高度。

第一步：選擇一個宏大變革目標

這是新創公司最重要和最基礎的層面。以西奈克提出的「為什麼」問題為基礎，關鍵在於你必須對準備解決的問題領域感到興奮和極度熱情。所以，先問自己以下這個問題：**我想要看到獲得解決的最大問題是什麼？**找到該問題領域，然後提出一個對應的宏大變革目標。

馬斯克或許是目前全球最著名的創業家，他在還是個孩子時，就很渴望在全球層次上處理能源、運輸和太空旅行問題。他的三家公司（太陽城、特斯拉和 SpaceX）分別處理那些領域，而且各自都擁有宏大變革目標。

但是請記住，宏大變革目標並不是商業決策，尋找你熱中的事情是個人旅程。如同優步執行長特拉維斯．卡蘭尼克（Travis Kalanick）二〇一三年在巴黎 LeWeb 大會上所說的：「你必須有自知之明，並且尋找完全符合你——符合你個人，而不是符合你的商人身分——的創業構想和目標。」

美國作家和哲學家霍華德．瑟曼（Howard Thunnan）將同樣的想法作了以下的總結：「別只問這世界需要什麼，要問讓你充滿活力的事情是什麼，然後放手去做。這世界需要充滿活力的人。」

Dropbox創始人德魯・休斯頓（Drew Houston）持相同看法：「最成功的人士一心想要解決重要的問題，解決他們覺得重要的事情。他們讓我聯想到追逐網球的小狗。要提高自己幸福和成功的機率，你必須找到自己的網球——吸引你的東西。」

尋找宏大變革目標，可以視為用一種新奇、或許有趣的方式自問以下兩個問題：

- 我真正關心什麼？
- 我照道理應該做什麼？

另外兩個問題有助於你加速發現個人熱中之事：

- 如果肯定不會失敗，我會做什麼？
- 如果我今天得到十億美元，我會做什麼？

但重點不只是你這個創業家，還有你的員工。PayPal共同創始人提爾提出以下問題，它不僅可以有效測試新創公司的宏大變革目標是否能吸引朋友，也能吸引在你人脈之外、和你志同道合的員工：「為何第二十位員工會在沒有共同創始人頭銜或沒有股票（選擇權）的情況下，加入你的新創公司？」

因此，你應該根據自己的「宏大變革目標」逐一來評估M、T、P這三點。這目標是否宏大？是否有變革？是否有目的性？光是利潤動機不足以建立指數型組織——或者坦白說，連建立任何新創公司都不行。相反地，要有一心解決煩人、複雜問題的高度熱情，創業家才能夠在猶如乘坐雲霄飛車般情緒起伏劇烈（新創企業常見的情況）的過程中奮力前進。

奇普．康利（Chip Conley）是建立 Airbnb 等目標導向企業的專家，他經常引述卡里．紀伯倫（Kahlil Gibran）的話：「工作是看得見的愛。目標並不是永遠活著，而是要創造能永遠活著的東西。」

第二步：加入或建立與宏大變革目標相關的社群

對任何指數型組織而言，社群的協作力量都至關重要。無論你對什麼事充滿熱情（比方說你夢想要治癒癌症），都會有其他充滿熱情、目的導向的志同道合者組成的社群。

有些社群擁有宏大變革目標。第五章首次介紹了「量化自我」運動，最近興起的該運動就是那種社群的最佳例子。量化自我運動的生態系統在一百二十座城市和四十個國家中運作，大約有一千家公司和四萬名成員參與。任何有意設立醫療裝置公司或致力於癌症或心臟病等重大領域的人，都可以找到並加入一個由志趣相投者組成的龐大社群。例如，有許多致力於癌症或心臟病研究的社群，其中包括 TED MED、Health Foo、DIYbio、GET（基因／環境／特性）、WIRED Health、Sensored、Stream Health 和 Exponential Medicine。

如果你認為自己的問題領域沒有社群支持，那就去看看 www.meetup.com。Meetup 的目標是重振本地社群以及協助全世界的人們組成社群。該公司認為，人們組成力量足以產生影響的團體，就能改變世界。Meetup 是由史考特・海夫曼（Scott Heiferman）在二〇〇二年一月成立，在全球一百九十七個國家幫助召集超過十五萬個以興趣為主的團體——大約有一千萬個成員。考慮到那些龐大的數字，很可能你自己國家裡就有一個與你的問題領域相關，而且熱情、目的導向的社群。

但是在任何由社群推動的新創公司中，社群利益與公司利益之間都會存在著緊張關係。克里斯・安德森的應對原則很簡單：

> 這裡有個基本的ＤＮＡ路徑依賴性（DNA path dependency）。你主要是一個社群還是一家公司？你必須自問這個問題，因為這兩者遲早都會發生衝突。我們（ＤＩＹ無人機）主要是一個社群，我們每天都會做對公司不利但對社群有利的決定。

安德森說，選擇有利社群的建議，是全球最廣為使用的部落格平台 WordPress 執行長麥特・穆倫維格（Matt Mullenweg）提出的。根據穆倫維格：「每當這個時刻到來，一律押注在社群上，因為那是長期思維和短期思維之間的差異。」

基本上，如果你讓社群走上正軌，就會出現機會；如果你讓社群出問題，創新的引擎就會瓦解，你的公司也將不復存在。

第三步：建立一支團隊

雖然在任何一家新創公司裡，創始團隊都很重要，但鑑於耗用極少資源的指數型組織高速擴張，創始團隊的審慎佈局格外具有關鍵性。

在《對手偷不走的優勢：冠軍團隊從未公開的常勝祕訣》（*The Advantage: Why Organizational Health Trumps Everything Else In Business*）一書中，派屈克・蘭奇歐尼（Patrick Lencioni）主張，判斷組織健全度的唯一最佳方法就是「在開會時觀察領導團隊」。事實證明，領導人的互動能精確顯示團隊動力、清晰度、決策力和認知偏誤的變化。

此外，要組成成功的指數型組織創始團隊，關鍵在於每個成員都要對宏大變革目標懷抱熱情。安德森—霍洛維茲是世界上最成功的創投公司之一，共同創始人班・霍洛維茲（Ben Horowitz）在近作《什麼才是最難的事？矽谷創投天王告訴你真實的經營智慧》（*The Hard Thing About Hard Things: Building a Business When There Are No Easy Answers*）中，指出懷抱相同熱情的重要性：「如果創始人基於錯誤的原因（金錢、自尊）而待在一家新創公司，情況往往會惡化到嚴重的局面。」

同樣地，這裡值得重提一下愛琳．李的獨角獸研究中一個主要論點：公司如果是由三十多歲、曾經是同事或同學、受過良好教育的幾位共同創始人組成，就會有最高的成功機率。她的研究顯示，獨角獸創始人的平均年齡為三十四歲，而共同創始人的一般人數為三人。此外，大部分成功創業的執行長都有技術背景。

要提出的警告是，對由社群推動的公司而言，多樣性是整個組合的一個重要部分。例如，在建立DIY無人機社群時，克里斯．安德森偶遇了墨西哥人霍爾迪．穆紐茲（Jordi Munoz），當時穆紐茲只有十九歲。安德森發現，他們兩人對無人機懷有同樣的熱情，而穆紐茲的技術與他的技術截然不同，彼此正好可以互補。他對這位年輕人的才能、熱情和學習能力印象深刻，便延攬他擔任共同創始人。如今，穆紐茲雖然年輕而且沒有「適當」背景，他仍然在一家市值數百萬美元的公司擔任執行長，並且相當成功。

如果指數型組織的創始團隊要提供多樣化的背景、獨立的思想和互補的技術，以下角色至關重要：

- **有遠見者／夢想家：**公司歷史中的主要角色。對公司懷抱最宏大願景的創始人，會提出宏大變革目標，並讓組織遵循這個目標。

- **使用者經驗的設計：**這個角色專注於使用者的需求，並確保與使用者的每一次接觸都盡可能憑直覺便可知道，而且簡單、清楚。
- **程式設計／工程：**這個角色負責整合各種製造產品或服務所需的技術。
- **財務／商業：**商業功能部門評估組織的生存能力和獲利能力，這個角色是與投資人互動的基礎，管理著最重要的投資資金消耗率。

在《五個技巧，簡單學創新》（*The Innovator's DNA: Mastering the Five Skills of Disruptive Innovators*）一書中，身為作者之一的克里斯汀生以略為不同的方式處理「技能組合」這個問題，指出兩組截然不同的技能。

- **發現技能：**產生構想的能力──以便聯想、質疑、觀察、建立人脈和實驗探索。
- **執行技能：**執行構想的能力──以便分析、規畫、執行、堅持到底和細節導向。

檢視如何建立創始團隊有很多方法，上面提到的只是其中兩種。但無論採用什麼方法，創始人都必須是內在自動自發者。最重要的是，面對高速的成長和改變，他們必須完全信任彼此的判斷。

想想看 PayPal 的故事。提爾對他的共同創始人（馬斯克、霍夫曼、盧克．諾賽克 [Luke Nosek]、馬克斯・萊夫奇思 [Max Levchin] 和赫利）及員工說，他們全都應該以朋友而非員工那樣正式的身分共事。回顧起來，或許友誼就是 PayPal 的宏大變革目標。Pay Pal 不僅在做為一家公司上非常成功，以十二億美元的價格賣給 eBay，從公務發展出來的友誼也同樣十分圓滿。原始團隊現在以「PayPal 黑手黨」（PayPal Mafia）知名，成員在隨後的新創公司上彼此協助，其中包括特斯拉、YouTube、SpaceX、領英、Yelp、Yammer 和 Palantir——這些公司現在擁有逾六百億美元的總市值。

指數型組織的發展步調，需要特別著重在擁有充分綜效的核心團隊。亞利安娜・赫芬頓（Arianna Huffington）說得好：「我寧願選擇比較不出色、但懂得團隊合作和坦白直率的人，也不要十分優秀卻對組織有害的人。」

第四步：突破性構想

不消說，這一步是一大步。以某種方式運用技術或資訊來改造現狀，是相當重要的，而且我們說「改造」，是說真的。指數型組織不是要在市場中逐漸提升，而是要徹底改變。用安德森的話來說：「大部分企業家偏好以傳統方式失敗，而不是以非傳統方式成功。」

記住，指數型組織創意的三大關鍵成功因素是：

- 首先，比現狀至少提升十倍。
- 其次，利用資訊大幅降低邊際供應成本（亦即，擴展業務中的供應環節，成本應該降到最低限度）。
- 第三，構想應該要通過賴利．佩吉首創的「牙刷測試」：這個構想往往能解決一個真實的客戶問題或使用案例嗎？它是非常有用，讓用戶每天都使用它好幾次的東西嗎？

我們也可以利用社群或群眾來發現突破性的構想或新的執行模式。馬斯克以他的超迴路高速運輸（Hyperloop high-speed transportation）構想，訂定一個將運輸轉型的宏大變革目標，同時也將該創意的設計和執行開放給任何想要嘗試的人。

將突破性構想延後幾個步驟才進入程序，這種做法看似違反直覺。畢竟，傳說中大多數的新創公司，都是從當時針對某個問題領域的爆炸式新構想開始的。但我們認為比較好的做法是從解決特定問題的熱情展開，而不是從某個構想或技術展開。

這樣做有兩個原因。第一，將注意力集中在問題領域，就不會執著於特定的想法或解決方案，最後也就不會將某種技術硬塞進可能不合適的問題領域。矽谷隨處可見敗亡的公司，因為他們空有絕佳技術，卻沒有可供其貢獻長才的相應問題。第二，構想或新技術永遠不缺，畢竟任何人在矽谷這樣的地方，都會有成立新技術公司的想法。相反地，成功的關鍵在於持續執行，因此需要有熱情和宏大變革目標。為證明起見，請看看圖表 6-1 各公司的創始人在最後成功之前，向投資人推銷的次數：

如果賴利・佩吉和謝爾蓋・布林（Sergey Brin）嘗試三百四十次之後就放棄了呢？那樣的話，現在的世界將會截然不同。還有一個同樣有趣的問題：有哪些神奇的技術和公司現在不復存在，只因為創始人太早放棄向投資人推銷？

我們之前說過這一點，但在此還是要再三強調：企業的成功很少來自創意，反而主要來自創始團隊永不認輸的態度和努力不懈的執行力。真的想要某種東西的人會找到幾種選擇，而那些只是有點想要那種東西的人，只會找理由和藉口。HP創始人惠利特（Hewlett）和普克德（Packard）在位於帕羅奧圖（Palo Alto）的那間如今遠近馳名的泥地車庫裡創立公司時，情況就是如此——別忘了，他們是靠著熱情而非產品展開創業之路。到最後，只有原始、不受拘束的熱情才能夠解決重要問題，並且克服橫在前面的無數障礙。就像投資人弗瑞德・威爾遜（Fred Wilson）所說：「新創公司一開始應該是直覺導向，在擴張時才是資料導向。」

PayPal共同創始人提爾以這一點為基礎，向新創公司創始人提出一個深刻的問題：「告訴我某件你認為是真的，卻很難說服別人

圖表6-1　公司推銷次數

公司名稱	向投資人推銷的次數
Skype	40
思科	76
Pandora	300
谷歌	350

相信的事情。」問題一方面是關於信念和熱情，另一方面是激進、非常規、突破性的構想。戴曼狄斯很喜歡說這句話：「在重大突破出現的前一天，它只是一個瘋狂的點子。」

舉例說明一下。伊斯梅爾最近與馬斯克交談時，問到他的超迴路高速運輸概念：「馬斯克，我有物理學背景。在我看來，要在這麼短的時間內將人加速到每小時一千公里再減速到零，是不可能的事情。你有想過那一點嗎？」

馬斯克回答：「有，那是個問題。」

對真正的創業家而言，世上沒有不可能的事，只有尚待克服的障礙。沒錯，結果那個物理問題的確有一個解決方案，其實還很簡單，就是透過流體動力學。

如前所述，安德森的DIY無人機產品 ArduCopter 複製了軍用級無人機掠食者（Predator）百分之九十八的功能，成本卻只要後者的千分之一。它是一款售價不到一千美元的無人機，也是一種轉型變革。注意：在亞馬遜、QuiQui 和優比速（UPS）等各種公司的規劃議程中，都突然出現無人機，這並非巧合。

這種突破性思維也具有啟發作用。在奇點大學，學生們會針對醫療保健、教育、潔淨水源等主要問題領域組成團隊。接著，他們會接受挑戰，提出能在十年內正面影響十億人的產品或服務（宏大變革目標）。一支自稱 Matternet 的團隊看到報導指出非洲有八五％的道路在雨季經常會被沖毀，便選擇「貧困」做為它的問題領域。

但如果你無法輕易運送人員或物資，你要如何減少貧窮？那個問題促使 Matternet 瞄準「開發中國家的運輸」做為自己的宏大變革目標。當安德森在一次演講中描述ＤＩＹ無人機的想法時，這支團隊突然頓悟：就像非洲直接跳過銅線通訊的時代，直接走入無線時代一樣，為何不用無人機來負責運輸，這樣不就完全不必修築道路了？

在無人機領域，目前最令人興奮的趨勢是其性價比每九個月就提高一倍，那是摩爾定律的兩倍。現在無人機可以攜帶四公斤的包裹，飛行長達二十公里的距離；在九個月內，無人機的能力將會倍增到每二十公里運輸八公斤；而在那之後的九個月內，情況會變得相當有趣，因為無人機性能已達到可運載十六公斤飛行二十公里。Matternet 建置無人機在開發中國家運輸食品和藥品，藉此利用這項倍增的性能，正如我們所知，它已經改革了運輸產業。

Matternet 已在海地完成試營運，現在正在不丹推出，它是指數型組織的一個很好的例子，因為它運用了資訊科技，使供應成本呈指數速度下降，而且可以改變問題領域，或是啟發將要繼起效尤的新創公司。亞馬遜最近宣佈打算透過無人機運送包裹，為這項行動增加穩當可靠的正當性。

第五步：建立商業模式圖

一旦識別某個核心構想或突破，下一步就是詳細計畫要如何讓它上市。我們針對這一步建議採用的工具是商業模式圖（Bussiness Model Canvas，BMC），它是由亞歷山大・奧斯瓦爾德（Alexander Osterwalder）發明，並且因為精實創業模式而普及。如圖表6-2所示，你要先畫出這個模型的不同部分（價值主張、顧客區隔等）。在此告誡一下：在這個階段，商業模式圖務求簡單，不能想太多。實驗將引導你步上最佳路徑，並提供更深一層的精確性。

圖表6-2　商業模式圖

<table>
<tr><td rowspan="2">關鍵夥伴</td><td>關鍵活動</td><td rowspan="2">價值主張</td><td>顧客關係</td><td rowspan="2">顧客區隔</td></tr>
<tr><td>關鍵資源</td><td>管道</td></tr>
<tr><td colspan="2">成本結構</td><td colspan="3">收入來源</td></tr>
</table>

※來源：亞歷山大・奧斯瓦爾德。如需更多關於如何建立有效價值主張的資訊，我們建議您閱讀奧斯瓦爾德的新書《價值主張年代：設計思考X顧客不可或缺的需求=成功商業模式的獲利核心》（*Value Proposition Design: How to Create Products and Services Customers Want*）

第六步：尋找商業模式

另外也必須了解的是，如果你想要獲得十倍的成長，你的公司就很可能需要一個全新的商業模式。如同克里斯汀生在一九九七年出版的《創新的兩難》中所說明的，顛覆主要是由新創公司造成，這種新創公司利用新興技術提供價格較低的產品，並且滿足未來會產生或目前尚未滿足的顧客需求或利基市場。克里斯汀生強調，重點不在於顛覆性的產品，而在於威脅到既有模式的新商業模式。

例如，西南航空公司把旗下飛機視為巴士來管理，為自己創造了整個利基市場。谷歌建立AdWords商業模式，這在網頁問世之前從未存在。在不遠的將來，由比特幣（Bitcoin）等加密貨幣促成的微交易，將會創造出前所未有的全新金融商業模式。

在二〇〇五年的著作《免費！揭開零定價的獲利祕密》（*Free:The Future of a Radical Price*）中，克里斯・安德森根據顛覆者的較低成本定位，指出幾乎所有的商業模式，當然還有那些以資訊為基礎的商業模式，很快就會以免費的形式提供給消費者。普遍流行的「免費增值」（freemium）模式只是其中一種情況：許多網站都免費提供基本等級的服務，同時也讓使用者能夠付費升級，獲得更多的儲存空間、統計資訊或額外功能。在主要免費的基本資訊之上分層堆疊能產生利潤的營運業務，還有其他方法，其中包括廣告、交叉補貼和訂閱的商業模式。

凱文・凱利（Kevin Kelly）在一篇名為〈比免費更好〉（*Better than Free*）的開創性貼文中，對這個概念進一步闡述，該貼文在二〇〇八年出現於他的 Technium 部落格上。在數位網路中，任何東西都可以被複製，因此都是「富足的」。那你要如何增加或提取價值呢？對顧客而言，什麼東西具有價值？新的稀有性是什麼？新的價值推動力是什麼？凱利指出以下八種在基本資訊免費時建立商業模式的方法：

一、**即時性**：人們在亞馬遜上預訂貨物或在首演之夜到劇院觀看演出，就是為了即時性。做為第一個了解或體驗某件事物的人，擁有本質上的文化、社會、甚至商業價值。簡而言之：時間賦予優越感。

二、**個人化**：擁有專為你量身打造的產品或服務，不僅在經驗品質、易於使用和功能方面增加價值，還會製造出「黏著性」，因為雙方都投入這個過程。

三、**解讀**：即使產品或服務是免費的，任何服務若是能協助縮短使用它的學習曲線——或是更妥善利用它——仍然可以產生大量的附加價值。凱利常開玩笑說：「軟體——免費，說明手冊——一萬美元。」

四、**真實**：業者提供「產品或服務真實又安全」的保證，就會產生附加價值——套凱利的話來說，就是「沒有瑕疵、可靠和有保證。」

五、**可存取性**：擁有權需要管理和維護。現在許多平台上有數百種應用程式，任何服務若能協助我們安排整理一切，並提升我們快速尋找所需功能的能力，就會特別具有價值。

六、**具體化：**數位資訊沒有「軀體」，沒有實體形式，除非我們賦予它們——例如高解析度、3D、電影銀幕、智慧型手機等。我們願意付更多錢讓免費軟體以我們偏好的實體形式提供給我們。

七、**贊助：**「我相信觀眾想要付費給創作者，」凱利寫道。「粉絲們喜歡獎勵藝術家、音樂家、演員等以表示答謝，因為這讓他們能夠連結。但是只有在非常方便去做、價格合理，並且確定這筆錢會使創作者直接受益時，他們才會付費。」他補充說，簡單的付費過程有另一個好處：能利用用戶的衝動。例子包括 iTunes 的歌曲和 Spotify，以及網飛訂閱。即使可以透過盜版獲得相同的內容，顧客還是會選擇為這些服務付費。

八、**可發現性：**除非潛在觀眾可以發現創意作品，否則這些作品毫無價值。這種「可發現性」只存在於整合業者的層級，因為個別創作者通常會在嘈雜聲中迷失。因此讓自己依附有效的管道，以及像應用程式商店、社交媒體網站或線上市場等數位平台，在這些地方潛在使用者可以發現你對創作者（最終對用戶）有相當多的價值。

我們認為上述清單提供了適用於資訊時代的一系列可行商業模式，圖表 6-3 顯示新興的指數型組織如何利用其中一種或多種模式。

我們來回頭談談商業模式圖，特別是夥伴關係，這是商業模式圖的特點之一。

創投公司Union Square Ventures創始人威爾遜指出，不同產業裡的許多既有業者正遭到顛覆——不只遭到一家新創公司顛覆，而是許多家，它們全都對某個產業裡的某項個別服務展開攻擊。他認為商業模式中的重大顛覆，不是拆分（unbundling）就是重組（rebundling）。

我們來看看金融服務產業。典型的銀行會提供付款基礎設施、信託、行動和社交錢包、電子商務和行動商務（m-commerce）、借貸、投資、股票等許多服務。它整合或集中提供各種不同的金融服務。這種銀行現在受到各種金融新創公司

圖表6-3　新興指數型組織所利用的商業模式

	真實	個人化	解讀	具體化	可發現性	可存取性	贊助	即時性
優步					V	V		
Airbnb					V	V		
Topcoder					V	V		
GitHub		V					V	V
Quirky	V			V			V	
地方汽車公司	V			V			V	
小米							V	V
威爾烏					V	V		
Zappos		V			V			
亞馬遜		V	V					
谷歌		V	V		V			
Waze		V			V			
網飛		V				V		

顛覆，包括 Square、Clinkle、Stripe、Lending Club、Kickstarter、eToro 和 Estimize 等。我們認為這種個別金融服務的碎裂是某種拆分的形式。

如果所有這些新創公司決定在接下來的五年合作或合併呢？如果它們同意透過開放ＡＰＩ的方式組成聯盟呢？如果它們建立夥伴關係並且重組呢？最後可能會出現經常費用比傳統銀行降低至少十倍的全新銀行，因為這個新經濟體需要的不動產和員工比較少。

總而言之，第六步是關於建立新的商業模式，目前新的趨勢愈來愈趨於免費和免費增值的模式。這些新的商業模式可能擁有八個新的價值推動力來產生營收、與競爭對手區隔，並且容許採用長期策略，與特定產業中鄰近的指數型組織密切合作，以完全顛覆既有業者，而不只是提供某種個別商品或服務。我們所說的就是一個強大、雙重顛覆的情況。

第七步：建立最小可行產品

商業模式圖的一項關鍵產出，就是所謂的最小可行產品（Minimum Viable Product），又稱為ＭＶＰ。最小可行產品是一種應用性的實驗，用來決定能讓團隊進入市場的最簡單產品，並且觀察使用者反應如何（同時也協助為下一輪的開發尋找投資人）。接著，反饋迴路可以快速疊代產品，使產品趨於完美，並且推動產品開發的特性規劃藍圖。學習、測試假設、調整方向和疊代（反復運算）是這個步驟的關鍵。

注意這個轉變：第一步是關於宏大變革目標或是目標，第七步則是關於實驗。但是談到最成功的新創公司，那不是事情的全貌。如同提爾的解釋：「並非所有的新創公司都能光靠實驗和目標繁榮成長。」領英、Palantir和SpaceX獲得成功是因為對未來懷抱強大的願景。同樣地，提爾的觀察，也進一步獲得愛琳．李「獨角獸」研究的證實（我們在本章前面已說明這個部分）。

領英、臉書、推特和Foursquare的初期網站，全都是作用中的最小可行產品實例。這些早期網站笨拙粗俗，瀏覽路徑也不容易使用。但它們能夠快速實證核心假設、了解關鍵的使用戶需求，並且執行快速的反饋迴路以解決問題。

第八步：驗證行銷和銷售

一旦某項產品在目標市場上獲得採用，接下來就需要建立客戶獲取管道，以協助使新造訪者發現這項產品。管道的作用是量化潛在顧客，並將他們轉變為使用者和付費顧客。關於這部分，一個很好的起點是大衛．麥克魯爾（Dave McClure）的AAAAR，這是新創公司的評量指標，讀音像是海盜的大喊，所以又稱為海盜模型（Pirate Model）。這個模型追蹤下列層次和關鍵指標：

- **獲取**（Acquisition）：使用者如何找到你？（成長指標）
- **啟用**（Activation）：使用者的第一次經驗好嗎？（價值指標）
- **留存**（Retention）：使用者會再度上門嗎？（價值指標）
- **營收**（Revenue）：你如何賺錢？（價值指標）
- **推薦**（Referral）：使用者會告訴別人嗎？（成長指標）

一旦使用AAAAR模型，你就會很難忘記它（另外也會很難忘記，惹人注目地戴著一隻眼罩並且揮舞一支假劍的麥克魯爾）。

第九步：執行SCALE和IDEAS

如前所述，成為指數型組織並不表示要執行所有十一項SCALE和IDEAS屬性。一個良好的宏大變革目標，加上三、四項其他屬性，通常就足以獲得成功。當然，關鍵在於判斷哪些屬性應該執行。以下是在新創公司中執行指數型組織屬性的指引。

宏大變革目標

在特定問題領域中擬訂宏大變革目標，這也是所有的創始人都感到熱衷的部分。

隨需求聘僱的員工

盡可能運用約聘人員、隨需求聘僱員工（SoD）平台；全職員工人數保持在最低限度。

社群與群眾

在宏大變革目標社群中驗證構想。

取得產品回饋意見。

尋找共同創始人、約聘人員和專家。

利用群眾募資和群眾外包來驗證市場需求、並且做為一項行銷技巧。

演算法

識別可以自動化並且協助產品開發的資料流。執行以雲端為基礎和開放程式碼的機器和深度學習，以增加洞察力。

槓桿資產

不要收購資產。

利用雲端運算和 TechShop 進行產品開發。

利用 Y Combinator 和 Techstars 之類的育成中心做為辦公室、籌集資金、指導和取得同儕意見。

將星巴克當成辦公室。

參與

考慮到「參與」而設計產品。

收集所有的用戶互動資訊。

盡可能遊戲化。

建立由使用者和供應商組成的數位聲譽制度，以建立信任和社群。

利用激勵獎金以吸引群眾，並製造話題。

介面

設計用來管理ＳＣＡＬＥ的客製化程序；準備好進行擴張，才開始自動化。

儀表板

建立「目標和關鍵成果」、價值、機緣和成長指標儀表板；在產品底定之前不要採行價值指標（請見第十步）。

實驗

建立實驗和不斷疊代的文化。願意經歷失敗，並根據需求改變方向。

自治

執行簡化版的無領導管理方式。從公司大圈（General Company Circle）做為第一步；然後轉向治理會議（governance meeting）。

以徹底的開放、透明和許可，實施 GitHub 的技術和組織模式。

社交技術

實施檔案共享、以雲端為基礎的文件管理。

協作和活動流都在內部以及社群內進行。

擬定計畫來測試和實施遠端呈現（網真）、虛擬世界和情緒感知。

圖表6-4是我們對主要指數型組織以及它們大多數運用的屬性評估結果，內容顯示SCALE和IDEAS要素的良好分佈和使用。

第十步：建立文化

在建立指數型組織的步驟中，最關鍵的一步可能是建立文化。回顧一下PayPal以親密友誼而非正式工作關係為主的文化。在高速擴張的組織中，文化——以及宏大變革目標和社交技術——就像是膠水，透過指數型組織成長的大躍進把團隊凝聚起來。不消說，光是界定「文化」這個詞彙就很困難，實施這個步驟則是更具挑戰性的步驟。

著名的旅館大王康利認為：「文化是老

圖表6-4　主要指數型組織的屬性評估

	MTP	S	C	A	L	E	I	D	E	A	S
GitHub	V		V			V				V	V
Airbnb	V		V		V	V	V				
Quirky	V	V	V		V				V		
優步	V		V		V	V	V				
Topcoder	V	V		V			V				
Waze	V		V			V	V				
地方汽車公司	V	V	V		V		V				
Supereell	V							V	V	V	V
Google Ventures	V			V			V	V	V		
威爾烏	V							V		V	V
BlaBlaCar	V		V		V	V	V				

闔不在時發生的東西。」我們覺得這句話大致上做了總結，唯一需要補充的是，文化是一家公司最大的無形資產。（如同許多人所觀察到的，包括麻省理工學院媒體實驗室主管伊藤穰一：「文化把策略當做早餐。」）從「惠普之道」到ＩＢＭ的「Think」，再到谷歌的娛樂室和推特的倉儲，文化的附加價值極其重要，這樣說毫不誇張。幾乎大家都公認，Zappos的成功（及其十億美元的估值）主要是因為它的公司文化。

建立企業文化，首先要了解如何有效追蹤、管理和獎勵績效。而那要從設計「目標和關鍵成果」系統著手（我們在第四章提過），然後持續「讓團隊習慣透明、責任歸屬、執行力和高績效」的過程。

第十一步：定期詢問關鍵問題

在建立新創公司時，你需要思考八個關鍵性問題——不是只思考一次，而是不斷思考。順利回答每一個問題，會讓你在本章獲得達標的成績：

一、你的顧客是誰？
二、你解決顧客的哪個問題？
三、你的解決方案是什麼，它使現狀改善至少十倍嗎？

四、你會如何行銷產品或服務？
五、你銷售產品或服務的情況如何？
六、你如何利用病毒效應和淨推薦值，將顧客轉變成擁護者，以降低需求的邊際成本？
七、你如何擴大顧客區隔？
八、你如何將供應的邊際成本降至零？

如前所述，最後一個問題對指數型組織而言最關鍵。要真正顛覆現狀，並且獲得指數型組織特有的十倍擴張性，就必須以IDEAS和SCALES的某種組合使供應成本以指數速度降低。最後針對時機掌握補充一句：任何新創公司想要成功，都必須結合必要的技能、勤奮的工作和絕佳的市場時機（尤其是在技術方面）。

就如庫茲威爾所說的：「一項發明需要在它問世時的世界裡富有意義，而不是在它開始時的世界裡富有意義。」這句話含意深遠，卻往往被創始人忽略。它的重點是了解技術的演進軌跡，亦即考慮到摩爾定律的速度，有哪些功能和能力在兩、三年內會變得可行？當你開發產品時，若是著眼於不久的將來而非現在，你的成功機率就會大幅提高。

未來學家保羅．沙佛（Paul Saffo）說過，最具變革力（技術性）的發明在剛推出時都會先失敗幾次，然後通常要花十五年才會充分落實。為什麼？原因有很多：太早推出、時機不當、未經證實的商業模式、整合問題——這一切造成顧客遭遇糟糕的體驗，並且處在甚至更糟糕的市場中。

蜜雪兒・穆勒（Michiel Muller）補充說：「要讓人們停用既有的產品，改用新創公司的新產品，需要有九倍的改進。」這其中存在某個臨界值，所以我們才會為建立指數型組織設定了最少提高十倍的要求。

第十二步：建立和維護平台

領先的平台專家桑吉特・保羅・喬德里（Sangeet Paul Choudary）指出建立成功平台（而非成功產品）所需要的四個步驟：

一、識別消費者的某個「痛點」或使用案例。

二、識別生產者與消費者之間任何互動中的核心價值單元或社會對象。這可以是任何東西。照片、笑話、建議、評論，關於合租房間的資訊、工具和汽車共享，都是促成成功平台的物件範例。記住，許多人既是生產者也是消費者，要以有利你的方式運用這一點。

三、設計出一個促進這種互動的方式，接著看看是否能將它建置成你可以自行管理的小型原型。如果在那個層次上行得通，它就值得你發展到下一個層次並加以擴張。

四、決定如何以你的互動為中心建立一個網路。尋找一種方法將你的平台使用者轉變成宣傳大使，這樣你就會不知不覺大獲成功。

為了實施平台，指數型組織要在資料和ＡＰＩ上遵循四個步驟：

- **收集**：演算法程序一開始是運用資料，這些資料是透過感應器和人員來收集，或是從公共資料集匯入。
- **組織**：下一步是組織資料，這又稱為「提取、轉換和載入」（extract, transform and load, ETL）。
- **應用**：一旦存取到資料，機器學習或深度學習等演算法會從中提取見解、識別趨勢，並且調整新的演算法。要落實這些工作，可以透過 Hadoop 和 Pivotal 等工具，或甚至 DeepMind 或 Skymind 之類的（開放原始碼）深度學習演算法。
- **公開**：最後一步是將資料以開放平台的形式公開。利用開放的資料和 API，指數型組織的社群就可以將公佈的資料與自己的資料彙合，藉此在平台之上開發寶貴的服務、新的功能和創新。以此方式成功公開資料的公司，包括福特、優步、IBM Watson、推特和臉書。

以下這一點值得再三強調：正在崛起的世界與我們已知的世界截然不同。現在力量變得更容易取得，但是更難保持。由於強大的病毒式行銷和社交網路效應讓新創公司能夠快速擴張，現在要創立新公司並顛覆產業，比以往任何時候都要來得容易。但是說到社交網路，反之亦然。例如，臉書是既有業者，它的網路效應和顧客鎖定，讓其他業者難以取代——這強調了一個平台超越某項產品或服務的絕佳優勢。

在《瞬時競爭策略：快經濟時代的新常態》（*The End of Competitive Advantage: How to Keep Your Strategy Moving as Fast as Your Business*）一書中，莉塔・岡瑟・麥奎斯（Rita Gunther McGrath）指出，我們只能透過平台、目標、社群和文化來獲得她所謂的瞬時競爭優勢（Transient Competitive Advantages）。

一致行動的成果

當一切整合時——亦即設計出絕佳的宏大變革目標，並且採用適當屬性時——結果可能會很驚人。法國的BlaBlaCar就是一個恰當的例子。

BlaBlaCar（原名covoiturage.fr）在二〇〇四年由菲特烈・瑪塞拉（Frederic Mazzella）、尼可拉斯・布盧森（Nicolas Brusson）和法蘭西斯・納裴茲（Francis Nappez）創立，它是一個將擁有空位的車主與想搭車的乘客連結起來的點對點市場。這項服務在十二個國家啟用，擁有超過八百萬用戶。

目前有一百萬人每個月都使用該服務（總數預計會上升），已經超過歐洲主要火車公司歐洲之星（Eurostar）每個月運載八十三萬三千位顧客的乘客數量。

Blablacar 使用與 Airbnb 相同的商業模式——每次顧客搭車，司機都可以獲得酬勞——BlaBlaCar 抽取其中一〇%。儘管優步目前面臨許多法律問題，例如商業和責任保險，BlaBlaCar 卻不會面臨相同的問題，因為它遵循的模式好比朋友搭順風車時要求他們出油錢。本質上，BlaBlaCar 提供的是長距離共乘服務，例如從某個城市到另一個城市，而非在某個城市內，這使它成為很划算的交易，因為共乘遠比搭火車或是飛機便宜得多，例如平均三百二十多公里的車程只需花費二十五美元。BlaBlaCar 為了促成它的平台，利用演算法來撮合司機和乘客〔演算法〕。它在二〇一三年 Crunchies Awards 中獲得最佳國際新創公司亞軍，僅次於 Waze。（顯然，二〇一三年是交通很糟糕的一年。）

BlaBlaCar 獲得成功，原因就在於建立一個全新的運輸網（它的宏大變革目標是「由人驅動的運輸」），這個運輸網由包含司機和乘客的可靠社群組成。結果是得到社交程度和效率更高的運輸形式，讓司機每年可以節省約三億四千五百萬美元。這家公司也防止每年七十萬噸二氧化碳排放到大氣層中，提供了顯著的社會和生態效益。

和 Zappos 的謝家華一樣，瑪塞拉希望人們認為 BlaBlaCar 是工作環境最好的公司之一。為了使員工保持高昂士氣，他創立 BlaBlaSwap 計畫，為所有的員工（該公司目前有一百一十五名員工）提供每年在公司任何一個國際辦公室裡工作一個星期的機會。此外，公司還會召集所有員工參加每週的 BlaBlaTalk 討論會（國際員工透過視訊會議參與），這讓員工有機會分享自己在過去六週的成就，以及接下來六週的計畫〔社交技術〕。

該公司也在軟體開發方面採用精實創業方法，讓多個小型團隊透過疊代來開發軟體。另外必須注意的是，BlaBlaCar 在過去十年的發展期間熄了好幾次火（這裡是一語雙關），從B2B轉換到C2C，並且經歷過三種不同的商業模式。〔實驗和員工自治〕。

為了吸引社群，BlaBlaCar 仰賴它自己的數位聲譽系統，並將這個架構稱為DREAMS〔參與〕，如下所示：

- **聲明**（**Declared**）：可靠的線上資料檔，提供更多關於使用者的資訊。
- **評分**（**Ratings**）：這種協作服務要求使用者們在「真實生活」中見面後彼此評分，讓人們能夠建立良好的線上聲譽。
- **約定**（**Engagement**）：如果會員想要完全放心與彼此交易，就必須相信對方會信守財務承諾。
- **以活動為基礎**（**Activity-based**）：對買家和供應商提供相關和即時的資訊，確保交易過程從一開始的產生興趣到完成付款都能順利進行。
- **調節**（**Moderation**）：一項共用服務的使用者所傳遞的一切付款資訊，都必須經過第三方驗證。
- **社交**（**Social**）：讓使用者能夠將他們的線上身分與真實世界的身分連結，無論是社交上（透過臉書）或是專業上（透過領英）。

最後，為了將業務範圍擴及全歐洲，BlaBlaCar 在當地競爭對手還未坐大之前，就將其收購。該公司的做法顯然是正確的，二〇一四年七月，BlaBlaCar 在股權投資基金籌資行動中獲得驚人的一億美元。

企業指數型組織的經驗教訓

我們在本章中談論的內容，大多適用於純粹的新創公司，也適用於源自現有企業的新創公司。不過，對企業指數型組織（Enterprise ExOs）而言，有一些特殊考量要注意。根據伊斯梅爾指出，在建立企業指數型組織時，最大的危險是母公司的「免疫系統」將起而攻之。

- 只追求新市場（避免引發免疫系統的反應）。如果你想改造現有的搖錢樹或是超越目前的事業單位，你需要一個獨立的單位，而且旗下擁有單獨和完全由員工自治的小型團隊。
- 從執行長那裡獲得直接的支持——以及直接的正式連結。無論你做什麼事情，都不要退而求其次，向執行長以下的任何其他主管報告，尤其是不要和財務長打交道。

- 分拆還是回歸母公司。如果你成功，就分拆出去，成立新公司；不要嘗試將新崛起的事業重新塞進航空母艦裡。新企業在母公司任何地方都會格格不入，而且隨後會產生內部政治問題，尤其是如果你做的事情會吃掉現有的收入來源。我們發現唯一的例外是，當個別的企業指數型組織是蘋果產品之類較大型平台的一部分時，蘋果的產品都是從邊緣開始，最後回歸中央。
- 從現有組織中，邀請最具顛覆性的創造變革者為企業指數型組織效力。管理學專家哈默爾說過，年輕人、異議人士、和那些處於企業組織的地理和心理邊陲地區的人員，是最有趣、最自由和最開放的思想家。你要尋找叛逆者。好消息是，這些人並不難找。
- 在既有體系和政策之外建立指數型組織，其中包括實際的實體分隔。除非現有的場地或基礎設施能提供巨大的策略優勢，否則就盡可能不要使用它們。和任何新的新創公司一樣，新的指數型組織必須做為新創企業（green field operation）來營運，並且仰賴秘密行動和保密措施，這一點至關重要。

如同賈伯斯所說的：「我們把蘋果當做新創公司來營運。我們一向讓構想而非階級在爭論上勝出。若非如此，你最優秀的員工就會待不住。協作、紀律和信任至關重要。」

若有興趣閱讀更詳細論述建立指數型組織的書籍，戴曼狄斯和科特勒合著的第二本書《膽大無畏》（*BOLD*），訴求的讀者就是想要在創記錄的時間內將某個構想用來經營十億美元級公司的企業家。

Chapter 07 指數型組織與中型公司

在上一章裡面，我們討論到如何建立一個指數型組織。但是指數型組織模式並不是只適用於創新事業或是新創公司，它其實也可以運用在既存的中型公司，促使其達到指數型成長。

這一章我們將會剖析中型公司，並探討它們該如何運用指數型組織的哲學。不像新創公司能以指數型成長為核心，從零開始建立整個內部經營體系，對於既存的公司而言，解決方案視各公司的狀況而異：你必須從現存既有的東西著手，並以其為開創的基礎。換句話說，「指數型成長」並沒有放諸四海皆準的範本。

因此我們將會利用五個完全不同的公司變身成為指數型組織的案例，來說明一個處於穩定經營環境、成長陷於停滯的既存組織，要如何蛻變成指數型組織，並達到這個模式所承諾會達成的十倍數績效改善。

範例一：TED

一九八四年，理查德・沃爾曼（Richard Saul Wurman）創建了TED大會（Technology, Entertainment, Design）。他投注心力經營和推廣這個演講大會，並開創了著名的十八分鐘規則，帶領TED逐漸成長茁壯，成為全世界在各領域當中具影響性人物的年度盛會。

在創立十八年後，TED已邁入中年。雖然它已經獲利並享有名聲，而且每年都有約一千名演講者蒞臨加州的蒙特雷市，但它的年成長率卻已趨於平穩（雖然是有意為之）。簡言之，它已經處於安逸的停滯期。

之後TED在二〇〇一年被克里斯・安德森（Chris Anderson）所收購。他是成立Imagine Media媒體集團，出版發行《商務2・0雜誌》（*Business 2.0*），並開發電玩遊戲網站IGN的創辦者。安德森的願景是希望藉由將經營規模擴展至全球化經營，帶領TED進入下一個階段，並將參加者的範圍從有影響性的重量級人物拓展至學有專長的普羅大眾。

為了達到這個目的，他做了兩項突破性的改變。第一，他透過網際網路提供舊有和新的TED演講影片。第二，正如第五章所提過的，他與勞拉・史坦（Lara Stein）合作開發了一個工具包，讓任何一個TED會員都可以在自己所在的區域舉辦經過TED授權的TEDx活動。這樣的改變帶來驚人的結果：如今，在網路上已經有超過三萬六千個TED和TEDx的演講影片，觀看次數更是超過二十億。一路走來，ＴＥＤ已經從業餘愛好者的年度聚會，轉型成一個全世界最受歡迎和最具影響力的思想交流論壇。

現在，讓我們從指數型組織的觀點來看這項計劃，正如沃爾曼一開始所闡述的，ＴＥＤ擁有一個具吸引力又具擴展性的宏大變革目標：「好點子值得傳遞（Ideas Worth Spreading）。」當安德森將ＴＥＤ演講轉變成免費的線上資源時，就創造了「參與」的機會，並迅速達到能將大眾轉化成社群所需要的關鍵數量。ＴＥＤ演講還充份利用了雲端服務（槓桿資產）的指數型本質。與此同時，得到工具包支援的ＴＥＤx活動創造了一系列具擴展性的最佳化流程，讓這個剛形成的社群能夠跳脫傳統、正式的企業層級關係，建構新的組織。這同時也讓ＴＥＤ能夠不受限制地加速成長，若當初只依賴安德森及其團隊的管理，不可能讓ＴＥＤ成長得如此快速。

這個案例給我們的啟發是，只要妥善運用指數型組織的屬性，就有可能讓一個既存的中型組織轉變成指數型組織。

ＴＥＤ取得了顯著的成效。短短幾年的時間，安德森將一個區域性的計畫，改造成一個全球化的媒體品牌。儘管成長快速，但是ＴＥＤ對於媒體內容的水準和觀眾體驗的品質卻沒有因此打折扣，這些都是ＴＥＤ最初成功的因素。

我們來看看ＴＥＤ是如何落實指數型組織屬性的：

- **宏大變革目標：**好點子值得傳遞。
- **社群與群眾：**充份利用TED社群來舉辦TEDx活動。TED演講讓數百萬的不固定成員形成社群。
- **演算法：**用來評估在主要網站上要推廣哪些TED演講。
- **介面：**制訂出如何舉辦TEDx活動的固定規則。
- **儀表板：**針對全球TEDx活動進行即時統計。
- **實驗：**試驗並評估不同的演講形式（例如：在公司內部進行）。

範例二：GitHub公司

自從林納斯．托瓦茲（Linus Torvalds）在一九九一年開發出Linux系統，並率先建立開放原始碼的典範之後，一個龐大的全球社群就不斷地開發出新軟體，並將之運用於數以百萬計的應用程式。其中的一個先驅者是SourceForge網站，擁有超過四十三萬個開放原始碼計畫，其中一些已獲得顯著成功。

除了Linux本身之外，或許最著名的開放原始碼計畫就是Apache網路伺服器了。它是由開放原始碼大師級人物布萊恩．貝倫多夫（Brian Behlendorf）所領導的團隊在一九九六年開發出來的免費軟體，與強大的微軟較勁並擊敗對方。一個鮮為人知的事實是，全世界大多數網站所使用的正是Apache網路伺服器。在一九九八年的一次啟發訓練中，IBM做了一份調查，詢問一百位藍籌股公司的資訊長，他們是否在其公司內部使用開放原始碼軟體。其中百分之九十五的人回答「沒有」。

然而，當訪問人員向這些公司的系統管理者提出相同的問題時，有百分之九十五的人都回答「有」。這個結果讓IBM做出一個重大的策略調整，轉向開放原始碼的方向發展。無論是否為人所知，如今開放原始碼軟體已在網際網路（乃至於整個世界）上被廣泛使用。

在獲得卓越的初步成功之後，開放原始碼軟體運動在過去的十年裡進入了一個穩定、層級化的環境，社群並沒有太多的創新產出。然而在二〇〇八年，一切都改變了，因為克里斯・沃斯特拉斯（Chris Wanstrath）、P・J・海伊特（P.J.Hyett）和湯姆・普萊斯頓－沃納（Tom Preston-Werner）在當時創立了一家名為GitHub的公司。他們三人都是從保羅・格雷厄姆（Paul Graham）的YC創投公司（Y Combinator）企業育成計畫出身。

作為開放原始碼的編碼和協作工具以及平台，GitHub徹底改變了開放原始碼的環境。這是一個針對程式設計人員的社交網路，其重點不在程式碼本身，而在於人還有人與人之間的協同合作。當一個開發者向GitHub專案提交程式碼時，這個程式碼會由其他開發者進行審核和評論，同時對開發者進行評分。GitHub的編碼環境具備即時通訊功能，還有分散式版本控制系統（而非中央程式碼儲存區）。在實務上，這意味著你不需要伺服器——你可以就地取得你所需要的一切，而且無需事先取得許可就可以開始編寫程式碼，隨時隨地都能編寫程式，甚至可以離線操作。

GitHub 運用了幾乎所有的指數型組織原理，因而得以成功改變開放原始碼社群。下面所列示的是這家公司如何落實宏大變革目標，還有SCALE和IDEAS屬性。

- **宏大變革目標：**社交編碼（Social Coding）。
- **隨需求聘僱的員工：**GitHub 擁有整個開放原始碼社群可以利用來完成內部工作。
- **社群與群眾：**憑藉著編碼課程和協同合作環境，新的開發者（大眾）可以很快地變成使用者（社群）。此外，GitHub 也設立新辦公室，讓任何及所有相關人員都可以隨時造訪並貢獻心力或學習。有開放的活動空間能提供離線社群聚會和籌劃專案計畫。顯然 GitHub 並沒有採取「鎖定」的戰術，而是將重點放在尊重使用者，並致力成為市場上的最佳平台。
- **演算法：**在 GitHub 的系統裡，所有回饋都會被編寫成演算法，並用來改善版本控制和工作流程。
- **槓桿資產：**GitHub 對其平台上面的任何一項計畫都不具所有權，平台本身是在雲端上運行。該公司確實會使用來自各種計畫裡的一些軟體來提升平台本身的性能，從而號召使用者來改善他們自己的工作環境。
- **參與：**遊戲動力學被廣泛應用，並同時結合排行榜和信譽系統，讓 GitHub 無需強迫使用者參與，卻又能維繫住使用者。對於新程式碼的回饋幾乎是即時完成。

- **介面：**該公司客製化了許多功能以支援其使用者，包括即時通訊、評分與信譽系統以及軟體編碼課程。這些全都是平台內建的功能。這個產品的核心優勢在於它的高度自動化的管控機制和工作流程管理，進而可以整合不同外部組織屬性的產出（如軟體獎勵競賽和遊戲化程式），以及雲端和社群的成果。
- **儀表板：**GitHub 會監控這個平台的相關價值指標，並透過一個精密、複雜且直覺式的控制台，將這些資訊提供給公司內部使用。
- **實驗：**由於其公司文化講求分權管理、反應迅速、透明化和自我組織，因此組織內的每個部門對於新創意想法都會持續不斷地改良改進。為了避免混亂，GitHub 開發了簡單易用的開放性內部平台，並建立有效的溝通。由於員工可自由參加任何專案，所以他們必須能夠隨時從組織裡取得訓練教材和文件，否則在切換專案時會產生很多摩擦，因為新來者必須費心適應。藉由這種方式，GitHub 讓團隊新成員從加入專案的第一天起就能發揮生產力。
- **自治：**權限和決策制定是採取完全分權的管理模式。可以自我組織團隊，任何一個專案的人員都可以對團隊的計畫提出關鍵決策。也就是說，鼓勵公司裡的每個人貢獻心力，並對組織其他部門所做的決策提供建議。這因此，使得召募過程會去留意關注那些具有熱忱、目標和潛力的積極主動者。GitHub 稱之為「開放式工作分配」（open allocation），明確來說就是：要去做那些你個人覺得很有興趣、或是能從中找到成就感的工作。

● **社交技術：**因為所有部門的所有員工都在內部使用 GitHub，社群形態和社交科技已經深植於 GitHub 的平台和企業文化。的確，這個產品無論哪一方面都涉及到社交。因此這家公司所謂的辦公室就是聊天室，電子郵件只用來傳送平台的提醒訊息以及有關平台變更的警示。這種「對話文化」提升了團隊的士氣和生產力。高階管理者也有意推行這樣的文化：清楚明確的溝通，對這樣一個具實驗性質的網路式組織模型而言是首要之務。團隊成員一方面可以利用面對面的對話、電話或是 Hangouts 通訊軟體來進行策略性的討論，同時利用 GitHub、線上聊天或是電子郵件來進行更多例行業務工作。

GitHub 在這種革命性、指數型的公司文化上，究竟獲得多大成效？

在六年間，這家公司已創造出一個聚集了超過六百萬個開發者的社群，這些人協同合作開發出超過一千五百萬個開放原始碼的軟體專案。更重要的是，在今日的矽谷，軟體開發者的就業機會甚至於薪資，很大部分都取決於他們在 GitHub 上面的個人評價。因為這個評分系統的影響力如此強大，使得開發者會持續為 GitHub 專案添加程式碼以提高個人評價；其產生的附帶效益，就是讓社群和公司的價值更為提升。

簡而言之，GitHub 不僅是指數型組織很好的例證，其產品也為指數型組織模型提供了有力的範本：協同合作、開放化、透明化、社群導向，而且擁有許多具備優秀條件並願意參與自選專案的員工。它同時也為整個組織裡不同的職能、職務和部門帶來十倍以上的改善成效。最重要的一點是：GitHub 是一個充滿熱忱和目標導向的自發性組織。

雖然 GitHub 目前是專為開發者打造的平台，但是未來將會出現迎合律師、醫生、政治家和其他專業人員的類似平台。

這個平台已憑藉成功的付費商業模式，拓展至企業軟體開發的領域，並有望很快得到政府、非營利性組織和教育機構的採用。GitHub 向使用者收取月租費（七至兩百美元之間），以提供儲存程式設計的原始程式碼的服務。全球最大的創業投資公司之一，安德森．霍羅威茨（Andreessen Horowitz）最近向 GitHub 挹注了一億美元的投資，這是該創投公司有史以來最大的一輪投資。觀察全球政府單位對 GitHub 的使用率（圖表 7-1），就不難理解其為何會投資的原因了——請注意它是一條指數型曲線。

圖表7-1　全球政府單位在GitHub上面的遠端儲存庫的數量

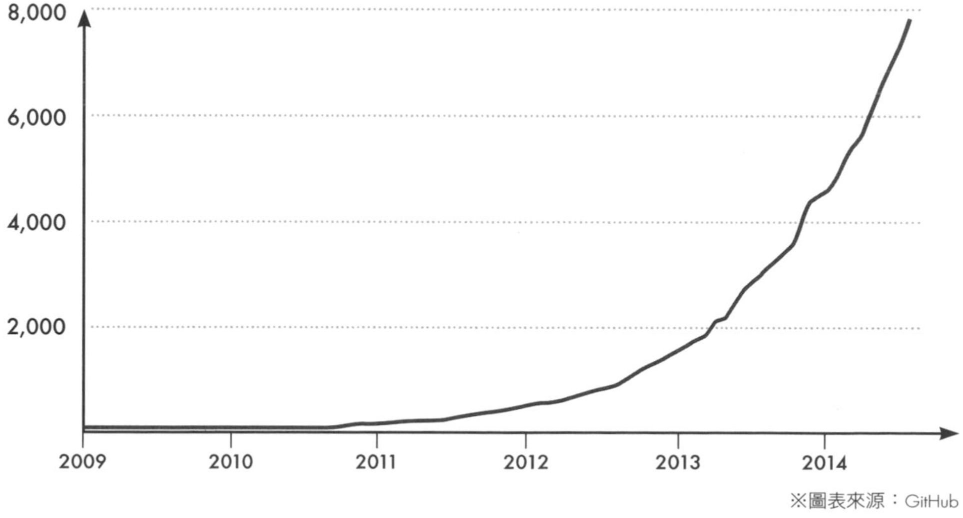

※圖表來源：GitHub

範例三：土狼物流公司

我們不想給你「指數型組織的原理只適用於網路公司或是遊戲公司」這樣的印象，土狼物流公司（Coyote Logistics）的例子顯示，這種原則同樣適用於成熟的傳統產業——不屬於社交網路產業，公司也不在像矽谷這樣的地方。以這個案例來說，它屬於貨運和物流產業，一個講求務實的世界。

American Backhaulers 公司的前執行長傑夫・希爾弗（Jeff Silver）與瑪麗安・希爾弗（Marianne Silver）在二〇〇六年共同創立了土狼物流。該公司承接貨物的運輸和配送業務，並運用指數型組織的特性，成功地改革了一個成熟的傳統產業。公司目前擁有一千三百名員工，服務包括海尼根（Heineken）這種國際級大公司在內的六千位客戶。它建立了一個遍佈全美各地，由四萬名簽約貨運員所組成的物流網。

土狼物流成功地應用指數型組織原理的方法如下所示：

- **宏大變革目標：**提供最佳的物流體驗（Offer the Best Logistics Experience Ever）。
- **隨需求聘僱的員工／槓桿資產：**透過簽約與四萬名貨運員合作，讓土狼物流能夠大幅拓展運送範圍，又無須僱用大量員工、造成管理上的負擔。
- **社群與群眾：**土狼物流透過社交媒體以及行動裝置上的軟體，讓這四萬名簽約貨運員形成一個與核心團隊互動的社群。

- **演算法：**土狼物流指數型組織的核心變革，是運用量身打造的複雜演算法去解決空車，也就是所謂的回程空車（deadhead）的問題，這是該產業最令人頭痛的物流難題。對於隨時都有四萬多輛貨車在全美各地運送貨物的土狼物流而言，很重要的一件事就是要為空貨車配對出可供運送的貨物。演算法讓土狼物流比其他貨運公司更有競爭優勢，光是二〇一二年，據估計土狼物流就減少了五百五十萬英哩的空載里程，避免九千噸不必要的二氧化碳排放量，並回饋了九百萬美元給它的顧客。
- **介面：**土狼物流為了管理承運者、顧客和車隊，開發了大量的客製化流程。如前所述，這些演算法讓土狼物流能夠精準地為貨車和貨物做配對，這就是土狼物流的獨門秘訣。就召募而言，這家公司喜歡僱用能夠展現其熱忱、態度和個性的年輕大學畢業生，還有那些從沒在物流產業任職過的新手。根據土狼物流的說法，這種作法讓它培養出一批不會受到舊產業標準和偏見的限制，而且能夠接受新思想和新方法的員工。為了簡化流程，土狼物流採用 Hireology 公司所開發的資料導向甄選管理的解決方案，並在二〇一二年透過該平台從一萬名應徵者當中僱用了四百位員工。新員工須接受廣泛的訓練，並了解學徒訓練的價值和發展性。簡而言之，他們就是這家公司未來的先驅者。
- **儀表板：**來自所有貨車以及該公司專屬行動裝置軟體的資料，都被即時監控並提供給公司管理階層和貨車司機，協助所有相關人員能夠更有效率地完成公司的任務並達成績效目標。

- **社交技術：**在內部，公司充分利用社交媒體。員工被鼓勵透過臉書、推特、領英和 YouTube 等社交媒體進行溝通，並透過這些帳戶支援社區和慈善組織。在外部，土狼物流開發了自己專屬的行動裝置軟體 CoyoteGO。它簡化了司機、託運人和員工之間的互動交流，讓土狼物流得以全天候二十四小時、隨時隨地與其承運車隊聯繫。

二〇一二年，土狼物流創下七・八六億美元營收的好成績，而且在二〇一〇年被《Inc. 雜誌》評為 Inc. 五百大公司裡面成長最快速的物流公司。它也名列《克萊恩商業週報》（*Crain's Chicago Business*）成長最快速五十大公司（Crain's Fast Fifty）的第一名和第四名，最近還被《富比士雜誌》評為「美國最具前景公司」的第二十六名。

土狼物流所設定的宏大變革目標，幾乎等於它維持高度顧客導向的保證。而且它一直在持續利用新興技術，確保顧客能感受到其所提供的高效率無縫貨運服務。

土狼物流的大多數員工是在一個十萬平方英呎的公司空間裡上班，看起來絲毫不像一般傳統的貨運公司總部。公司的氣氛與環境就好比一家年輕熱情的科技新創公司—步調很快、充滿創意、衝勁十足。其唯一的差別在於，土狼物流並不是一家提供線上遊戲的企業，它的業務是透過貨車將實體貨物運送至全國各地的商店和辦公室。

土狼物流的經營態度反映在其充滿自信所培育出的四個品牌特性：真實、堅持、團結和敏捷（True, Tenacious, Tribal, and Smart）。就是這種自信滿滿、群策群力、追求卓越的態度，讓土狼物流連續四年在《芝加哥論壇報》（*Chicago Tribune*）的最佳工作環境榜單上佔據一席之地。

範例四：羅斯加德工作室

丹·羅斯加德（Daan Roosegaarde），其自稱是一個「有商業頭腦的嬉皮」，在二〇〇七年於荷蘭創立了羅斯加德工作室（Studio Roosegaarde），並明確聲明其目標就是「創造夢想」。事實上，羅斯加德將他的公司稱之為夢想工廠（這涉及到宏大變革目標）。他的工作室是藝術、設計和詩歌的特殊組合，還包含了一系列互動式和指數型的技術。

羅斯加德工作室運用了以資訊為中心的技術，如感應器、奈米科技和近期發展起來的生物技術（合成生物學），創造出能融入生活環境的藝術裝置。其中一個例子是能自動反應天氣變化的智慧高速公路，第二個例子是在北京的煙霧減排計畫，利用收集到的霧霾來製造可戴在手上的碳顆粒戒指。如果這些聽起來有點荒謬，它確實是，然而如今這一切都已成真。

該工作室最初會成功主要是源於它的目標、能觸動感官和打動人心的設計作品，以及大膽獨特的想法。羅斯加德稱之為「前衛卻又能被接受」（Most Advanced Yet Acceptable）的設計理念。在五年的時間裡，工作室呈現穩定發展，二〇〇七年的營收是五萬歐元（約六萬美元）；在接下來的六年裡，該工作室的營收維持差不多的水準。工作室所有的工作，不管是創意發想、原型製作還是試量產，都是由公司內部的全職員工負責處理。其流程已經變得制度化並形成慣性。

二〇一二年，羅斯加德意識到，這個工作室已經失去它自由發揮的藝術精神，需要重新調整方向。羅斯加德傾全力對這家公司進行大改造，他施行了幾項指數型組織的特性，如下所示：

- **宏大變革目標：**用技術詩歌打開世界，讓這個世界更有人性和美感。
- **隨需求聘僱的員工：**
  - 高度依賴隨需聘僱員工，以其做為創意的推進器。
  - 實習生是實現隨需聘僱員工的重要關鍵，偏好的人格屬性包括熱情和積極主動的心態。公司是由下往上建立起來的，並以員工為基礎。
- **社群與群眾：**透過獨具巧思的方法尋求創意和合作廠商，以實現未來的藝術專案。這家公司一開始會先透過某個低調的雜誌或新聞的一場採訪，來發表一個簡單的想法，接著會利用群眾讓創意自己找上門，然後再透過電視發表，最後藉由主動寄郵件來提案要如何創建藝術專案的合作廠商。藝術一般而言（特別是工作室的作品）具有一股拉力，能夠形成共享意向，並很快地顯現出來（所謂的意向經濟）。需要的員工和資源相對較少；大部份的概念與合作廠商研究都是透過群眾外包的方式獲得，再加以篩選過濾。

- **演算法：**早期的藝術裝置是運用模糊邏輯。後來的作品以感應器和演算法為基礎，趨向個性化。沒有深度學習或是機器學習。
- **槓桿資產：**借助不同大學的實驗室（蘇黎世大學、劍橋大學、艾恩德霍芬理工大學以及瓦格寧根大學）。透過深圳數家工廠進行原型製作和量產。
- **參與：**羅斯加德工作室仔細傾聽來自社群和大眾的聲音——不是透過網路市場以正式的形式進行，而是透過來自大眾或客戶的電子郵件和電話，做為新想法和實驗的靈感來源。
- **介面：**由三個人處理所有的大眾來電和電子郵件，從中挑選最佳的媒體報導機會、人才、創意和合作廠商。
- **儀表板：**現金流的即時追蹤。公司的目標是希望能儲備十八個月的備用或可供自由運用的資金。追蹤並計算每次公司內部談話裡出現的想法數量，以及每次談話中所萌生的主題。
- **實驗：**「保齡球ＶＳ.乒乓球」。羅斯加德工作室注重疊代改進和較短的反饋週期，尤其涉及到客戶和最終使用者時。保齡球好比是緩慢、循序漸進的發展，原型製作（乒乓球）則是關鍵。
- **自治：**
  - 沒有工作說明書。員工可以花至少三十％的工作時間在他們自己的專案上。藝術很難做到分權，因為藝術和這位想像力豐富的創始人是難以分割的一體。

- 往實現「無領導管理制」的模式（講求目標和關鍵成果、精簡、開放、透明）邁進。

●社交技術：

- 透過 Viadesk 軟體管理活動流（Activity streams）並大量使用維基軟體。
- 荷蘭和中國之間，透過相互連結的3D印表機和先進的思科視訊會議，增強了團隊的向心力和創造力。
- 利用 Google Trends 和社群媒體監測（《精實創業》內的工具），依據不同國家的特性（文化或是迷因）去量身打造藝術裝置或是展覽會。這種客製化的方式被稱為複製變形（Copy Morph）。

二〇一二年，羅斯加德工作室在一場受人矚目的TEDx激勵競賽活動中贏得勝利。這是一個轉捩點，該工作室隨後在二〇一三和二〇一四年贏得了全國、歐洲和全球的許多獎項，其中包括入選富比士全世界最具創新力公司。如今，該工作室的主要重點是要利用一個更小的核心團隊、更多的隨需聘僱員工和大量的群眾外包，來進行創意發想和量產。

羅斯加德工作室二〇一四年的收益超過三百萬歐元，與二〇〇七年相比增長了六十倍。對於實體產品的量產性不高、著重於體驗真實性的藝術工作室來說，這確實是一個令人印象深刻的成就。

指數型組織的改造

以上四個案例證明了指數型組織原理可以運用在既存組織，並讓它們在績效上有爆發性的成長和表現。若讀者對這個方法仍心存疑慮，我們就一起來看看羅伯特・哥德堡（Robert Goldberg）的成就吧。

在十年時間裡，哥德堡先後為美國國家廣播公司（NBC）新聞網開設了網際網路部門，之後還管理了Idealab創業育成公司，成為創業投資家，同時擔任多家新創公司和其他基金的顧問，利用自己的能力為他人提供服務。

他在二〇〇九年加入Zynga公司，成為第一位業務執行長，並主導了這家遊戲公司的購併行動。正如我們在第四章中提到，兩年半之內Zynga的員工數量就從三十人增加至三千人，一躍成為史上成長最快速的公司之一。能實現這樣的成長率，憑藉的就是在短短十個季度當中進行了四十次收購。令人驚訝的是，這些收購有九十五％是成功的，這是前所未聞的高成功率。

哥德堡究竟是怎麼做到的？

Zynga為了避免在快速成長的過程中稀釋了自身的企業文化，其採取的主要機制就是正式納用目標和關鍵成果（OKR）來追蹤團隊狀態，確保所有人步調一致。隨著他的上任，哥德堡又將這些流程進一步地應用到Zynga新的收購案中，但略做了一些調整。

大部分的收購案之所以會失敗，原因在於母公司刻意放慢新收購公司的運營速度，藉此更深入地瞭解它，並讓其內部經營模式適應新的秩序，實現合併的協同效應，並向新員工灌輸公司文化。這種念頭雖然可以理解，但卻幾乎必然會讓新的團隊感到困惑和挫折。並導致哥德堡所說的「阻抗失配」（impedance mismatch）問題。也就是說，新加入的團隊會感覺被拒於門外，感到被遺忘、被忽視或者被懲罰，這種情況通常會使核心人才做出離開公司的決定。

哥德堡翻轉了這樣的模式。他不僅拒絕放慢新收購公司的速度，並且在對方同意的基礎上實施**指數型的目標和關鍵成果**。這種快版的新節奏不僅讓新團隊感到有參與感，而且士氣高昂，甚至推動 Zynga 朝著更趨於指數型的結果邁進。

在 Zynga 公司開上市之後，哥德堡又回到他投資的老本行。他創建了一個名為 GTG Capital Partners 的新基金，將自己劃時代的思維運用到其他的公司和產業中。該基金尋找那些成長陷入停滯的早期和中期公司，並將下列指數型組織的屬性運用到那些公司。

- **宏大變革目標**：改變公司的使命宣言，提出更宏偉的願景。
- **社群與群眾**：與社群維持密切關係。
- **參與**：大量使用線上行銷和推薦行銷，以提升顧客的參與程度。

- **演算法：**運用資料科學技術，獲取有關顧客和產品的新見解。
- **實驗：**運用精實手法（Lean approach）重新設計產品。針對產品功能進行持續的疊代改進。
- **儀表板：**利用即時數據現值及成長指標追蹤外部進度；整個公司和管理團隊都實施透明的目標和關鍵成果。
- **社交技術：**在公司內外部建立社交機制。

哥德堡和 GTG Capital Partners 會花一個財務季度的時間協助有發展前景的新創公司和中型公司，實施上面所列出的一些指數型組織技巧。總括來說，若他們能在這段時間內讓公司的成長率翻倍（這絕非易事），那麼就會進行投資，並設定十倍數成長的目標。在過去兩年裡，GTG Capital Partners 已募得了一億美元的資金，並將自己的方法系統化，迄今，已有四十家公司（很驚人的數量）採行了它的流程。

範例五：GoPro 攝影器材公司

二〇〇一年，衝浪迷尼克．伍德曼（Nick Woodman）開始將照相機綁在腰上，在沖浪板上拍攝照片。經過初期幾次的失敗實驗，伍德曼意識到必須製作防水外殼。到了二〇〇四年，他已經在製造自己的照相機了，最終獲得完整的顧客體驗。儘管他利用QVC電視購物頻道打了幾次勝仗，但銷售量很快就停滯不前，而且面對競爭對手 Flip Video 相機的成功，他感到些許恐慌。

轉捩點在二〇〇六年出現，幾個朋友說服伍德曼朝全數位化的方向發展，GoPro 第一台數位攝影機於是誕生。GoPro 在二〇〇八年推出了廣角鏡頭，但那股熱潮也只是曇花一現。史蒂夫．賈伯斯宣佈 iPhone 將會提供影片拍攝功能的消息，帶來第二次令他恐慌的打擊。GoPro 的銷售量再次陷入停滯，成長率也不見起色。經過了七年的艱苦經營，GoPro 一直處於停滯期，公司似乎已到了無路可走的地步。與此同時，思科以將近六億美元的價格收購了 Flip 相機的製造商 Pure Digital。

伍德曼拒絕投降，他持續進行改良和創新，堅信自己必能開創另一片市場。二〇〇九年年終他終於有了突破，推出了擁有高畫質影片拍攝功能的 GoPro HD Hero 相機，這款相機的成本也指數型下降至主流消費者購買得起的程度。當百思買（BestBuy）從二〇一〇年開始販售 GoPro 相機時，銷售量提升了三倍。

GoPro 現在已擁有七百多名員工（在二〇一〇年時只有八人），市值則有三十億美元。在二〇一三年，GoPro 賣出三百八十四萬部照相機，總營收高達九．八五七三億美元（從二〇一二以來上升了八七．四％）。GoPro 被《快速企業雜誌》（*Fast Company*）評選為世界五十大最具創新能力公司的第三十九名。該公司在二〇一四年七月上市，為這場卓越的經營之路寫下另一個成就。

那麼，GoPro 究竟運用了哪些指數型組織屬性，才能讓它歷經停滯之後，在二〇一〇和二〇一一年時呈現指數型成長呢？

- **宏大變革目標：**幫助人們捕捉和分享他們最有意義的體驗。
- **社群與群眾：**來自世界各地的使用者在 GoPro 的網站和臉書上分享影像，目前已有七百五十萬人按讚。觀者看到影片後會受到啟發，進而去拍攝自己的影片。此外，GoPro 已成為具備開放式應用程式介面（API）的開放式平台。第三方開發者可以為 GoPro 裝置開發附加功能。
- **演算法：**其相機運用了大量的模糊邏輯。
- **槓桿資產：**為 GoPro 生產設備的製造商和供應商主要都在中國大陸，其中尤其依賴富士康，其在二〇一二年十二月投資 GoPro 二億美元，富士康的董事長郭台銘更擔任了 GoPro 的顧問。
- **參與：**GoPro 舉辦了一次「你會如何使用 Gopro？」的競賽。參與者透過文字和影像來分享他們的夢想歷險。在數以千計的參賽作品中，一名優勝者獲得了價值三萬美元、全程免費的旅遊行程。GoPro 派了一組拍攝人員，陪同優勝者並協助他創造一趟摩托車的冒險旅程。公司還舉辦了一個每日有獎競賽，獎品是公司生產製作的任何一項產品。
- **實驗：**將實驗的重點放在相機品質（HD 高畫質）、產品使用場所（使用案例）、權限管理和銷售管道（百思買）。
- **社交技術：**大量運用 YouTube 和臉書，而極限運動員菲力克斯・鮑姆加特納（Felix Baumgartner）

那場締造歷史的太空跳躍影片，更創下了高達八百萬人的觀看紀錄。

雖然 GoPro 在過去四年裡表現出色，但仍然面臨著嚴峻挑戰，其中影響最鉅的就是該公司的主要銷售管道百思買（Best Buy）和其他大型實體零售商正在緩步衰退。但是，作為一個原本成長停滯的公司運用指數型組織屬性改變自身的例子，很難找到比 GoPro 更合適的範例了。GoPro 是個當之無愧的指數型組織，因為它在五年內將銷售量提升了五十倍以上。

既存的公司是否能運用指數型組織的方法來獲取十倍以上的成果呢？正如在本章中所看到的那樣，答案是一個響亮的「是」。然而這過程勢必充滿挑戰，而且沒有明確的指標告訴你該怎麼走。對於既存的公司而言，每個指數型組織解決方案都是單一個案。

從經驗顯示，將既存的企業轉變成指數型組織需要兩個條件。第一是能夠迅速適應快速且劇烈變化的公司文化。土狼物流公司的成功歸功於相對精簡而且專業的員工團隊，以及客戶的流動性本質。羅伯特．哥德堡在 Zynga 能獲得成功，是因為他能與那些因收購而加入的員工和經營團隊合作，收購代表這些員工與新雇主過去並無共事經驗，因此也沒有前例可循。而 GitHub 幾乎是從零開始，所以它可以很輕易地改變參與的條件規定。毫無疑問地，要將指數型組織的模式導入較為傳統的公司（有著固化的企業文化或是僵化的管理階級），其困難度會比新創公司高得多。

儘管如此，這並非不可能的任務。我們深信，任何一個處於穩定環境或是規模中型的公司都能運用指數型組織原理來改造自己，達到指數型的成長。

所以接下來就要談到將既存公司轉變成指數型組織的第二個條件：一個能得到董事會和高階管理層全力支持、有遠見的領導者。要讓一家公司以飛快的速度發展、授權給員工和顧客，並建立精密且全面性的技術基礎設施，不僅需要領導者具備宏觀的思維、果斷的執行力，而且還要能得到公司裡最有權力者的支援，也就是說，當情勢陷入困境或遭遇挫敗時，這些人不會斷然喊停。

哥德堡在 *Zynga* 能成功，不只是因為他自身的天賦和他對團隊的信任，還有得到無所畏懼的公司高層管理者的支持。對於想要達到指數型成長的傳統公司而言，董事會和經營團隊的性格和勇氣往往比他們的能力更具決定性作用。

也許現今這類領導者的最佳範例是伊隆・馬斯克。在強大的董事會和像史蒂夫・尤爾韋森（Steve Jurvetson）這樣有遠見的投資者的支持下，馬斯克的堅韌和衝勁讓他經歷了各種極端的考驗。成立已超過十年的特斯拉汽車，在二〇一一和二〇一二年曾面臨成長停滯，陷入破產邊緣，還裁員了五百名員工。但在獲得尤爾韋森的德豐傑基金（DFJ Fund）的資金挹注之後，特斯拉推出被《汽車趨勢雜誌》（*Motor Trend*）評選為二〇一三年「年度風雲車」的 Tesla S，並得到史上最安全汽車的殊榮。

馬斯克並未滿足於現有的成就，反而進一步開放公司所有專利，並建立一個新的電池工廠（一個創業指數型組織），為其他品牌生產電池。從指數型組織的角度來看，也許十倍數改進的最有趣例子就是電動馬達帶來的槓桿效應。Tesla S的傳動系統僅有十七個運轉零件，傳統汽車的傳動系統相較之下則有數百個運轉零件。利用宏大變革目標，向社群開放智慧財產權，還有運用加速技術，特斯拉公司從停滯不前的中型公司蛻變，重獲新生。其去年的公司市值已從四十億美元增加至超過三百億美元。

最後我們再以創立Joie de Vivre特色連鎖飯店，現已成為Airbnb高階管理團隊一員的奇普．康利（Chip Conley）為例，談一下如何管理快速成長。康利發現，我們越是以資訊為基礎，就越需要依賴於各種規範和目標來穩定公司和激勵團隊。因此隨著指數型組織的員工數量增加，個人的任務和職能就越需要藉由宏大變革目標的引導，才能找到明確的目標。儘管這聽起來似乎會為想成為指數型組織的大型公司增加負擔，但既存的公司在規範、歷史和傳承（使組織凝聚為一體的黏著劑）方面其實有著更大優勢，這個優勢在它們呈指數型加速成長時更為明顯。

在下一章，我們將談到最棘手的問題，研究一下大型組織該如何將指數型組織的思維注入他們的企業環境。

Chapter 08 大型組織如何蛻變成指數型組織

拉米茲・納姆（Ramez Naam）在軟體產業龍頭的微軟公司工作了十三年，領導了包括 Outlook、IE瀏覽器和 Bing 在內的許多新產品的早期開發。在這個職位上，納姆得以用獨特的視角去觀察微軟，甚至是其客戶以及競爭對手。他不僅看到它們在快速發展階段的樣子，同時也看到公司發展成熟後的狀況。

到了二〇〇八年，納姆有了頓悟。在二十世紀，由下而上的架構（包括民主和資本主義）擊敗了由上而下的結構（例如共產主義和管制經濟）。然而他意識到儘管歷史的教訓擺在眼前，大多數公司的結構仍然是完全的層級化和由上而下。

納姆還發現，由於偏重於這種由上而下的結構，大型公司的資訊傳遞無可避免地會陷入進度緩慢、周而復始的模式。從高階管理層發出的資訊必須要層層往下緩慢地傳遞，最終導致第一線員工要使用可能已過時的資訊來執行一套固定的制式化任務。然後，第一線員工要彙整結果，再透過這套流程將結果匯報給上層，歷經各個管理層級，任務的結果才會回到董事會議室。在會議室裡，高階管理層做出新的決定，於是一系列新的命令又開始在整個組織裡往下傳遞。

這樣的資訊傳遞流程除了明顯的效率緩慢問題之外，納姆發現它其實還增加了資訊和決策之間的距離，進而導致下面這些結構性的失敗。

- 資訊的傳遞速度緩慢，想法觀點要花費很長時間才能實現。
- 每經過一個傳遞點，真實性就會受到扭曲，就好像是「喝水傳話」這個遊戲。
- 這種資訊傳遞的模式，很容易會忽視大量居中傳遞者的智慧和經驗。
- 這一過程往往會導致組織做出違反社會規範的行為，最終迫使員工違背自身合理判斷的事情。

我們可以將大型組織所面臨的問題歸納為以下三點：

- 把大部分的焦點和注意力放在內部，而非外部。
- 往往把重點放在現有的專業技術上。技術的整合與擴展經常被忽略，突破性的思維會被責罰。
- 依賴來自內部的創新，而非來自外部的創新。

納姆並非唯一一個在觀察許多現代公司時感到驚訝的人。在SAP公司擔任多年全球研究工作的執行副總傑森．尤托波洛斯（Jason Yotopoulos），他與來自三十六家跨國公司的高級主管會談之後，發現他自己非常認同組織理論家約翰．西利．布朗的這句話：「公司或許會提倡開創新事業的想法，但是最終它們都會忙著降低風險並在舊有基礎上進行擴張，而這自然是與企業家精神和新創事業背道而馳。」

在這一過程中，尤托波洛斯還發現這些公司的新事業團隊幾乎全部由公司內部人員組成，因此採取保守作法以及產出成果落入定型僵化的窠臼，幾乎成了必然的結果。

尤托波洛斯和納姆的觀察結果為我們的整體論點提供了有力的佐證：傳統大型的組織結構根本不符合當今的（當然也包括未來的）組織模式。這應該不足為奇：顛覆性的新創意從來就與傳統的組織架構不相容，然而成熟的公司卻又最重視組織架構。

薩利姆在二〇〇七年擔任雅虎公司內部新創部門Brickhouse的主管時，也得出了相同結論，尤其是在雅虎籌劃收購推特的那段時間。他很快意識到一個問題，就是儘管這個年輕的社交網路公司能被強行併入雅虎五個不同的營業單位裡，但最終都無法順利融入任何一個單位。原因是什麼呢？因為推特的產品和文化對雅虎這家老牌公司，實在是太過異類，此外也很難明確地定義推特應歸入哪個業務範疇，這個問題至今也依然沒有答案。最後雅虎決定放棄收購推特，其中原因大多是偏向組織上的考量，而非戰略上的考量。

回想一下第一章裡談到的「鈦星時刻」故事，這其中的寓意應該讓所有的大型老牌公司有所警惕。本身已經如恐龍般遲鈍，又再遭受資訊彗星的撞擊，更加速了它們滅亡的風險。無論在哪種產業，那些高度依賴人力或者以資產為基礎的封閉型組織都是最岌岌可危。沒有任何公司能倖免於這場顛覆的強大威脅。正如彼得．戴曼迪斯所說：「如果你完全依賴公司內部的創新，你就死定了。」

當我們進入 IDEO 設計公司的戴夫．布萊克利（Dave Blakely）所說的「可程式化的世界」時（programmable world），大型的成熟組織應該怎麼做呢？答案是：**改變**。

然而，改變並非易事。大公司就像一艘超級油輪，需要花很長的時間才能轉彎，但它終究還是能夠轉彎。大公司經過漫長時間蛻變成新興市場企業的案例有很多，例如諾基亞曾經是一家輪胎公司，三星原本是貿易公司，英特爾一開始是做記憶體晶片，而擁有悠久輝煌歷史的奇異公司也一直在重塑自己。

但是很少有公司能夠快速的轉變，蘋果和ＩＢＭ是大型公司裡面少數能在短時間內成功地執行並完成極端變革的兩個罕見例子。它們都是從絕望中激發出靈感，因為兩家公司當時距離現金用罄都只剩下幾個月的時間，而且都遇到了極具領袖魅力且勇敢大膽的領導者，能將險峻的環境化為扭轉公司局勢的推動力。

經濟學家保羅．羅默（Paul Romer）說過：「白白浪費好的危機是很糟糕的事。」但是大部分公司卻都白白浪費這樣的良機，而且到最後一刻才轉彎的，絕大多數都沒好下場。正如我們在前言中所指出的，在一個世紀前，標準普爾五百大公司的平均壽命為六十七年，如今已降至十五年；而如今名列財星五百大的公司裡面，有四十%在十年後將不復存在。

顯然無論規模大小或是產業類型，對任何一家成熟公司而言，等到災難臨頭才開始冒險轉變絕對不符合最佳利益。然而根據許多研究顯示，絕大多數的公司轉型計畫是以失敗收場。導致失敗的原因有很多：過於複雜、計畫時程太長、缺乏來自上層的支持、預算爆增等等。然而，還有一個關鍵的結構性原因，就是受到股價和各季盈餘之壓力的驅使而傾向短期思維。

當執行長或者高階管理團隊要在「朝具風險性的長期轉型方向努力」和「在股票選擇權能夠執行之前穩定公司局勢」之間做出選擇時，他們通常都會選擇無為而治的策略。因此，為了減緩這個趨勢，許多大型組織目前所採取的關鍵性拖延戰術就是規制俘虜（regulatory capture）。若能遊說爭取對自身有利的立法，就可以保護公司不受外界的顛覆影響。

一九九八年，美國國會通過了一個被批評家戲稱為「米老鼠保護法」（Mickey Mouse Protection Act）的法案，將版權保護的期限延長了二十年，這是對創造力的打擊，而且顯然不符合一般大眾的最佳利益。類似的例子還有寬頻電信公司積極採取法律行動，保護自己區域壟斷的地位，它們甚至向那些打算開放網際網路連線以刺激經濟發展的城市提起訴訟。

無黨派色彩的聯合共和組織（United Republic）發現，遊說的投資報酬率的確相當驚人：石油補貼是五九〇〇%，跨國公司減稅高達二二〇〇〇%，讓藥品維持高價的報酬率更是達到了驚人的七七五〇〇％。面對這麼高的報酬率，以公司財務的角度而言，不去遊說才真的是不負責任的行為。

然而我們相信，在指數型組織的時代這種策略無法持續下去，尤其是涉及到消費者領域時。這是為什麼呢？原因就在其所耗費的時間。透過網際網路被採用、接納的速度，遠快於立法流程。例如，等到全世界的計程車公司和旅館飯店意識到分別來自優步和 Airbnb 的威脅時，大眾早已接納這些服務，以至於要透過遊說去抵制它們變得更加困難，這就好比是要逆流而上。同樣的情況也發生在其他產業。新澤西的汽車經銷商與特斯拉的直銷模式之間的緊張關係就是其中一個例子。當你聽到汽車經銷商大聲宣揚自己所做的一切都是為了保護消費者時，其中的諷刺還真是讓人高興。

除了拖延戰術之外，不能等到最後一分鐘才轉彎還有第二個同樣很重要的理由：**解藥有可能會變成殺死你的毒藥**。我們堅信大型公司不可能驟然執行SCALE和IDEAS流程，一夜之間把自己轉變成一家指數型組織。這樣的轉變實在太劇烈了，如此劇變很可能會在公司找到新的核心業務之前就摧毀掉現有的核心業務；即使公司成功開創了新企業，其中所產生的內部壓力也會很沉重。

但與此同時，成熟公司必須改變自己，否則很快就會落後過時。儘管有許多資料證據顯示大型公司促進創新會面臨種種困難，但大型公司也不能坐以待斃。報紙產業就是這麼做的，瞧瞧它們現在的下場。

在這個新陳代謝極快的新世界裡，加速技術為越來越多的行業帶來迎面衝擊，所以大型組織就需要採取一些策略，讓自己更符合指數型組織的思維模式。我們整理出以下四種策略（圖表 8-1），讓大型組織能夠準備好迎戰快速變化的經營環境，又不會損及其核心經營業務。

1. 改變領導方式。

2. 與指數型組織結盟或是進行投資、收購。

3. 顛覆X（Disruption [X]）。

4. 在內部實行精簡版的指數型組織。

接下來我們將要逐一說明上述的這些策略做法。

圖表8-1　大型組織變革的四種策略

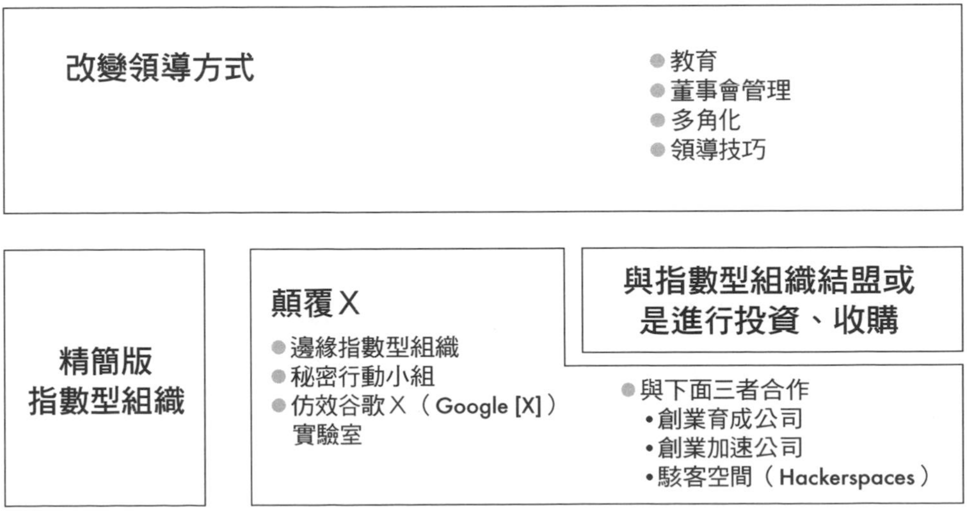

一、改變領導方式

改變大公司的領導階層有四種方法：

教育

正如我們在第一章所提到，經濟的新陳代謝正在加速，並受到一系列新興起的普及化、指數型技術所推動。如果你正在管理一家大公司，卻對這些技術一無所知（更不用說它們對你公司的影響性），你就是失職了。對於任何一個大型組織，高階領導層必須消弭這之間的差距，避免公司成為下一個柯達、黑莓或是諾基亞。

為了替這樣的需求提供一個解答，奇點大學、X Prize 基金會和德勤公司合作，設立了一個為期四天、名為「創新合作夥伴計畫」（Innovation Partners Program, IPP）的研討會。每六個月會讓八十名財星五百大的C字輩高階主管（例如執行長、財務長、營運長等等），花兩天時間聽取有關各種加速技術的簡報；剩餘的兩天時間，則藉由討論會的形式向他們介紹指數型組織的相關工具，包括個案研究、面談和激勵競賽的演練課程。

在參加這套計畫的課程之前，七十五％高階主管們表示對於涉及的相關技術所知很少甚至一無所知，但在整個課程結束後，所有人都說自己已針對這些技術研擬了立即的行動對策。更戲劇性的是，八十%高階主管認同剛知曉的這些突破性技術，會在兩年內給他們的業務帶來足以改變遊戲規則的衝擊，其餘二十%則相信在五年內會感受到衝擊。

建議：引入外部資源，更新高階管理層和董事會對於加速技術的相關知識。

董事會管理

有關教育高階領導層這件事，應該著重在董事會成員，因為他們對新技術的動態可能更不敏感。如果董事會對於公司所面臨的潛在顛覆性變化一無所知，那要如何給予執行長指示呢？

許多聰明的執行長已經持續舉辦會議，目的就是想協助董事會成員了解指數型世界的新現實。事實上，歐洲就有一個精明的執行長幫那些傳統守舊的老古板董事會成員，報名參加像奇點大學研討會那樣的培訓課程。以他的觀點來看，就是這些董事會成員在拖慢進度，當務之急就是去顛覆他們過時的信念和意識形態。

好消息是，並非所有董事會成員都抱持著狹隘的世界觀，其實不少人是開明睿智。尤里・范吉斯特發現，在荷蘭大型公司裡，有四十位最具影響力的董事長比他們的執行長對於加速顛覆的現象更有危機意識。他稱讚這些董事長擁有更寬廣和泛組織的觀點，同時指出相較於執行長需要專注於眼前的業務，董事會成員更有時間展望未來，思考更為宏大的經營遠景。

在執行長進行組織重組以適應加速變化的世界之時，如果董事會成員對現狀的認識越多（尤其是在接受過培訓之後），就越有助於他們對執行長提供更多支援。如果執行長無法從董事會那裡得到充分授權和必要援助，他就無法採取必要的措施以導入變革，而因此產生的不作為會讓整個組織陷入險境。最低限度至少要讓公司所有的高階人員，對公司所面臨的威脅達成共識並同心協力，才能實現共同遠景，推動組織成功轉型。

加強對董事會的教育能讓管理更加完善。正如諮詢委員會建築師公司的傑米·葛雷格—梅耶所指出，儘管團結一心的董事會能夠創造出巨大價值，但仍有高達九十五%的董事會根本沒有程序性的管理。如果指數型組織正在使用「目標和關鍵成果」來衡量與追蹤團隊和高階管理層的績效，那麼對公司最具潛在影響性的董事會成員，也理當加以追蹤和管理。

建議：要教育董事會，讓他們有能力能夠理解並認同執行長的變革計畫。此外，要施行「目標和關鍵成果」來追蹤董事會。

實現多樣性

變革的第三階段就涉及高階領導層的實際組成結構了。無數例子顯示在性別、經驗和年齡上的多樣性，會帶來更好的經營成效。不幸的是，大多數大型組織的高階主管（例如執行長、財務長）

和董事會成員高度相似，其中不少人還是從同一所商學院畢業。另外還有一些屬於更老年代的人，他們不了解新技術，有人甚至連電子郵件都不太會用。

大多數諾貝爾獎得主在二十五至三十歲之間就已經發展出研究架構。美國太空總署阿波羅計畫裡的工程師的平均年齡為二十七歲，網路泡沫化時期的許多創業者都只有二十歲出頭。但大多數公司還是認為經營管理者的年紀越大、越資深，對市場就越了解；然而在一個瞬息萬變的世界裡，這樣的假設已不成立。

薩利姆給大型公司執行長的建議之一，就是他們應該從組織裡二十五歲的員工當中找出最聰明的人，賦予他們「影子領導人」的位置，協助公司消弭世代和技術的鴻溝，加速他們在管理上的學習曲線，並提供反向教導。年輕領導者是被迫切需要的。在新的技術世界裡，組織要面對前所未見的市場動態，我們慣用的經驗法則只會阻礙公司前進。Udacity 的執行長賽巴斯汀・特朗（Sebastian Thrun），他同時也是谷歌汽車的幕後推手，他最近說：「目前我在招聘員工時，想像力比經驗更重要。」

星巴克執行長霍華德・舒爾茲（Howard Schultz）肯定非常理解這個概念，因為他任命了史宗瑋（Clara Shih）擔任董事。年僅三十一歲的史宗瑋帶來了年輕的觀念和對社交媒體的深度經驗，對於致力建立緊密顧客關係的星巴克而言，她具備了星巴克想要的理想特質。史宗瑋正是「反向教導」（reverse mentoring）這個新現象的一個絕佳案例。

多樣性的另一個構面是性別。瑞士信貸研究院（Credit Suisse Research Institute, CSRI）在二〇一二年完成一項針對市值一百億美元以上的公司、為期六年的研究。其中一個發現是董事會清一色為男性的公司，相較於董事會為混和性別的公司，其公司的價值表現低了二十六%，這個差距非常驚人。知名記者，同時也是《創新界的女性：科技界的面孔變化》（*Innovating Women：The Changing Face of Technology*）一書的合著作者維韋克・瓦德瓦（Vivek Wadhwa）已經倡導這個理念多年，她無所畏懼地揭露那些多樣性程度低落的公司。

建議：摧毀老舊思維的堡壘，用經驗和觀念上有著多樣性的個人和團隊加以取代。請記住，多樣性很重要的一點，就是要將年輕人放在有權力和影響力的位置上。此外，在董事會裡要多增加幾位女性成員。

技能和領導力

在SAP公司任職時，傑森・尤托波洛斯發現大型公司通常都缺乏找出公司裡各種不同類型員工的慧眼，無法為各種類型員工在公司內部找到最適合的角色。員工的類型可區分如下：

- **改善者：**以規模化的方式經營大企業，提升效率以獲取最大利益。
- **擴張者：**找出可行有效的模式，並加以發展壯大。

● **宣揚者：**倡導新的創意想法，並推動專案從創意階段進入初期商業化階段。

公司常犯的一個錯誤，就是將在某個領域表現最好的人調到另一個領域，並期望他們能做得同樣好。比如，經理可能會要求一個改善者成為宣揚者，卻不管從性格還是從技能的角度來看，這名員工可能根本就不適合這個職位，之後經理才奇怪為何這名最佳員工會表現得如此糟糕。

真正應該做的是要從內部找出創新求變、能洞察公司獨特的資產和能力（這兩者構成公司進入新市場的獨特優勢）的宣揚者，並要求他們在企業的邊緣塑造一個新的指數型組織。

把人才擺在不合適的位置上，這種武斷的管理決策幾乎從未奏效。而在指數型組織的世界裡，這樣做更是一場災難，因為在指數型組織世界中，成功的領導方式與過去企業的成功領導模式截然不同。比方說，在二〇〇八年，奇點大學的執行長兼聯合創始人羅勃．尼爾（Rob Nail）對領導的特質做了深入詳盡的研究，最後總結出指數型組織領導者的六大人格特質：

一、**有遠見的顧客需求維護者：**在快速變遷的時期，組織和他們的產品很容易失去原本與顧客／客戶之間成功建立的聯繫關係。組織的領導者必須了解並重視顧客需求，以確保顧客需求能持續被滿足。史蒂夫．賈伯斯就是有遠見的顧客需求維護者的最佳例子，他擁有超凡的能力和全新的技術，並親自參與和顧客經驗有關的所有決策。如果顧客覺得自己的需求和渴望能獲得企業最高層人員的關注，他們就會願意忍受經常伴隨指數型成長而來的種種混亂和試驗。

二、**以數據為依據的實驗家：**要在高速混亂中建立秩序，就需要採取具靈活彈性和可擴展性，以過程為導向的方法。精實創業（Lean Startup）的方法可適用於任何規模的組織，進行快速的疊代改進並建立所屬領域的專門知識。我們擁有許多可用來維繫與顧客和社群之間各種美妙關係的社交工具和技術，如果處理得當，顧客不僅可能願意自我調整來配合改善過程，還可能會為了能夠參與其中而感到興奮，甚至會主動要求參與。然而，若無以數據為中心的方法，迅速地回覆意見並及時改進產品或服務，顧客就會感到沮喪失望，甚至最終選擇離開。

三、**樂觀的現實主義者：**在快速擴張時，盡力去了解並量化現實狀況或機會，是決定組織方向的重要關鍵。但是在面對現實時，總是需要有人來解讀。能利用各種情境（即使是負面情境）去清楚說明正向結果的領導者，有助於維持團隊內部的客觀性。快速的成長和改變可能會讓有些人感到興奮，但大多數人面對變化通常會覺得不安和難以適應。過度悲觀的領導者可能會加劇這種反抗或逃避的反應，最終做出不良決策。

四、**極佳的適應力：**當企業的規模擴大，業務內容有所調整改變時，其管理階層也必須隨之改變。對那些需長期管理加速成長狀況的領導者而言，他們必須跟著情勢改變關注的焦點和調整自身的技能。能夠隨著技術和組織同步進行指數型變革的領導者非常罕見，因此當經營模式受到顛覆時，就是領導方式必須調整、改變的時機點。持續學習是維持指數型曲線的關鍵。

五、極端開放主義：有個絕佳的機會是向組織外部的專業人士取經。不幸的是，伴隨著這個機會而來的挑戰，是不得不與一個龐大而多樣化的社群進行互動。與大眾接觸的過程中難免會聽到許多雜音，並招致可能的批評和回饋意見。許多領導者和組織都忽視了大部分的批評和建議，也沒有建立一個能與大眾溝通的開放管道，以及能夠從雜訊中分離出能帶來新觀點和解決方法的訊號的各種機制，因而錯失邁向全新層次的創新機會。

六、超級自信：為了維持住指數型曲線，不受組織的官僚制度的線性心態束縛，你就必須有被炒魷魚、甚至自行辭職的心理準備。如果一個領導者想要挑戰極限，就勢必要戰鬥，還要戰勝反對者，而這些都需要極端的無私和自信。指數型領導者最重要的兩大人格特質，就是要有學習、適應並於最終顛覆自身企業的勇氣和毅力。

建議：在指派經營管理團隊和顧問團隊時務必謹記「多樣性」的原則。定期讓高階領導層了解個人的變革計畫。審視自己的領導技能。若有人把個人前途看得比企業成功還要重要，請解僱他。

二、與指數型組織結盟或進行投資、收購

一九九〇到二〇〇五年這段期間，在零售業與消費性用品產業至少發生了五次重大變革，其中

三個例子是：銷售據點交易時所使用的銷售點管理系統（EPOS），用於供應鏈管理的無線射頻辨識標籤（RFID tag），以及會員卡。這三者產生極為龐大的新數據資料，徹底地改變了整個產業。

二〇一二年，德勤管理顧問公司的負責人馬克斯．辛格爾斯（Marcus Shingles）和他的研究團隊花了將近一年的時間，協助美國食品雜貨生產者協會（Grocery Manufacturer's Association, GMA）針對消費性用品產業進行分析，尋找可能引發重大變革的大數據創新。令他驚訝的是，他與團隊成員發現了數百家擁有針對特定產業的解決方案的新創公司，其中八十家充份運用了新興技術。這八十家公司當中，有三十家已經顯露出與前述三個重大變革案例類似的顛覆性影響的跡象。

換句話說，在世紀交替之際的十五年間，只發生了幾次讓消費性用品產業翻天覆地的大變化，但如今已有**六至十倍之多**的潛在顛覆力量正蓄勢待發，而這些公司都是在過去幾年才開始嶄露頭角。要了解這種顛覆性變革對所有產業的重要性，就必須意識到消費性用品產業的創新能力通常比不上那些更大、更新的技術領導產業，更遠遠不及那些走在技術尖端、處於極速變化環境的矽谷公司。很顯然，現今這個時代不是只有領先企業才需要戰戰競競。

辛格爾斯做了更進一步的研究，觀察消費性用品產業的龍頭企業是如何看待這三十家最具顛覆潛力的新創公司。他發現其中有一些大型公司——居於同業前一％，始終領先其他公司並持續創新——不僅會追蹤這些新創公司的狀況，甚至與其中許多家公司建立合作關係。與此同時，也有一些欠缺前瞻性的消費性用品公司竟然**沒聽過**這些競爭威脅，更別說去思考相關問題了。所以當奇異公司在二〇一三年五月與 Quirky 結盟，允許對方的發明團隊使用奇異公司為數龐大的專利組合時，這些反應遲鈍的公司會大為震驚也就不足為奇了。事實上，奇異公司正是 Quirky 在二〇一三年十一月的八千萬美元投資案的主導者。

正是這種思維方式區分出產業界裡的領導者和跟隨者。辛格爾斯與其德勤管理顧問公司的創新團隊正在告知許多產業團體，類似的變革也會席捲其所處的相關領域。

正如我們在第五章所提過，顛覆是新的準則。在各行各業裡，新技術的加速發展與普及化為數百家新創公司提供了進攻和顛覆傳統市場的機會：比特幣、優步、Twitch、特斯拉汽車、Hired、Clinkle、Modern Meadow、Beyond Verbal、Vayable、GitHub、WhatsApp、Oculus Rift、Hampton Creek、Airbnb、Matternet、Snapchat、Jaunt VR、Homejoy、Waze、Quirky、Tongal、BuzzFeed，類似這樣的顛覆者不勝枚舉。當然，很多新創者不會成功，但是從他們急劇成長的數字來看，意味著不斷崛起的新創者終將會掀起一場產業革命。

大公司必須以觀察、結盟、投資或是收購為目的，找出並追蹤這些具顛覆性的指數型組織。而且必須盡快採取行動，以降低投資門檻並領先競爭者。與指數型組織接洽的最佳時機，是該新創公司獲得市場認同，並且剛開始成為市場領導者之時。有關接洽時機點的經典案例發生在二〇〇五年，當時谷歌用十六億美元買下 YouTube，當時 YouTube 已經擊敗 Google Video 和其他競爭者，開始掠奪市場佔有率。谷歌在 YouTube 成長爆發之前將其收購，得以注入自己的企業資源和力量，協助這個曾經威脅到自己的公司加速擴張版圖。

正如前面所提到的奇異和Quirky，全州保險也是一家具有遠見，能洞察現狀潛在危機，身處成熟產業的傳統公司。幾年之前，全州保險找出並追蹤同業領域的新創公司，其執行長湯姆．威爾森（Tom Wilson）得出的結論是，最大的威脅來自於Geico和Esurance這類新興線上保險公司，它們可能會對全州保險遍及全國的保險代理人或分公司網絡造成重大影響。和大多數執行長經常會採取的被動觀望策略不同的是，威爾森主動出擊，在二〇一一年收購了Esurance。同樣重要的是，全州保險並未嘗試將這位新成員整合納入現有的事業，這點非常聰明也很有勇氣。全州保險讓新成員以獨立的企業體繼續營運，而母公司則開始向這家新創公司學習。

真正的問題不在於是否要收購指數型組織，而在於結盟、投資和收購的時機點。尤托波洛斯在SAP公司建立了收購策略小組，他在談論實現顛覆性市場機會時提到，必須謹慎選擇工具箱裡各種不同的工具——建立、收購、結盟和投資。每個機會的情況都不一樣，因此沒有一體適用的對策，你需要一個更全面性的方法。

一家公司在出現以下情況時，應建立一個**內部的指數型組織**：

一、市場機會與公司的核心業務之關聯性只差距一、兩級——可能是不同的商業模式、消費者、使用者或是進入市場策略。

二、急迫性低，在市場轉折點出現之前還有時間。

三、公司能夠招募到需要的人才。

這種方式通常能讓公司在那些基於策略性考量而必須「擁有」的市場上，握有最大的控制權，同時讓成本最小化。而當「擁有」某個市場在策略上變得勢在必行，卻又面臨下列阻礙時，**收購**通常是最佳途徑：

一、難以招募到合適的人材。

二、你正面臨市場轉折點。

三、市場機會與公司的主要商業模式關聯性很低（相距三級以上）。在這種情況下，你必須妥善管理合併整合之後的組織，確保母公司的營運流程不會壓垮被收購公司並摧　它的價值。

若當下沒有收購的立即性策略需求，公司可以採取與外部指數型組織結盟的方式，就好比結婚前先約會，藉此更深入了解市場和新經營模式，同時衡量彼此的契合程度和合作綜效。

在有需要先試水溫的情況下，投資外部指數型組織可能會是最佳方法，也就是以在將來會進行收購或合作結盟為考量，去觀察和學習某個新興的組織。

建議：制定方案以找出所處產業的指數型組織，並與之合作、進行投資或是收購，確實執行以獲得成效。

三、顛覆X

第三種策略就是讓大型組織自己利用顛覆性技術。從歷史的經驗來看，做比說要困難很多，因為成熟公司現有的組織結構往往會**壓抑**顛覆性的影響。

但只要想想惠普的第一台科學計算器、蘋果的 iPhone 和銳步的 FuelBand 運動手環，就知道這並非不可能的任務。關鍵在於高階管理層是否敢於接受變革性的想法（朝新興市場發展），然後在組織內推行獎勵，鼓勵同仁接受新想法。我們將它稱為**顛覆X**，它牽涉到三個重要的步驟。

從邊緣激發指數型組織

在組織的邊緣創立指數型組織並非易事，正如谷歌的賽巴斯汀．特朗所清楚闡述：「當你身處一家公司，其主要的產品是搜尋，而且每當你進行一項實驗就可能要冒著失去幾百萬或幾億用戶的風險，那麼進行實驗真的很困難。打入公司尚未涉足的領域反而簡單得多。」

當SAP公司在二〇〇一年買下 TopTier 時，並未嘗試將 TopTier 的創始人夏嘉曦（Shai Agassi）

併入組織裡，如此做很可能會讓他迷失方向。公司做了另一個選擇，將他安置在組織的邊緣，讓他自由發揮、仍然能扮演他最愛的特立獨行者的角色。夏嘉曦鎖定SAP的開發者社群，很快就發現到其中隱藏的潛力。在兩年內，他就建立了一個由超過兩百萬開發者所組成的龐大網路，這已成為SAP今日最重要的資產之一。

在任何一個組織裡，總會存在像夏嘉曦這樣的變革者：有著高度的創造力、積極主動、不受現有框架拘束；若想用框架去限制他們的話，他們反而會引發大混亂。變革者才華橫溢，富有遠見卓識，而且通常都對公司非常忠誠，但是限制他們會讓其感到沮喪挫折。最終，他們可能會因為面對無止境的管理階層和官僚制度的阻礙，感到厭倦並選擇離職，或是落得被開除的命運。

這種現象代表性的例子就是前谷歌員工埃文・威廉姆斯（Ev Williams）、比茲・斯通（Biz Stone）、丹尼斯・克羅利（Dennis Crowley）、班・希爾伯曼（Ben Silbermann）和凱文・斯特羅姆（Kevin Systrom），這些人在離開谷歌後都創立了新公司（分別是推特、FourSquare、Pinterest 和 Instagram）。谷歌無庸置疑是一家非常成功的公司，但如果它能留住這些超凡人才，今日的谷歌不知會發展到何種境界。不過與大多數公司相比，谷歌在留才方面已經做得很好了。

對大型公司來說，很重要的一點就是要在變革者感到極度挫折之前找到他們，並重新分配到組織的邊緣，給他們自由發揮的空間去建立指數型組織。這不僅可以充分利用變革者的能力，而且可以保持組織核心的穩定性。此外，若過程處理得當並獲得正向成果，扮演先鋒角色的指數型組織就能像拖船一般拉動公司這艘超級油輪，駛入有利可圖的嶄新水域裡。最後，如果成功的話，這些高速發展的周邊企業會建立起屬於自己的新核心，最終取代原有的業務。

一些零售商就成功地建立了邊緣創業指數型組織（EExO）。像梅西百貨（Macy's）、巴寶莉（Burberry）、塔吉特（Target）和沃爾瑪，這些公司都在核心組織之外建立了獨立的電子商務網站，並且等到創業指數型組織達到一定規模後才開始進行整合。實際上，我們建議一旦取得成功，傳統的實體商店業務就應該要融入創業指數型組織，這顯然是未來必然的趨勢。類似的道理，很多奢侈時尚品牌會向義大利電子商務網站巨頭Yoox提供貼牌（代加工）產品，藉此更快地進入市場。

約翰．哈格爾（John Hagel）是優勢創新中心（Center for the Edge）的聯合董事長，他和團隊發展出一種新方法，能夠實現他稱之為**擴展邊緣優勢**（Scaling Edges）的大規模組織改造，其背後的方法論是奠基於以下幾個基本準則：

- 從新興市場的機會裡面，找出能夠快速擴張並具有成為公司新核心之潛力的邊緣優勢。
- 找到一位變革者（或一支變革者團隊），這個人／這群人要能了解並能利用這一邊緣優勢的機會。
- 將變革者／變革者團隊安排在核心組織之外。
- 利用精實創業方法和新計畫的實驗來加快學習速度。
- 提供這支團隊很少的援助、資金或其他資源，讓他們感受到匱乏。

- 鼓勵這支團隊與其他公司聯繫接觸，從中尋找可以利用的槓桿，並參與有助於加速成長的商業生態系統。
- 讓指數型組織朝外部發展。新發展的企業應創造一個新的市場或產品領域，而不是去侵蝕核心產品的市場，至少在初期階段應該如此。

以上最後三點的根本用意，是不希望引起薩利姆所說的「核心組織的免疫反應」。如果母公司感到新創計畫被注入過多資源，就會喚起它做出反應（即為惡名昭彰的「公司抗體」），母體就會攻擊並試圖殺死這個新創事業。

我們想給哈格爾的準則多增加一個明確的步驟，那就是**運用資料**（leverage data）。大多數大型組織的資料庫裡都存放著極具前瞻性和價值性的資訊，若能利用這些資訊（哈格爾會稱之為「邊緣優勢」），就能找到一些容易實現和達成的目標，提供給邊緣指數型組織去發展開拓。

優勢研究中心歐洲分部的執行董事瓦西里．貝爾托納（Wassili Bertoen）指出，在他從事公司創新工作的十七年時間裡，發現大多數大型公司都具有未被激發的巨大潛能，而且它們其實都在乞求一個明確、有組織性的管道去釋放這些潛能。

二〇〇七年，當雅虎成立內部新創部門 Brickhouse 時，薩利姆組織了一支開發者團隊，其中有些人來自雅虎內部，有的則來自外部。簡言之，這算得上是世界上最優秀的開發者團隊之一，當時每一個雅虎員工都希望能加入這支團隊。但是雅虎希望 Brickhouse 為核心組織創造新的產品和服務，而不是為公司創建新的市場。結局自然不必多說，在 Brickhouse 成立後的幾周之內，Brickhouse 的自主管理權幾乎瓦解殆盡，對這個新團隊的嫉妒和怨恨的情緒也席捲了整個公司——「憑什麼他們可以得到最優秀的員工？」、「他們是要跟我的產品競爭嗎？」在任期即將結束的那段時期，薩利姆花了八十%的時間努力保護 Brickhouse 團隊抵擋來自母公司的壓力。在這樣的情勢下，顯然沒有一方會是贏家。

二〇〇八年，在微軟表示收購意圖之後，雅虎終於決定殺死 Brickhouse，儘管 Brickhouse 已經排除萬難發表了幾個新產品，這些產品也確實推動了消費者網路的技術發展。雖然雅虎的免疫系統贏得了這場戰役，公司最終卻輸掉了整場戰爭。然而從那時起，薩利姆就開始跟新的高階管理層合作，並受到執行長瑪麗莎．梅耶（Marissa Mayer）和行銷長凱西．薩維特（Kathy Savitt）所追求的目標鼓舞。

尤托波洛斯在ＳＡＰ公司的遭遇就好得多了，因為這個新公司是由ＳＡＰ的全球企業育成中心（Global Business Incubator）所培育出來，在三屆執行長任期當中一直得到完善的保護。其成功背後的另一個因素，就是新公司具備了一小部份的指數型組織屬性，包括以下幾點：

- 完全自主的決策權力，有明確、具體的流程和程序。
- 由小型、敏捷且自食其力的跨部門新創團隊，負責從創意階段到商品化的整個過程。
- 除了傳統產品層面的創新之外，還有能力在多種類型的創新（商業模式、進入市場策略等等）上從事疊代改進。

- 提供原型產品給消費者，反覆地進行市場測試，以達成加速學習的目標。

日產未來實驗室（Nissan's Future Lab）的總監伊萬·奧利維耶（Ivan Ollivier），同樣在遠離總部的矽谷自行建立小組，他正在為日產汽車探索未來二十年的駕乘科技。他堅信為了維持思考和創意的獨立性，與總公司分離是很重要的。

建議：將三名企業裡公認的變革者調至組織邊緣，讓他們自由發揮，形成指數型組織去顛覆其他市場。了解他們是如何與母公司互動，然後加入更多變革者。

僱用秘密行動小組

秘密行動小組的傳統定義是在暗中執行秘密顛覆性任務，且不會令人聯想到實際下令執行的組織。而除了創建邊緣指數型組織以及與指數型組織結盟以外，大型公司的另一種策略則是成立一支專門來**顛覆自己**的團隊。這個策略的想法是僱用一支年輕、熟悉數位科技、積極主動的千禧世代團隊，任命他們建立一家以**攻擊母公司**為唯一使命的新創公司。這支團隊的任務之一，就是必須與外部社群互動，以找出從公司內的角度無法看見的機會。

領先業界的設計公司IDEO在幾年前採取了類似的做法。儘管公司的設計過程和相關技術在市場上已廣為人知，但高階管理團隊發現公司對顛覆毫無招架之力。經過一番前瞻性的思考之後，IDEO邀請公司內部的一位經理湯姆・休默（Tom Hulme）成立一支團隊，接下顛覆IDEO自身的挑戰，結果這支團隊開發出一個受人矚目的開放原始碼平台「OpenIDEO」，為公司開創了全新的能力，進而讓IDEO的核心技術更完善。

踏出這一步確實需要相當大的勇氣和魄力，但這不就是一個領導者該具備的特質嗎？如果你是一家大公司的領導者，你能承擔不這麼做的後果嗎？在當下這個時代，你不顛覆自己，就只能被別人顛覆；你的命運就是成為顛覆者或者是被顛覆者，沒有中間的模糊地帶。

事實上，這個策略給了我們很大的啟發：除了建立外部顛覆團隊，我們還建議組織另一支類似的內部團隊。你可以稱其中一個為紅隊，另一個為藍隊，因為這個做法就與測試備戰程度的軍事演練沒什麼兩樣。這種方式等於是將兩種觀點攤開在賭桌上，並對兩方都下注。

舉例來說，思科系統公司（Cisco Systems）總是處於無法預知標準的經營環境，其市場隨時可能突然從一種技術標準轉變成另一種。因此思科採取兩面下注，向那些專注於思科偏好的當前標準的內部新事業提供資金；與此同時，其初創時的創投資金來源紅杉資本創投公司（Sequoia Capital），則對致力於追求競爭標準的外部團隊（通常是由思科前員工所組成）投資。思科會跟備用公司事先約定收購價格，以防市場轉向這個方向發展。這種方式讓思科在不確定的市場環境裡，不僅能站穩腳跟，還能同時保持靈活彈性。

網飛則有一個被稱之為混沌猴（Chaos Monkey）的系統，它會故意和隨機擾亂破壞服務的應用程式基礎設施，以確認開發者是否有考慮到所有可能的錯誤情況。

建議：同時僱用內部和外部的秘密行動小組，讓他們建立以打敗對方和顛覆母公司為目標的新創事業。

仿效谷歌X實驗室

在三年前奇點大學的一次活動中，賴瑞．佩奇向薩利姆表示他聽說Brickhouse做出不錯的成績，並詢問谷歌是否也應該建立類似部門。薩利姆的建議是「不」，他認為這只會喚起他在雅虎所遇到的相同的免疫系統反應。

佩奇的回答令人費解：「原子版的Brickhouse不知會是什麼樣子？」

現在我們都知道他當時的意思了。谷歌在建立X實驗室時，將經典的臭鼬工廠（Skunk Works）模式以超乎想像的深度運用至新產品開發中。谷歌X實驗室超越傳統模式所延伸出的兩項新做法令人讚歎。第一，追求如登月般異想天開的瘋狂創意（例如延長壽命、自動駕駛汽車、谷歌眼鏡、智慧隱形眼鏡、氣球計劃等等）。第二，和專注於現有市場的傳統公司實驗室不同，谷歌X實驗室將突破性的技術與谷歌的核心資訊能力加以結合，創造了全新市場。

我們強烈建議所有大型公司都應該嘗試做類似的事情，建立一個讓突破性技術有發揮空間的實驗室。然後，它應該持續進行新產品和新服務的實驗，並以替公司創造全新的市場為目標。保護這間實驗室也同樣重要（尤其是在發展緩慢的時期），避免實驗室被組織內部的「抗體」攻擊，因為它們遲早會質疑實驗室這個「異物」的投資報酬率不佳。最後還有一點也很重要的是，要注重實驗室的發現，好的想法總是來自不同領域的相互激盪。

大型組織的核心能力與新技術的突破相互結合，能創造一股強大的力量，為許多大型傳統公司開創嶄新的未來。3M公司堪稱是這方面的最佳典範，該公司多年來一直給予研究人員極高的自主管理權，因此能不斷地在新市場中開發出突破性的產品，現今隨處可見的便利貼就是最佳例證。

最棒的地方在於，現在多虧了許多加速技術的成本銳減，建立一間先進實驗室已無需耗費大量成本。正如我們在第一章中所列出的技術成本下降的表格，十年前要建立一間DNA合成實驗室需要耗資十萬美元，但如今這個價格已降至約五千美元；十年前的工業機器人可能要花費一百萬美元，如今同款機器人的最新型號（Rethink Robotics 的 Baxter 機器人）只需要二萬二千美元。根據麥肯錫公司的研究，在微機電感應器（MEMS sensor）領域，加速儀、麥克風、陀螺儀、照相機和磁力儀的費用比起五年前已經降低了至少八十%。3D印表機在七年前的售價是四萬美元，如今只需一百美元就能買到。簡而言之，摩爾定律是現代實驗室最好的朋友。

建議：建立一間內部的加速技術實驗室，運用核心能力並以符合預算的價格，追求登月等級的大膽創新。

與創業加速公司、創業育成公司和駭客空間合作

過去十年裡，新型創業育成公司和創業加速公司呈現爆炸性成長，其中包括ＹＣ創投公司（它創造了顛覆性消費者網路新創公司 Dropbox 和優步），以及採取會員制的 TechShop。用指數型組織的觀點看待大型公司時，我們可以參考以下四個案例。

TechShop

我們在第三章就已經探討過 TechShop 有趣的商業模式，這裡我們將更詳盡地探討其連鎖效應，將重點放在 TechShop 如何協助大型組織，像是福特和勞氏公司（Lowe's），TechShop 為這兩家公司創立了個別的設施。

TechShop 執行長馬克．阿奇（Mark Hatch）向財星五百大企業的技術長說出這樣一句震撼人心的話：「給我你們一％的研發費用和一％的員工，我會給你十倍的報酬。」這個目標看似高不可攀，阿奇卻用實際成績證明自己所說的話。將ＧＰＳ技術應用於農業、從事氮檢測的 Solum 公司的創始

人們，從概念階段開始，歷經四代產品開發都是使用TechShop的設施，最後僅用十四週就得到一百萬美元的投資。TechShop還見證了其他幾個企業客戶在創立三個月之後，就達到一百萬美元的銷售額。為了讓你明白這究竟有多快，不妨做個比較：一些大型公司花了三個月時間，只能完成階段關卡流程（stage-gate process）裡的**一個步驟**。

奇點大學實驗室

公司執行長們總是絡繹不絕地來到奇點大學尋找他們的聖杯：可以管理顛覆性創新的機制。針對這點，奇點大學創立了一個實驗室，讓公司的創新團隊能常駐在奇點這個開放創新的校園，讓他們可以與奇點大學的新創公司和教職員工共同合作並成為夥伴。奇點大學的每家新創公司都以運用加速技術造福十億人做為目標，奇點大學的教職員囊括了八大加速技術領域的世界頂尖專家、從業人員和研究人員。參與其中的組織包括可口可樂、聯合國兒童基金會（UNICEF）、勞氏公司和好時巧克力公司（Hershey's）。

最近某一位參與者的評論抓住了這個計畫的精髓：「能與指數型組織以及相關技術領域的世界級專家合作，讓我們的思維不再侷限於下一個季度的盈餘報告，甚至遠遠超前。大部分的企業創新交流成員，都是為了在自己公司內部推動顛覆變革而來的——要在車庫裡那兩個小子為我們出手顛覆之前做到。」

mach49

創立ＳＡＰ公司全球企業育成中心的尤托波洛斯運用這段獨特的經歷，與他長達十年的矽谷創業投資家的背景相結合。他與經驗豐富的執行長兼董事會成員琳達・耶茨（Linda Yates）——她在全球千大企業擁有逾二十年推動策略和創新經驗——正在推行數項指數型組織原理，去協助跨國公司從組織內部創建出新的、「臨近」的業務。他們打算提供設施、矽谷的人脈以及熟悉受協助公司和新創環境的資深高階主管團隊，去推動扶植新的公司業務，而且還要運用公司本身並不擁有（或許無法擁有）的資源。

尤托波洛斯和耶茨首先讓公司同仁參與一場激勵競賽，藉此尋找有哪些內部企業家能夠提出最具吸引力的商機。獲勝團隊可以到 mach49 在矽谷的設施免費上課，他們在那裡會與來自其他行業、非競爭關係的團隊配對。接著，所有團隊都將接受精實創業風格（Lean startup-style）的企業家精神和設計思維的培訓，其目的是要透過產品原型和市場測試來驗證商機。

在與 mach49 的團隊和人脈合作一段時間後，這些由公司企業家組成之小型、多領域的團隊，就能帶著清楚明確、經過驗證的商機和執行計畫離開。他們可以繼續留在矽谷加速發展，最後重新回到（或者脫離）母公司，也可以成為開路先鋒，為更大型的收購或結盟鋪路。儘管才剛剛開始，但我們相信這個模式的發展前景不可限量。

H-Farm（義大利特雷維索）

毛里奇奧・羅西（Maurizio Rossi）是一位經驗豐富的企業家，他在二〇〇五年與網際網路老手里卡多・唐納頓（Riccardo Donadon）一起創立了 H-Farm。他們的目標是在威尼斯外的鄉村設施，針對「數位藝術工匠」建立一個工作室。羅西和唐納頓在那兒的一家舊農場上蓋了四十二棟建築物，舉辦教學課程、駭客松和設計競賽。這個計畫已經吸納了四百五十位企業家和開發者，兩位創始人希望這個數字在兩年內能變成兩倍。雖然他們的團隊成員主要是企業家，但約有三分之一是簽了一年期會員合約、來自創業加速公司的人。

H-Farm 還會每個月為大型公司舉辦一次駭客松，並邀請優勝者到現場實現他們的創意。保時捷就在 H-Farm 裡成立了一個創新專案，邀請顧客到這家農場來參加提案大會，車主們能夠研究、審視甚至是投資這些優秀的新創公司。這可說是顧客購買最終極的意外收獲。

上面列出的這些創業育成的運作模式只是現在這股趨勢洪流裡幾個例子而已。類似的以指數型組織為導向的創業育成公司在世界各地大量興起：安大略省的 Communitech 和 OneEleven；在南美洲各地設有多個辦公室的 SociaLab；位於聖地牙哥的 Start-Up Chile；總部設於哥本哈根的

Thinkubator。谷歌更是一直沒有停下腳步，合作對象包括美國的 Startup Weekend 和 Women2.0、肯亞的 iHub 還有法國的 Le Camping。

來自馬德里的跨國諮詢公司 Everis，與兩位西班牙企業家——路易士．岡薩雷斯 - 布蘭奇（Luis Gonzalez-Blanch）和巴伯羅．德．曼努埃爾．特利安塔菲洛（Pablo De Manuel Triantafilo）——合作開發了一款顧問軟體，可將大型公司的高階主管與他們內部創業育新中心的新創公司做配對。Everis 的目標是要為全西班牙數百家客戶提供服務，它正在將諮詢服務推廣至開放式人才經濟、加速創新、互聯知識、大數據、知識貨幣和普及創業等各個領域。在每一個領域中，他們都創建了類似的指導方針和資料庫。比如在普及創業方面，該公司創造了全球最大的Ｂ２Ｂ信息和通訊技術新創公司（B2B ICT）資料庫。它囊括了六萬三千個創業支援組織，目前還透過超過六百個網站的應用程式介面收集資訊，已經分析了五十多萬家新創公司和中小型企業。

前述的每一個合作案例，都讓我們進一步相信，大型組織可以與在地深耕的創業加速組織建立成功的合作關係。總部位於義大利的一家全球諮詢顧問公司「企業整合夥伴」（Business Integration Partners, BIP）甚至還提供「公司加速創業套餐」的服務。企業整合夥伴已經協助許多藍籌股的客戶透過招募、創投牽線以及與大學合作等方式建立他們自己的運作模式，這項服務還額外提供流程管理和軟體，協助他們舉辦激勵競賽和管理開源專案。

西班牙電信業龍頭 Telefonica 公司採取了更積極的行動。它不只與指數型組織合作或者創立內部創業育成中心，還以 Wayra 這個品牌為名，在全球各地成立多家創業育成中心，並積極贊助中心所在國家的創業生態系統。

在得知其新創公司中有八十%都被視為「成功」時，我們最初對 Wayra 是抱持保留態度。在我們看來，如此高的成功率表明缺乏突破性思維，換言之該公司一定是把目標設得太低了。談到新創公司，我們期望看到的是八十%的失敗率，以及二十%能夠提出改變遊戲規則的創意。然而當我們檢視那些由 Wayra 率先建立創業社群的國家時（其中有很多案例都是前所未見的新興市場），「在跑之前先學會走」這句話突然浮上心頭。

將多個成功（儘管規模不大）的小故事聚集起來形成社群，就能為將來的突破性思維奠定平台基礎。即便是矽谷，也是花了數十年的時間才發展起來。儘管有電信策略專家預測該產業的營收在二〇二〇年前會大幅下滑八十五%，但是 Telefonica 的方法讓它在電信產業站穩龍頭的地位。Wayra 在過去三年間，已從二萬五千家申請者之中扶植了將近四百家新創公司。

建議：找到適合你組織的創業育成公司或創業加速公司，與之合作結盟。若是它的規模達不到你的需求，那就投資它。如果還不存在這樣的創業育成公司或創業加速公司，那就自己創建一個！

四、建立精簡版指數型組織（採取溫和漸進的程序）

即使大型公司因為必須維持現狀而無法轉變成指數型組織，並不代表它們不能表現出一些指數型組織屬性，並實施相關措施以加速公司營運。下面是我們認為每一家大型組織應該建立的IDEAS和SCALE屬性。

朝宏大變革目標邁進

紅牛公司（Red Bull）的口號是「給你一對翅膀」（Giving you wings），這與傳統的使命宣言風格迥異。但我們建議你仿效它的做法：大型公司必須擺脫目前大部分財星五百大企業所使用的老派、毫無新意的使命和願景宣言。他們應該朝宏大變革目標邁進。

如前所述，我們預計今後的品牌會找到有雄心抱負的宏大變革目標並與之融合。宏大變革目標會讓它們朝著為社會提供真正價值的方向前進，也就是所謂的三重底線（Triple Bottom Line）。為了激勵團隊、吸引新的頂尖人才和形成凝聚社群的力量，大型公司就應該這麼做，制訂自己獨特的宏大變革目標。這不僅可以在公司利害關係人（尤其是公司內部的年輕員工）面前樹立正確的形象（根據事實），而且還能成為在需要進行關鍵決策時的指導方針。

例如，全州保險公司原本的使命宣言，從內容來看或許無比得宜：「透過優秀的保險代理商和分公司的經銷網絡，提供產品和服務來保護我們顧客的財務未來」。這個宣言毫無問題，但也非常糟糕。當他們選擇了更鼓舞人心（也因此更為大眾所熟知）的宣言「全州保險給您最妥善的照顧」時，是不是好多了？

以下列舉出四大品牌如何以溫和漸進的方式讓公司朝宏大變革目標邁進：

- **沃達豐（Vodafone）：**與馬拉拉基金（Malala Fund）合作，教育發展中國家數百萬的婦女能夠識字。沃達豐希望利用行動科技在二〇二〇年前，協助五百三十萬名婦女脫離文盲。
- **可口可樂：**可口可樂與企業家兼發明家狄恩・卡門（Dean Kamen）合作，以充分利用卡門所開發、名為 Slingshot 的淨水裝置。一台 Slingshot 每天可為三百個人提供足夠的飲用水。可口可樂計畫在二〇一五年前，讓遍及二十個國家的四萬五千人能喝到一億公升的淨水。
- **思科：**從二〇〇八到二〇一二年，思科以色列分公司投資一千五百萬美元，在約旦河西岸的巴勒斯坦地區建立了一個健全的創業生態系統。多虧這項措施，讓巴勒斯坦的資訊通訊公司的國際客戶業務增加了六四%。
- **聯合利華：**聯合利華在二〇一〇年十一月提出「永續生活計畫」（Sustainable Living Plan），公開表示預計在二〇二〇年前達成多個永續發展目標，包括協助十億人採取行動去改善他們的健康與生活品質，改善全世界數百萬人的生計，讓公司對環境造成的不利影響減少一半。

社群與群眾

大部分的大型組織都忙於管理內部，以至於沒有好好利用社群，更別提數量更為龐大的大眾了。近年來，儘管其中大多數已有些許改善（絕大部分多虧了社交媒體的影響），但即便是現在，公司的網路能見度（online presence）大多侷限在由行銷部門漫不經心管理的臉書頁面。

公司要如何擺脫現在這種漫不經心地參與 Web2.0 世界的狀態，去建立一個真正的**社交事業**呢？它們該如何與共享經濟或是P2P新創公司合作，以加速內部的創新呢？它們該如何以產品為中心，建立一個有活力的社群，讓公司可以利用P2P論壇來壓低支援成本呢？

Zappos 在管理社群上投入了大量的時間和金錢，它是建立真正的社交事業的公司當中的一個絕佳範例。只要你在社交媒體上自稱是該公司的粉絲，Zappos 就會立刻透過它的粉絲專區為你提供粉絲專享的特殊優惠。這樣的關係讓雙方之間迅速形成互惠聯繫，Zappos 稱之為「互相按讚的關係」，其目的就是讓顧客與公司和其服務之間的關係變得更為緊密。

同樣地，軟體公司 Intuit 也建立了一個名為「Intuit Community」的社群，用戶可以在上面提出問題，公司代表人員會竭盡所能去回答每一個問題。截至目前為止，被提出的問題有將近五十萬個，它們形成了一個豐富的知識庫，減少了處理相關技術支援問題的負擔，也更能洞察產品發展的趨勢動向，同時還大幅提高了顧客的滿意度。

演算法

如今每一家公司都在不斷產生龐大的資料，真正被拿來運用的卻很少。這很讓人遺憾，因為如果公司能確實地分析所搜集到的部分資料，就能對產品、服務、配銷通路和顧客擁有超凡的洞察力。

運用演算法和資料的另一個原因，在於大多數新型的商業模式都是以資訊為基礎。實體資產無法以指數級速度擴張，數位資產卻能帶來新的使用案例、夥伴、生態系統、規則和商業模式。若想擁有真正的顛覆力，資訊因素就是關鍵。聰明的公司已經開始使用如 Kaggle、Palantir、Cloudera、DataTorrent、Splunk 和 Platfora 這類的服務來分析資料以洞察先機；它們還利用 Apache Hadoop 的開放原始碼機器學習技術。實際上，資料裡面蘊藏著無限可能性，就看公司如何去運用它。

谷歌顯然是箇中高手，從它極盡各種手段將資料運用至幾乎所有業務職能當中便可見一斑。其他大多數公司也可以做到這點。以資料分析為基礎的觀點見解，也能為傳統基於直覺的管理決策提供重要的對照參考（還有現狀分析）。

再舉個例子詳細說明：在二〇一〇年時，傑瑞米．霍華德（Jeremy Howard）曾經擔任 Kaggle 平台的首席科學家，現在他已成為奇點大學的兼任講師，最近正在為全球最大的一家手機公司提供諮詢服務。霍華德利用一系列機器學習演算法，針對該公司的客戶資料做了信用可靠度的分析。不到一個月，他就發現該公司的立即可實現節餘高達十億美元（你沒看錯，就是十億美元……顯然他當初應該按照百分比收費）。霍華德最近成立了一家新公司 Enlitic，這家公司利用演算法從醫學掃描圖裡找出腫瘤。現有的掃描圖讓這些演算法「看過」之後，就能做為未來分析的訓練基礎，無需人為干預。

參與

遊戲、比賽和激勵競賽（其目標最好能與宏大變革目標一致），都是大公司能夠快速地與社群接觸互動的簡單方法。實際上，已經有各式各樣的工具能夠支援這類的活動。

收集來自顧客的即時回饋也是產品開發的一個關鍵驅動力，而這一點並非僅限於外部：《第二人生》的設計者菲利浦・羅斯戴爾（Philip Rosedale），就將他一些令人贊歎的創意運用在他最近成立的新創公司 High Fidelity 上面。我們之前也提到過，羅斯戴爾的員工會在每個季度投票決定他是否應繼續擔任執行長——顯然答案是應該，羅斯戴爾在上一次投票的得票率為九十二%。

全球領先的消費品公司聯合利華，在全球擁有二十億消費者，他們每天會使用到旗下四百個品牌當中的一個或多個品牌。在二〇一三年六月，聯合利華宣佈與 eYeka 結成合作關係。eYeka 是一個能將品牌與來自一百六十四個國家的二十八萬八千九百零七位創意問題解決者聯繫起來的群眾外包平台。在 eYeka 上已經舉辦過六百八十三場競賽，獎金累計四百四十萬美元。

參加聯合利華競賽的選手，必須設計出一款能夠節省用水的環保蓮蓬頭。五位優勝者從一〇二名參賽者中脫穎而出，贏走了共計一萬歐元的獎金。聯合利華還透過 eYeka 為集團旗下所屬的淨

（Clear）、立頓（Lipton）和Cornetto等品牌舉辦比賽。

儀表板

將公司決策應該是資料導向，而非直覺導向的概念進一步延伸，透過儀表板提供直覺化的方法，以簡單明瞭的方式去呈現複雜的資訊。

布朗和哈格爾發現，儘管所有的大型組織的成立都是為了擴張效率，但在現在的新經濟中，真正需要擴張的是學習。* 雖然已有一些非常不錯的商業智慧系統（business intelligence systems），但它們設置的目的主要是為了衡量效率的提升程度。現在我們需要的是一套全新的儀表板，用來衡量組織的學習能力。如果這類的學習儀表板在短時間內還無法誕生，大型公司就應該考慮督促它們新設立的資料長（Chief Data Officer, CDO）建立這類儀表板。資料長是近幾年最熱門、新興的C字輩高階職位。

那麼，學習儀表板到底要追蹤哪些事項呢？下面提出幾個建議：

- 客服部門在上週做了多少（精實創業法）實驗或者A／B測試？行銷部門呢？銷售部門呢？人資部門呢？
- 在過去一年裡收集了多少創新想法？有多少已經實現？

● 總收益中有多少百分比，是來自於過去三年內和過去五年內的新產品？

「目標和關鍵結果」也是公司的重要指標，特別是對員工人數成長率高而需要縮短反饋循環週期的新興新創公司而言尤其重要。但是，大型公司也同樣需要「目標和關鍵結果」，因為它具有以下優點：

● 鼓勵嚴謹有邏輯的理性思維（主要目標將會從中誕生）。
● 促進有效的交流（每個人都清楚知道什麼是最重要的）。
● 建立衡量進度的指標（能顯示公司目前已走到哪一步）。
● 集中力量（進而讓組織能夠步調一致、同心協力）。

二〇〇八年，領英的新任執行長傑夫・韋納（Jeff Weiner）為公司引進了「目標和關鍵結果」，目標是讓所有員工能夠認同領英的使命，同時採取靈活彈性、自主管理的進度追蹤機制。這樣的做法被普遍認為是領英能夠成為價值二百億美元公司的關鍵因素之一。

* 詳見dupress.com/articles/institutional-innovation/

我們認為將來投資報酬率不會再是組織採用的決定性指標，而是由學習報酬率（Return of Learning, ROL）取而代之。凱爾・蒂貝茨（Kyle Tibbits）最近在他觀察到「在新創公司工作，最有價值的報償就在於學習報酬率遠遠高於一般的職業」*這樣的現象之後，就把這樣的觀念帶至員工個人的層面上。

在優勢創新中心的杜里沙・庫拉索利亞（Duleesha Kulasooriya）眼裡，對大型公司而言，創新的衡量方式是重要議題。Backpocket 的前管理顧問和創始人兼財務長尼爾・達利（Niall Daly）與庫拉索利亞的看法一致，他認為「有關顛覆性創新，你必須去衡量它的非線性效應，而非採用線性的會計方法去衡量它。這會給真正的創新保留更大的空間。在如今的公司環境裡不容許模糊地帶」。約翰・哈格爾則認為，雖然大型組織的先驅思想者必須追蹤會引起核心領導層關切的衡量指標，但同時也要找出並徹底追蹤與指數型組織有關的一系列新指標。

德布林模型（Doblin Model）是另一種大型組織可採取的設置儀表板方式。德布林集團花了三十五年時間研究創新，發現大部分高階經理主要是將創新視為產品特性。然而，他們發現還有另外十種類型的創新需要整個組織以平衡兼顧的方式加以追蹤：

一、**獲利模式**：如何賺錢。

二、**網絡**：如何與其他人互動聯繫，進而創造價值。

三、**結構：**如何組織和調整人才和資產。
四、**過程：**如何利用簽章或其它好方法來完成工作。
五、**產品性能：**如何開發獨特的特性和功能。
六、**產品系統：**如何創造互補性的產品和服務。
七、**服務：**如何支撐並強化你所提供的價值。
八、**通路：**如何將產品／服務提供給顧客和使用者。
九、**品牌：**如何呈現你的產品／服務和企業形象。
十、**顧客參與：**如何培養強而有力的互動。

例如蘋果的 iPod 和 iTunes，就結合了以上十種類型中的八種，是一個相當具指標性的例子。實際上，利用德布林模型追蹤和平衡創新組合的公司都在學習報酬率方面獲得了數以倍計的成長。我們認為如果結合運用德布林模型與指數型組織的診斷分析，可以為任何一家大型組織設計出很棒的評量表。

在九十個國家擁有將近二千家分店的西班牙國際零售企業颯拉（Zara），就充分利用了即時統

＊ 詳見www.kyletibbits.com/post/83791066613/rate-o-learning-the-most-valuable-startup

計資料和儀表板。*面對藉由規模經濟取得成功的主流趨勢，這家零售商卻反其道而行，轉而專注在與眾不同的小批量生產和近乎即時的生產流程。例如，颯拉將近半數的服裝都是集中製造，這樣的決策讓它能夠在不到兩週時間完成從新設計到配銷的所有步驟。這也解釋了為何該公司的商品每月的週轉率高達七十五%。其結果就是，購物者每年平均光臨颯拉門市十七次，是颯拉競爭對手的四倍之多。

實驗

對學習型組織來說，最重要的屬性也許就是實驗，而這也是對大型組織而言特別困難的一點，因為它們傾向於把重點放在執行而非創新。然而，任何大型組織都可以實施類似精實創業法這樣的技巧，並持續對假設進行測試。事實上，在這個瞬息萬變的世界裡，任何組織對外界的認識必須跟上現實的步伐，而這需要冒險，冒險也就意味著遭受失敗的可能性增加。

你可能還記得我們在第四章所提到的「失敗獎勵」。這種獎勵自然也不是什麼新鮮事：在一九七〇年代，大衛・帕卡德（David Packard）就頒發了一枚著名的「違抗獎章」（Medal of Defiance）給他的員工查克・豪斯（Chuck House），因為豪斯無視命令、創造出最後證明大獲成功的新產品。然而，儘管失敗獎勵立意甚佳，但實際情況是大多數的大型組織仍然會嚴厲懲罰失敗。我們強烈建議讓冒險獎勵和實驗追蹤成為大型公司獎賞制度裡的組成要項。例如，亞馬遜在追蹤自己的創新組合時，便記錄了每個部門執行實驗的數量及其成功率。

奇異公司在FastWorks計畫中展現了更具雄心抱負的作為，它邀請了精實創業專家艾力克・萊斯（Eric Ries）來培訓八十位教練。**該計畫得到了奇異最高領導層（包括執行長傑佛瑞・伊梅特在內）的支持，讓將近四萬名奇異員工學習到精實創業法的原理。FastWorks計畫成為奇異史上最大規模的一次行動，其在全球啟動了三百多個專案，其中一例是正子電腦斷層掃描（PET/CT scanner）。這個產品原本通常需耗費達數百萬美元的開發成本、二至四年的開發時間，但由於將顧客納入開發流程，加快了疊代改進的速度，因此讓開發時間縮短了一半，原型開發更是只有原計劃的十分之一。

社交技術

儘管大家可能認為現在所有公司都已經盡可能將社交技術運用在每一個產品上面，但麥肯錫的崔麥克（Michael Chui）卻估計，社交媒體的真正價值有高達八十％仍未被發掘。更令人吃驚的是，美國華頓商學院的喬納・貝加（Jonah Berger）估算只有七％的口頭傳播是透過網路。不言而喻，從他們的結論可知，經過妥善設計和開發的產品和服務，還有很大的往上發展空間。

* 詳見www.slideshare.net/amritanshumehra/zara-a-case-study
** 詳見www.gereports.com/post/82723688100/the-biggest-startup-eric-ries-and-ge-team-up-to

在組織內部，社交技術的主要是聚焦在像 Dropbox、Asana、Box、Google Drive 和 Evernote 這樣的協作工具。從非關鍵任務資料開始，內部團隊先從資料分享做起，然後針對工作流程進行線上即時討論。還記得我們在第七章中研究過 GitHub 的案例嗎？從協作的角度來看，這裡要提出一個很好的問題就是：GitHub 所採用的先進社交技術當中，有哪些能被運用到其他企業裡？

再多談點有關協作的話題：VentureBeat 科技網站的報告指出，在財星五百大企業裡，超過八十％都已部署了像 Yammer 這樣的社交軟體。*但是，根據 Altimeter 集團的李莎琳（Charlene Li）和布萊恩．索利斯（Brian Solis）的說法，在受調查的七百名高階主管和社交策略專家當中，只有三十四％認為他們在社交上所做的努力有對企業的經營成果產生影響。

類似的情況，《Computing 雜誌》最近調查了一百位資深ＩＴ專業人員，得出以下結論：

- 六十八％的人說他們的組織正在採取某種協作措施。
- 十二％的人說他們擁有企業級的協作套件。
- 十七％的人允許或是刻意忽視消費性產品（例如 Evernote、Dropbox）的使用。**

Adjuvi 公司的變革專家迪昂．辛克里夫（Dion Hinchcliffe）將這種透過ＩＴ部門實現社交結構的方法，稱為「將重心從記錄系統轉移至參與系統」，而且還提出幾個在實施協作技術後取得出色成果的大型組織的相關實證。

墨西哥水泥業龍頭西麥斯（CEMEX）就是其中的一個案例，由於其員工的平均年齡很高，讓這個案例更具啟迪作用。辛克里夫的研究顯示，在引入協作工具一年之後，高達九十五%的西麥斯員工都使用了它們。原因為何？因為他們專門針對高階管理層設計了這些工具的試轉計畫，而這些人在採用新工具上通常是相對落後的。設法讓所有人提早參與，後續的成功也就指日可待。

結論：盡早實施，適應新世界

正如我們在第五章中所提到，在建立指數型組織時想要實現全部十一項屬性太不切實際。不過對大型公司而言，我們認為最好能實施其中幾項，而且要從今天就開始執行。記住，資訊彗星已經來襲，所以必須儘快適應這個新世界，而適應的關鍵就是宏大變革目標、IDEAS和SCALE。

我們對這種方法之所以抱持樂觀態度，原因在於它能減少押大注在未經驗證的策略上而傾家蕩產的風險。在組織邊緣進行實驗並培養指數型組織，能夠讓大型公司創建大量低成本、高潛力的子

* 詳見venturebeat.com/2011/08/22/yammer-salesforce-integration/

** 詳見www.computing.co.uk/ctg/news/2344575/orgcnisations-cmbracing-online-collaboration-tools

公司，而且不會對公司財報或高階主管的福利造成威脅。這也是為什麼奇異、可口可樂和其他大型公司會如此迅速地接受並採行「實驗」的原因之一。

蘋果是大公司如何因應這個挑戰的一個很好的例子。蘋果的核心競爭力一直是設計，而設計工作的進行始終遵循著一套固定的模式。簡而言之，蘋果的慣用公式可歸納成以下五點：

一、充分利用核心設計能力。
二、從較大的組織裡找出變革者，組成小型的變革團隊。
三、將這些團隊派到組織的邊緣。
四、將設計與尖端新技術做結合。
五、徹底顛覆舊有市場。

這是一個值得仿效的範例。一開始是顛覆了音樂播放器的 iPod，然後是打破音樂專輯整張銷售模式、可以只購買單曲的 iTunes，接著是 iPhone，然後到近期的 iPad，蘋果已經為我們示範了指數型組織在原有組織的邊緣可以達到什麼樣的成就，也證明了其報酬有多麼驚人。以二〇一二年為例，蘋果有高達八十%的營收都來自那些推出不到五年的產品，這些新創造的營收讓蘋果成為全世界最有價值的公司。

亞馬遜是這套哲學的另一個典範。傑夫．貝佐斯不斷展現出過人的勇氣，主動侵略自己的業務（例如打擊到實體書市場的 Kindle 電子書）、建立邊緣指數型組織（亞馬遜網路服務公司）、收購顛覆自身企業的公司（Zappos）和追求革命性的技術（無人機送貨服務）。如此有膽識的領導風格，在指數型組織時代是不可或缺的。

儘管大型組織可能得為了在結構上適應新時代而歷經艱辛，但依然擁有一個關鍵性優勢：那就是**知識資本**（intellectual capital）。大型公司能發展至今日的龐大規模絕非單靠運氣，這些組織網羅了大多數的世界級頂尖人才來經營事業，他們絕對有能力想出一些絕妙方法來實現或適應指數型組織的原理，唯獨欠缺的是願景和意志。如果這兩者都做不到，那就只能靠恐懼來驅策了。

我們在下一章將會深入探討幾個例子，看看大型組織是如何適應這個指數型組織的時代。

Chapter 09 大公司如何適應指數型組織的時代

現在我們來看看那些具前瞻性的公司是如何實現前一章所討論的各種方法。有的公司選擇在邊緣建立指數型組織，有的收購或是投資現有市場裡的指數型組織，有的則是建立精簡版指數型組織。

矽谷流傳著一句俗語「執行是把策略當早餐吃」（execution eats strategy for breakfast）。因此在我們開始埋首大吃之前，首先要看看當一家公司跳入指數型組織世界時可能會遇到什麼問題。這並非是在毫無根據地猜測。當我們研究那些採取行動並獲得良好成效的公司的同時，也看到了不少迷失方向的案例。例如我們認為黑莓最大的失誤之一，就是從未擬訂宏大變革目標；百事達沒落的原因也可以追溯到它未曾充份利用社群，更別提它在網飛尋求合作時的傲慢態度了。

橋水投資公司：不留餘地的下場

我們也發現有些組織雖未徹底失敗，但在嘗試了一些指數型組織原理後卻產生了負面的結果，對沖基金橋水投資公司（Bridgewater Associates）就是其中之一。它採取激進的透明化政策，試圖營造極度誠實的文化，這本身並不是什麼壞事。這家公司毫無疑問極其成功，但它每年的員工離職率也確實是居高不下，我們將這個問題的原因歸究於過度強硬地執行「完全透明」政策。

例如，在橋水公司的每一次對話、每一通電話和每一場會議，都會被記錄下來，而且所有員工均能取得相關資料。員工有權對公司裡的任何人表示異議，員工不僅可以隨意質疑同事，公司也鼓勵員工互相攻擊別人的想法。

最糟的是，遭受攻擊次數最多的員工，獲得的獎金也會減少。可以想見橋水公司的做法其實不能提升誠實度，反而促進了對抗、背叛和私下結派的氛圍。有消息來源指稱，離職員工需要花一年時間才能從橋水公司緊繃的文化中恢復過來。

我們將橋水公司評為一家沒有目標的公司，也就是它沒有宏大變革目標。由於沒有一個更偉大、更統一的目標，該公司灌輸給員工的積極進取觀念便走偏了方向，讓員工淪為相互攻擊。他們唯一的志向就是比同事受到更少的傷害，於是陷入了思想家霍布斯所說的「人人為敵」的狀態，這種文化若不改變會讓橋水公司變成一個無法安身樂業的工作環境。

下面我們將說明一些大公司如何適應指數型組織時代的案例。

可口可樂——指數級跳躍

作為全球最大、地理分佈最廣的公司之一，可口可樂因為擁有龐大資產和十三萬名員工，在這個指數型組織時代更顯得脆弱。

然而可口可樂在攀上業界龍頭寶座之後，一個多世紀以來並未因此故步自封，依舊保有前瞻性思維和靈活應變的能力。為了維持其設立積極目標的傳統，可口可樂目前正在朝實現遠大抱負的指數型目標邁進：在二〇一〇至二〇二〇年之間讓營收翻倍。為了實現這個目標，公司已執行了一些符合指數型組織思維的策略。坦白說，想要達到這個數字，該公司能做的選擇並不多。

最能證明可口可樂已經採取指數型思維的線索之一，就是它擬訂了宏大變革目標：「讓世界煥然一新。」作為該公司新行銷活動「爽暢開懷」（Open Happiness）的一環，「讓世界煥然一新」毫無疑問是宏大的，它可能帶來變革，同時也是一個真正的目標。

乍看之下，這句話聽起來好像只是另一個市場行銷口號，但它其實已經開始對公司產生激勵作用。例如二〇一三年海燕颱風襲擊菲律賓之後，可口可樂就將該國的所有廣告預算全部用於賑災，這就是以實際行動來實踐目標。宏大變革目標在可口可樂內部為非傳統思維開闢了一條明確的道路。

可口可樂還摸索出與新創社群合作的最佳方式。它意識到最好的點子大都來自組織外部和它的供應鏈，而公司的核心優勢在於運用內部資產、創造網路效應、規劃和執行。正如可口可樂的創新與創業副總裁大衛・巴特勒（David Butler）最近所言：「這已成為我們的願景——讓開創者更容易成為擴張者，擴張者更容易成為開創者。」

為了實現這個創業哲學，可口可樂正與史蒂夫・布蘭克（Steve Blank）和艾力克・萊斯（Eric Ries）合作，在整個公司內實施精實創業哲學〔實驗〕。透過一場名為「開放創業」的活動，讓公司裡所有人都可以參與各種小規模試驗，每個試驗都有一個「最小可行性產品」，並利用它去測試和改進假設。實驗的成效立竿見影：巴特勒表示，這次活動讓可口可樂的永續發展目標改善二十%。

可口可樂還成了奇點大學實驗室的創始成員之一，在那裡顛覆性團隊可以遠離母公司〔自主管理、槓桿資產〕、與新創公司合作，研發下一代的產品和服務。為了進一步確保新想法能夠跳脫現有的傳統思維，可口可樂正在創立一些與目前主要利潤事業完全無關的新公司。這些新公司不受可口可樂原本的稅務、法務、財務和人力資源管理系統的約束，享有徹底的自主管理的權力〔自主管理、儀表板〕。

雖說如此，可口可樂仍有一個地方與指數型組織哲學明顯背離：其顛覆性創新的透明化程度。我們的理論認為顛覆性創新在隱形模式下運作，並與公司其餘部分毫無瓜葛的情況下，效果是最好的，因為這樣可以避免觸發組織的免疫系統

可口可樂的關鍵屬性分析

MTP	S	C	A	L	E	I	D	E	A	S
✓				✓	✓			✓	✓	

反應。然而可口可樂著眼於長期發展，建立了透明的顛覆性創新團隊，明指目標是要改變母公司的文化，甚至公開表態要將顛覆性創新納入其核心的策略立場。

這是一次大膽的實驗，我們也殷切期待最後的結果。我們認為如果可口可樂的核心業務能及時受到精實創業精神的感召，該公司將會看到這個創新方法的價值，而且對組織邊緣的顛覆性創新投入抱持更開放的態度。

簡而言之：可口可樂公司的創新比較不著重在任何個別的內部新創事業是否成功，而是在於創新業務模式本身的可持續性或重複性。當然在這個產業裡，可口可樂算是積極應對顛覆性未來的一個傑出的公司案例。

我們給可口可樂的診斷評估，是在指數型商數的滿分八十四分中得到了六十二分。*

海爾——越飛越高

我們從實行指數型組織思維的公司那裡聽到的最大擔憂，就是「這一套在矽谷或許管用，但在倫敦、布達佩斯或米蘭未必行得通。」

恩瑞可．莫雷蒂（Enrico Moretti）在他的著作《就業機會的新布局》（*The New Geography of Jobs*）中，就針對這點提出見解：公司所在地確實很重要。例如，若你想要在義大利建立一家跨國公司，那麼公司總部那些以為義大利文為主的員工，不太可能擁有國際觀。因此大部分我們所發現到的指數型組織都來自矽谷或至少是英語系的國家，這並不是巧合。不過，我們在研究中確實也發現了一些非英語系國家的大型企業，它們也成功地實行了指數型組織原理。

其中表現最出色的或許就是中國的家電製造商海爾（前身為青島電冰箱公司），它擁有八萬名員工，光是二〇一三年就創下了三百億美元的銷售額。

與翁貝托·拉戈（Umberto Lago）和劉方（Fang Liu）一起合著了《海爾再造：互聯網時代的自我顛覆》（*Reinventing Giants: How Chinese Global Competi-tor Haier Has Changed the Way Big Companies Transform*）的比爾·費舍爾（Bill Fischer）有一個很重要的觀察結果，那就是「商業模式與公司文化密不可分」。** 這幾位作者追蹤海爾十多年的時間，從中找到了大型公司要重塑文化必須經歷的四個關鍵階段：

- 建立品質。
- 多角化發展。

* 本章的所有評估都是由作者們利用附錄的指數型診斷調查進行評分。總共有二十一個問題，每個問題的得分是一到四分。超過五十五分代表該公司屬於指數型組織。

** www.forbes.com/sites/stevedenning/2013/05/13/the-creative-economy-can-individual-giants-reinvent-themselves/

- 企業流程再造。
- 縮短與顧客之間的距離。

海爾執行長張瑞敏在一九八四年被指派擔任青島電冰箱總廠廠長時，就已經在任內實施了「建立品質」這個步驟。有一則廣為流傳的軼事，說他發給員工大鐵錘，跟員工們一起砸毀了幾十台有瑕疵的冰箱。他當時的下一步是要實現多角化，朝其他家電領域發展。

二〇〇五年，張瑞敏決定拆分海爾的整個中間管理層，並對該公司的八萬名員工進行重組，分成兩千個自主經營體。每個經營體有各自的損益表，團隊成員都是依據績效來論薪計酬（自主管理）。這些經營體擁有一些吸引人的特性：

- 員工能夠在各個經營體間流動。
- 每個經營體都有自己的損益表，利潤由團隊成員分享，成員可依個人績效表現獲得獎金，薪酬也是視績效決定。
- 面對顧客的第一線員工，擁有最大限度的彈性自由和完全的決策能力。
- 團隊的主要職責並不是遵循公司既有的規定，而是增加顧客需求。
- 任何人都能提出新產品的想法，並由員工和供應商及顧客投票，這些人共同決定哪些項目將得到資助（實驗、社群與大眾）。

- 創意獲得優勝的提出者會成為團隊的領袖，有權從整個組織內招募團隊成員。
- 在每個季度，每一個團隊都有機會投票決定其領袖的去留（自主管理）。
- 每天即時追蹤績效（儀表板）。
- 海爾有一個名為HOPE（海爾開放合作生態系統）的社群管理系統，它是一個開放的創新生態系統，六十七萬名用戶可以與尋求新商機的供應商和其他顧客交流（參與）。任何人都能貢獻自己的想法或參加競賽（參與裡面的激勵競賽）。
- 海爾在臉書上舉辦了一場全球綠色家庭夢想競賽和一場全球口號大賽。在第一年裡，四位優勝者（約有二十萬個口號參賽）贏得了到中國旅遊的獎勵（社群與大眾、參與）。

海爾被譽為是中國過去十三年裡最有價值的品牌。《快速企業雜誌》和波士頓諮詢公司（Boston Consulting Group）最近都將它列入「世界最具創新能力公司」之一。即使受到中國政府的監督管理，海爾仍表現出驚人的創新能力。例如該公司目前正在開發一款尖端科技的奈米冰箱，利用植物生長的先進光學和數學

海爾的關鍵屬性分析										
MTP	S	C	A	L	E	I	D	E	A	S
		✓			✓	✓	✓	✓	✓	✓

模型，讓消費者可以在幾天內在冰箱裡創造出食物。

海爾的營收在過去十四年內成長了四倍。二〇一三年的銷售額成長至二百九十五億美元，其中家用電器總共售出五千五百萬台。從二〇一一年至二〇一四年，海爾的市值成長了三倍，從二百億美元增加至六百億美元，這主要是歸功於實施了**自主管理**和**實驗**兩個屬性。海爾能在指數型組織獲得高分，一點都不令人意外。

海爾在指數型商數的滿分八十四分中，得到了六十八分。

小米——向世人展現驚人成就

另一家中國公司小米科技的驚人崛起實在出人意料。小米成立於二〇一〇年六月，專注於低階安卓智慧型手機，它在二〇一三年賣出二千萬支手機，創造出年營收超過五十億美元的佳績。

小米創始人雷軍被形容為中國的賈伯斯，這不僅是因為他深受蘋果的設計、行銷和供應鏈管理的啟發，還因為小米非常重視性能、品質和顧客體驗，而這正是雷軍希望每個人都能以合理價格購得的三個特性。

小米利用谷歌安卓系統的軟體開發、速度和流程，以低廉價格提供了類似蘋果智慧型手機的體驗。該公司目前在中國的銷售量已超越蘋果，而且快要追趕上三星。小米的產品已在四個亞洲國家銷售，未來計畫再擴展至十個新興市場，其中包括印度和巴西。無庸置疑，小米具備了相當完整的指數型組織屬性。

小米的組織結構極度扁平，其由核心創始人、部門領導人和大約四千三百名員工組成，這個系統能讓溝通距離和決策流程在快節奏組織裡縮短加快（自主管理）。大約有三千名員工負責電子商務、處理後勤和售後服務，其中包括一千五百名在客服中心工作；其餘人力（一千三百名員工）則負責研發，約佔員工總數的三十％，這是相當大的比例。

個別團隊的文化就像是傳統的氏族或者部落一樣，有家庭的感覺，注重指導、協作和變形蟲組織（adhocracy）（自主管理、實驗）。活力十足、具有創業精神又注重冒險的小米，只會雇用對工作充滿熱情以及在個別領域有專長的人。工作獎金透過利潤分享和工作輪調的形式獲得，這也代表員工可以隨時轉換職務。

與蘋果相比，小米最大的差別就在於它能夠充分運用其生態系統（社群與大眾）。雷軍相信顧客是公司產品設計和服務的最佳來源，因此小米員工被要求每天至少花半小時在使用者論壇和社交網站上與顧客互動。小米還會為由將近一千萬粉絲所組成的社群舉辦特別活動，並像谷歌和蘋果那樣舉辦精心籌劃的產品發

小米的關鍵屬性分析										
MTP	S	C	A	L	E	I	D	E	A	S
✓	✓	✓		✓	✓	✓	✓	✓	✓	✓

表會。

小米最忠誠的追隨者被稱為「米粉」，意思是小米的粉絲。在二〇一四年的米粉節上，粉絲們在短短十二小時之內就購買了價值二·四二億美元的產品。小米為這個節日推出了名為「世界拳王爭霸賽」的遊戲，使用者可以從這個遊戲贏得折價券（參與），這個遊戲在中國的社交網站微博、推特、臉書和 Google+ 上被大力宣傳推廣。谷歌安卓系統前副總裁雨果·巴拉（Hugo Barra）日前跳槽至小米擔任全球副總裁，他認為這類非正式具娛樂性的參與方式，正是米粉忠於該品牌的最大原因。

正如雷軍所預期的，這個社群也會對產品開發有所幫助。在其作業系統目前所支援的二十五種語言當中，小米只開發了三種，其餘都是由使用者創造出來的（社群與大眾）。這個將近一千萬人的使用者社群，不僅在產品上、同時也在支援服務上為該公司帶來助益。小米擁有一個由使用者自己推動和組織起來、完全P2P的顧客服務平台。除此之外，該公司的行銷成本也相對低廉，這是因為小米直接透過網路銷售自家產品，無須透過經銷商。實際上，小米所有的市場行銷都是透過社交媒體、透過顧客口耳相傳進行口碑行銷，這當中公司無需花費一毛錢。

儘管小米一開始在尋找智慧手機的製造夥伴時遭遇極大困難，但該公司現在已與富士康和其他夥伴合作，滿足了產能需求（槓桿資產）。小米還公佈其全部供應商的名稱和零件編號，來保護供應商免受氾濫於中國市場的山寨手機侵害。

想像一下，小米從零開始，短短三年內賣出二千萬支智慧手機。展現驚人成就的小米，在十一項指數型組織屬性中展現了高達十項屬性。

小米在指數型商數的滿分八十四分中得到了七十四分。

衛報——新聞業的守護者

在過去的十五年裡，報業面臨了典型的「創新的兩難」困境。報業傳統的營運模式是透過編輯內容去驅動讀者購買報紙，再透過讀者去帶動廣告收益，進而成為新聞編輯部的資金來源。當消費者逐漸捨棄印刷出版物，轉而青睞網際網路和其他媒體時，傳統報紙的商業模式並沒有轉向線上世界，這場災難性的打擊導致許多報紙日漸式微。

《紐約時報》和《華爾街日報》這類的旗艦報紙靠著付費閱讀（paywalls）或付費加值（freemium）模式逃過一劫，但幾乎沒有報業公司真正去改變自己的根本模式。

與此同時，大批新的媒體新創公司湧入這個領域，其中包含了 Medium、Inside、BuzzFeed、Mashable、Blendle 和 Correspondent 這些公司。

將愛德華．史諾登（Edward Snowden）的洩密情報披露給全世界而聲名大噪的英國報紙《衛報》（*The Guardian*），對於改革新聞採訪的傳統模式一直表現出積極狂熱的態度。在獲得業內代表人物傑夫・賈維斯（Jeff Jarvis）和尼克・梅勒（Nicco Mele）的建議之後，《衛報》就一直勇敢無懼地試圖重塑新聞業。* 下面是該報紙所展開的一些行動：

- 二〇〇七年，《衛報》為思想領袖提供了免費的部落格平台，還創建了線上論壇和討論群組〔社群與大眾〕。
- 開發者們將開放應用程式介面提供給《衛報》的網站，讓他們能夠運用該網站上的內容〔演算法〕。
- 數百萬份維基解密（WikiLeaks）情報的調查報告，全都採取群眾外包〔社群與大眾〕。

《衛報》讓調查報告的群眾外包方法走向制度化，並在許多事件中成功運用了該方法，其中包括處理從莎拉・裴琳（Sarah Palin）擔任阿拉斯加州長期間所獲得的公開文件。同樣地，二〇〇九年英國政府迫於公眾壓力，公開了二百萬頁議會費用報告，《衛報》邀集讀者一起從這片浩瀚文字裡尋找有新聞價值的蛛絲馬跡。響應號召的讀者在短短三天之內，就分析了超過總量二十%的內容。

我們認為新聞業將會越來越跟隨著《衛報》的腳步，朝指數型組織模式轉變，

衛報的關鍵屬性分析										
MTP	S	C	A	L	E	I	D	E	A	S
✓	✓	✓			✓	✓	✓	✓		✓

這與 Medium 努力成為一個平台的做法很類似。這是一個好消息，因為開放而健康的新聞媒體（透過調查性新聞報導為民喉舌），對民主和保衛基本個人自由而言至關重要。

《衛報》在指數型商數的滿分八十四分中得到了六十二分。

奇異——追求全面的卓越

奇異能成為世界上最受讚揚的公司之一並非巧合。過去數十年來，該公司一直不斷地成功改造自己。目前該公司似乎正在透過積極與指數型組織公司合作，要再進行一場新的改造行動。

我們在本書裡已多次提到 Quirky 的例子，這裡將會把焦點放在它的宏大變革目標上，也就是「讓發明隨處可得」（Make Invention Accessible）。奇異很早就注意到利用這個新的群眾外包模式進行產品開發的巨大潛力。它隨後在二〇一二年與 Quirky 合作，舉行了有獎競賽〔參與〕，藉此鼓勵 Quirky 社群構思具創新性的日用產品。參賽作品會交由社群進行投票評選，優勝的發明會被奇異製造成為產品。

* 梅勒在其近作《最後的巨人：網際網路如何讓大衛成為新的哥利亞》（*The End of Big: How the Internet Makes David the New Golia*）中有描寫到衛報的營運模式。

在總計一千五百個參賽作品中，Quirky 社群所選出的發明是名為 Milkmaid 的智慧容器，當牛奶開始變質或是快要喝完時，它會提醒使用者。Milkmaid 後續的每個生產階段，比如產品設計、命名、標籤甚至是定價，都是採取群眾外包的方式〔群眾〕，最終光是這一個產品就得到了 Quirky 社群的二千五百三十個貢獻。

雖然 Milkmaid 還在實驗性的試產階段，但是該專案被認為非常成功。於是在二〇一三年，奇異和 Quirky 宣佈雙方在創新方面的下一階段合作計畫：奇異向 Quirky 的九十萬名社群成員開放其最有前景的專利和技術。它還啟動了一項聯名的物聯網計畫，名為「相連只在轉眼間」（Wink：Instantly Connected），致力於生產一系列智慧家用設備。

向 Quirky 投資三千萬美元的奇異選擇開放自己的專利，是為了加速具創新性的新產品的誕生——奇異認為與大眾合作，會比單憑自己的力量能夠更快完成目標。這個決定顯然帶來收穫，除了 Quirky 線上商店上目前的四款連網家用產品之外，奇異和 Quirky 計畫在接下來的幾年內發表三十款以上的類似產品。

就在奇異宣佈與 Quirky 合作的那段時期，該公司還在芝加哥開設了名為「奇異車庫」的創客空間，不只獲得 TechShop 協助，並與 Skillshare、Quirky、Make 和 Inventables 結盟合作〔槓桿資產、隨需求聘僱的員工〕。如同前述與 Quirky 的

奇異的關鍵屬性分析

MTP	S	C	A	L	E	I	D	E	A	S
	✓	✓			✓	✓	✓	✓	✓	✓

關係那樣，奇異在二〇一二年以一項試行計畫為開端，以移動技術展示中心的形式讓奇異車庫在全美展開巡迴展示。

一年後，它在芝加哥設立了一個創客空間，讓參與者能自由使用如電腦數值控制銑床、雷射切割機、3D印表機和模具之類的製造工具。奇異還會舉辦研習活動和展示活動。*

二〇一四年二月，奇異進一步延伸其指數型組織行動，宣佈與地方汽車公司合作，推出名為First Build的新的生產製造模式。透過這個合作，從由工程師、科學家、製造者、設計師和愛好者所組成的線上社群裡獲得協作創意，而這些社群成員將致力於尋找市場需求和解決艱深的工程難題，希望能開啟突破性產品創新的機會。最受歡迎的創新想法將會在一個專門的「微型工廠」中進行製造、測試和銷售。這個設施的焦點將會擺在測試、快速原型和小批量生產。

透過與阿拉斯加航空公司（Alaska Airlines）的協力合作，奇異又提供另一個利用指數型組織結盟合作來促進參與的案例。二〇一三年十一月，這兩家公司與Kaggle平台合作舉辦了「飛航大哉問」（Flight Quest）活動，這是一場讓參賽者設計演算法來更準確地預測航班抵達時間的有獎競賽。每趟航班每節省一分鐘，就可以省下一百二十萬美元的機組員成本，以及和每年五百萬美元的燃料費用。奇異提供給參賽選手FlightStats公司兩個星期的數據做分析，在一百七十三個參賽作品中，五位

* www.ge.com/garages/press/html

優勝者拿走了總計二十五萬美元的獎金。獲得優勝的演算法和現有技術相比，確實讓抵達時間預測的準確度提高了四十%。*

大型組織如何運用如 Kaggle、Quirky、TechShop 和地方汽車公司這類指數型新創公司來擴張自身的組織界限和規模，奇異是其中的最佳案例。

奇異在指數型商數的滿分八十四分中得到了六十九分。

亞馬遜——清除扼殺創意的反對聲音

羅伯特．哥德堡在解釋他的「阻抗失配」概念時指出，大型組織裡的五十位經理人當中，只要有一個人抵制某個創意，就可能會扼殺掉這個創意。相較之下，在五十位投資人裡面只要有一人喜歡某家新創公司，它就有資格上場比賽了。

亞馬遜不僅實現了許多指數型組織屬性，還解決了大型公司裡很容易有人表示反對意見的問題。該公司發起的最有趣的組織創新之一，就是執行長傑夫．貝佐斯和技術長維爾納．沃格斯（Werner Vogels）所稱的「習慣說好」（The Institutional Yes）。

施行的方法是這樣的：如果你是亞馬遜的經理，一名下屬向你提出一個很好的想法，那麼你的預設回答必須是「好」。若你想反對，就必須撰寫一份兩頁的報告，解釋這個想法為何不好。換句話說，亞馬遜增加了否決的阻力，讓更多的想法在公司裡有機會進行測試（並進而實現）。**

貝佐斯或許是過去幾十年裡最被低估的執行長，他不僅罕見地從創始人轉變成大型公司執行長，而且能持續警惕自己不要犯了經營上市公司者常見的目光短淺問題——這就是伊藤穰一所說的「現在主義」（nowism）。亞馬遜經常會下一些長遠的賭注，例如 Amazon Web Services、Kindle 電子書、現在的 Fire 智慧型手機，以及無人機配送。他把新計畫當作需要細心照顧五至七年的幼苗，對成長的重視程度遠超過利潤，而且不在乎華爾街分析師的短期觀點。展現亞馬遜開創精神的活動，包括聯盟合作計畫（Affiliate Program）、推薦引擎（recommendation engine，利用了協同過濾的方法）和土耳其機器人計畫（Mechanical Turk project）。

正如貝佐斯所說：「若你專注在競爭對手身上，你就必須等到有競爭對手出現、而且有動作了才會行動。專注於顧客會讓你變得更有開創性。」

亞馬遜的關鍵屬性分析

MTP	S	C	A	L	E	I	D	E	A	S
✓		✓	✓	✓	✓	✓		✓	✓	✓

* www.gequest.com/c/flight
** www.hbr.org/2007/10/the-institutional-yes/ar/1

亞馬遜不僅在組織邊緣建立了指數型組織（例如 Amazon Web Services），也有勇氣侵蝕自家產品市場（例如 Kindle 電子書）。此外，在意識到亞馬遜的文化與他想要提供的出色服務並不完全相容時，貝佐斯在二〇〇九年花了十二億美元收購 Zappos。他的目的是什麼？在於改善整個亞馬遜的顧客服務文化（因為 Zappos 的宏大變革目標是「提供最佳的顧客服務」），以及有助於員工自主管理的實現。

亞馬遜在指數型商數的滿分八十四分中得到了六十八分。

Zappos——戰勝枯燥無聊

Zappos 從一九九九年開始在網路販售鞋子，僅僅花了八年時間年銷售額便達到十億美元。二〇〇七年，Zappos 將業務擴展到服裝和配件飾品，如今這部分業務已佔了年營收的二十%。

我們前面已討論過 Zappos 如何運用指數型組織屬性：對顧客服務的重視，其宏大變革目標就是「提供最佳的顧客服務」。它在拉斯維加斯市區計畫裡創造了一個建立在共同愛好和共同位置上的社群，並透過互相按讚的關係管理各個社群〔社群〕，以及利用 Face Game 改善內部文化〔參與裡面的遊戲化〕。

除了前面提到的事情之外，Zappos 的員工每月會接聽五千通電話，每週答覆一千兩百封電子郵件（在假日期間甚至會更多，因為這段時間的來電頻率會大幅提高）。客服中心的員工並無標準應答腳本，亦無規定的通話時間。事實上，Zappos 處理最久的一通客服電話長達十小時二十九分鐘（自主管理、儀表板）。

一個新進員工的試用審查報告，裡面有五十%的內容是著重在該員工與公司文化的契合度。每個新員工都要花四週時間跟在有經驗的員工旁邊學習（宏大變革目標），實習結束後若選擇離開公司可得到三千美元，如此進一步淘汰與公司文化格格不入的人。

Zappos 的經理的工作重點不在於績效考核，而是進行文化評估（儀表板）。他們根據員工與公司文化的契合度來評分，並針對適應公司文化提供改進建議。若想獲得加薪，員工必須通過技能檢定。Zappos 還會定期舉行內部的激勵競賽和駭客松，其中大部分與公司的資料和應用程式介面有關。在二〇一一年，Zappos 開放外部開發者社群參加激勵競賽（應用程式介面開發者挑戰賽和冬季駭客松），並頒發獎金和禮券給優勝者（參與）。

二〇一三年十二月，執行長謝家華實施了「無管理領導」制度，朝向由員工完全自主管理的重大改變，震撼了這個一千五百人的組織。六個月之後，二百二十五名員工從舊有層級模式移出，Zappos 還打算取消一切職位頭銜和管理

Zappos的關鍵屬性分析										
MTP	S	C	A	L	E	I	D	E	A	S
✓		✓	✓		✓	✓	✓	✓	✓	✓

階層，最後甚至連執行長這個職位也會消失。這對一家大公司而言是非比尋常的作法，這麼大的改變可能是前所未見的創舉。

有關 Zappos，很常被問到的一個關鍵問題是：「若無職務說明的話，要怎麼招募員工？」在二〇一四年，儘管 Zappos 計畫擴增三分之一的人力，要從一千五百人增加至將近兩千人，卻未在任何地方發佈徵人啟事，想要應徵就必須加入一個名為 Zappos Insiders 的社交網路。透過不斷監控應徵者的活動，以及對方與現有員工的互動交流，讓 Zappos 的招募人員擁有一個源源不絕的應徵者人才庫。Zappos 還利用舉辦問答活動和激勵競賽的線上平台 Ascendify 來篩選出在技術和文化上符合要求的人才。由於這種招聘流程的成功，Zappos 很可能會在公司人力資源管理職能上掀起一場革命。基於以上各種理由，Zappos 在我們的指數型組織診斷評估中得到了很高的分數。

Zappos 在指數型商數的滿分八十四分中得到了七十五分。

ING加拿大直銷銀行（現更名為橘子銀行）——高度自主管理的銀行

在實施指數型組織原理時，另一個很常聽到的顧慮就是，「好吧，這或許在矽谷或是遊戲公司裡面行得通，但並不適合實際的公司經營環境。」

ＩＮＧ加拿大直銷銀行（ING Direct Canada）位於金融管制素來嚴格的加拿大，是一家遵守信託義務和監管規定的銀行，卻不影響其成為指數型組織。ＩＮＧ加拿大直銷銀行原本是總部位於荷蘭的ＩＮＧ集團的一部分，它由阿卡迪・庫爾曼（Arkadi Kuhlmann）於一九九七年四月創立。它是ＩＮＧ集團直銷銀行商業模式的第一個測試市場，由於捨去了實體的分行據點，因此能提供顧客更優惠的利率。

庫爾曼在創立ＩＮＧ加拿大直銷銀行時提出了「幫你省錢」的宏大變革目標，還增加了三個關鍵的互補性價值：簡化、成為挑戰者、成為好人。

庫爾曼藉由組織完全扁平化，把自主管理的概念發揮到極致，取消了所有的職位頭銜、上下級別、管理階層、正式會議，甚至沒有辦公室。員工一起工作並依據他們的職責各司其職。

二〇〇八年，彼得・艾斯托（Peter Aceto）成為ＩＮＧ加拿大直銷銀行的執行長。他承續了庫爾曼的作法——事實上，就任一年之後，他就參考了菲利浦・羅斯戴爾的做法，讓員工來投票決定自己是否應繼續擔任執行長。艾斯托也沒有辦公室，直至今日他仍持續跟內部盡可能地分享公司的績效資訊。藉由這種做法，他激勵了一種信任、分享、透明的文化。艾斯托被譽為「社交媒體執行長」，他在二〇一〇年獲得「多倫多年度溝通者」這個稱號，他甚至會在週末親自答覆顧

橘子銀行的關鍵屬性分析

MTP	S	C	A	L	E	I	D	E	A	S
✓		✓			✓	✓		✓	✓	✓

客的問題。

ＩＮＧ直銷銀行在加拿大各地設置了四家「咖啡館」（ＩＮＧ喜歡用這個詞來稱呼分行）。這幾個地點為那些喜歡面對面與銀行人員交流互動的顧客提供接洽的場所，或是只想來喝杯咖啡也行。庫爾曼開設咖啡館的主要目的，是想讓顧客感到安心和建立品牌形象，然而ＩＮＧ咖啡館逐漸變成人們的休憩場所，或是跟別人談論財金話題的地方。當地的社群團體甚至會在此舉辦推特推友見面活動。

二〇一〇年，ＩＮＧ邀請了一萬名加拿大人擔任受測者，試用一款名為 THRiVE 的嶄新免費支票存款帳戶服務。他們的回饋資訊幫助銀行在服務正式上線之前對其進行改進，而在二〇一一年，THRiVE 被特恩斯市場研究公司（TNS Global）評為年度金融產品。

豐業銀行（Scotiabank）在二〇一二年八月收購了ＩＮＧ加拿大直銷銀行。更名為橘子銀行（Tangerine）的它依然是一家獨立公司，繼續由艾斯托掌舵領導。

橘子銀行的員工仍舊擁有高度的自主管理權。如果一場廣告促銷活動獲得成功，那麼員工們就會分工合作、各司其職，有顧客服務經驗的人會蜂擁至電話銀行。每逢監管報告期間，同樣這批員工又可能會重新聚集起來，完成所需的相關工作。明確的責任歸屬（公司的風險長負有監管責任）與靈活的員工團隊相互結合，讓該組織能夠兼顧彈性和效率。

其成效如何呢？加拿大銀行的每位員工平均擁有大約二百五十名顧客，橘子銀行每位員工卻能應付一千八百名顧客，也就是七倍的改善效果。平均而言，加拿大銀行的每位員工管理的存款金額是一萬美元，然而橘子銀行每位員工所能管理的金額是四萬美元，足足是四倍的改善效果。

橘子銀行在指數型商數的滿分八十四分中得到了六十九分。

谷歌創投公司——近乎完美的創業指數型組織

二〇〇九年三月，比爾．馬里斯（Bill Maris）建立了谷歌創投公司（Google Ventures），這是由谷歌自行出資成立的創投基金，當時的承諾資本額為一億美元。五年時間過去，該公司已成為最活躍和成功的創投公司之一，共計有六十名員工（包括合夥人在內），管理的資金達到十五億美元。它在五年內成長了十五倍，呈現指數級的發展。

谷歌創投到達資金退出階段的成功投資案已超過二十個，投資報酬率遠高於創投基金的市場平均水準。它是頂尖的新創公司投資者，很可能也是第一家在這方面如此成功的企業投資基金。雖然科技公司長期以來一直都在投資新創事業，它們的創投部門的投資報酬率也一直低得出奇，主要是因為沒有真正獨立於母公司。

谷歌創投已投資了二百二十五家處於各種發展階段、不同產業領域的公司，其中包括了優步、Nest、23andMe、Cloudera、Optimizely、TuneIn、Homejoy 和 High Fidelity 這些崛起的新星。在累積了許多成功案例之後，谷歌創投在二〇一四年於倫敦開設了辦公室，為歐洲的新創公司提供一億美元的創投資金。

儘管谷歌創投的資金來自於谷歌，但是投資公司未被要求必須為谷歌帶來利益。這意味著谷歌創投的投資管理完全獨立，不受母公司干預，其投資的公司還可以被谷歌的競爭者收購。這種模式的缺點是谷歌創投可能對母公司正在進行的潛在交易並不知情，事實上當谷歌於二〇一四年一月以三十二億美元收購智慧調溫器和煙霧警報器生產商 Nest 公司時就發生了這樣的狀況。儘管這樣的結果可能會讓許多大型組織望而卻步，但我們相信獨立的好處還是勝過偶爾付出的代價。

谷歌創投提供的不僅是資金。除了提供設計服務（比傳統設計公司快十倍）之外，它還會舉辦研討會，讓被投資公司的創始人和員工磨練他們的產品管理或營運的技巧。該公司也在市場行銷、人才招募和工程方面提供協助，而且經常會借用谷歌的龐大資源。

谷歌創投的關鍵差異，在於它會利用資料分析和演算法來評估交易的價值。該公司雇用了七位資料分析專家，他們會在決定投資的方向之前盡可能收集和分析資料。正如馬里斯所說：「我們可以使用舉世最大的資料庫，我們的雲端電腦基礎設施的規模也是前所未見。單憑直覺投資愚不可及。」

谷歌創投的關鍵屬性分析

MTP	S	C	A	L	E	I	D	E	A	S
	✓	✓	✓	✓	✓	✓	✓	✓	✓	✓

其他公司也留意到這點，像是紅杉資本創投公司（Sequoia Capital）和YC創投公司正迅速跟進。需要注意的是，資料只能讓你獲悉資訊，並不能替你決策。和大部分創投公司一樣，谷歌創投在投資時所看重的是人才而非產品。如果資料顯示某家公司具有很大的潛力，但創業團隊在某方面有點不太對勁，就不會對其進行投資。該基金廣泛採用「目標和關鍵結果」來追蹤被投資公司的進度，並十分依賴即時指標——**一切都被量化**。谷歌創投透過其創辦的新創企業實驗室來訓練被投資公司培養這種思維方式，這個實驗室是一個結合了創業育成、駭客松和共同工作空間於一體的私人計畫。

為了尋找有潛力的公司，谷歌創投還善加利用了谷歌的五萬名員工，鼓勵員工打聽不為人知的新創公司或創業者的消息。若最終進行了投資，這位員工就可以得到一萬美元的「伯樂獎金」。此外，被投資公司不僅可以跟谷歌創投的合作夥伴往來接觸，而且還可以選擇與特定的谷歌員工連繫——這其實就是谷歌創投提供的最大附帶福利之一：有機會能夠接觸到世界上最優秀的工程師、科學家和技術。

谷歌創投團隊透過社群入口網站與谷歌員工和其他被投資公司的同伴們相互聯繫，被投資公司也可以借助谷歌創投，在谷歌每年超過一百萬份的龐大履歷資料庫裡尋找合適人才。

與任何稱得上是指數型組織的公司一樣，谷歌創投也願意顛覆自己。在二〇一四年，它在AngelList融資平台上面主導了一輪二千八百萬美元的融資。AngelList*引入了一種名為聯合投資

* AngelList是撮合創業者與天使投資人，類似克雷格列表這樣的線上交易平台市場。

（Syndicates）的新融資模式，讓較不知名的天使投資人可以與那些投資經驗豐富的投資人合資。這種模式本質上就是讓有名氣的投資人為特定投資交易成立迷你基金。

值得注意的是，這種模式讓那些投資人成了谷歌創投的直接競爭者，尤其是佔了谷歌創投半數投資的種子階段交易。儘管如此，谷歌創投欣然面對可能的競爭挑戰，讓公司即使站在克里斯汀生《創新的兩難》書中所說的顛覆面上，依然能屹立不搖。

谷歌創投在十一項指數型組織屬性中實現了十項（第十一項的宏大變革目標是承襲自母公司）。

谷歌創投在指數型商數的滿分八十四分中得到了七十六分。

與群眾一起成長

二〇一三年十二月，社交媒體策略專家傑雷米・歐陽（Jeremiah Owyang）創立了一個名為 Crowd Companies 的產業團體。根據歐陽的說法，它是一個「品牌委員會」（brand council），其活動包括推廣介紹、舉辦教學論壇以及與相關新創公司交流，其中有許多公司是指數型組織。數十家知名品牌已經加入了該團體，歐陽相信隨著這一批善用群眾力量的新興公司在全世界推波助瀾，最終將會激盪出他所說的協同經濟（詳見圖表 9-1）。

歐陽已經找到了在六個垂直市場裡營運、以群眾為立基點的七十五家新創公司。麗莎・甘絲琪

（Lisa Gansky）創立的聚達創投實驗室（Mesh Labs）則將這個模式發展到極致，它羅列出二十五大類別裡面九千家以群眾為立基點的新創公司。

這種運用社交媒體的作法並非一時的潮流。事實上，往社交企業發展的趨勢（請在推特上面搜尋 #socbiz 這個主題標籤），代表我們已經朝向由指數型組織組成的未來景象邁出了關鍵性的第一步。目前已有一百二十位企業領導者和三十四家財星五百大公司加入 Crowd Companies，據歐陽表示有超過八十個國際品牌已經嘗試了這些技術。

歐陽並非唯一抱持這種想法的人。《即將到來的場景時代：行動裝置、傳感、數據和未來隱私》（*Age of Context：Mobile, Sensors, Data and the Future of Privacy*）的合著作者謝爾・易瑟瑞（Shel Israel）最近發現，這種新的發展趨勢被賦予了很多標籤：共享經濟（Sharing Economy）、網眼經濟（Mesh Economy）、協同消費（Collaborative Consumption）和協同經濟（Collaborative Economy）。

我們其實認為指數型組織也很適合做為一種標籤，無論最終會如何定名，大型組織可以、也正在實施指數型組織屬性，這已是不爭的事實。實際上，在我們撰寫此書時，就驚訝地發現實施的進展非常快速。當我們開始勾勒本書的大綱架構時，它還只是個鬆散的理論，現在卻儼然成為全球性的發展趨勢。全世界各地的大型組織都意識到，要維持競爭力就必須拋棄過去的偏見、接受新的現實，這個現實就是要主動拋棄過時的企業經營手法（不管它們過去多麼有效），改採更適合快速變遷的世界的方法。

在過去四年裡，任職於墨西哥最大的西語電視台阿茲特克（Azteca）的胡安・曼努埃爾・羅蘭（Juan Manuel Rowland）一直致力於將電視台轉往數位內容的方向發展。羅蘭原本是負責將阿茲特克電視台所有的節目轉換成數位視訊流的顧問，但他受到阿茲特克執行長馬里歐・桑恩・羅曼（Mario San Román）的青睞，要他加入公司，希望能有一番大膽的作為。

羅蘭注意到，儘管目前的串流節目為公司創造的收益相當有限，但YouTube上的西語明星影片卻能獲得數百萬的點擊量。按照公司要求從組織邊緣進行變革之後，羅蘭買下了一幢大房子，招募了十幾位熱衷製作YouTube影片年輕人，要他們以ContenTV這個新品牌為名製作影片。

快樂沉浸在不受約束的文化裡，又有機會在滿是創意又能盡情發揮的空間裡生活和工作，激發了這些年輕孩子們的創意能量。在一年時間內，ContenTV的影片觀看量已經超過阿茲特克電視台十倍——這又是另一個指數型組織！到了第二年，羅蘭和他的團隊發展了一個商業模式，並建立一個銷售團隊來負責相關業務。在歷經了成長的陣痛期以及與主力品牌的摩擦之後，ContenTV被納入阿茲特克電視台，但資產依然維持獨立。利用從經驗中學習的東西，羅蘭和羅曼正在將他們原有的理念重新運用到新的模式裡。

誰才能決定朝指數型組織轉變？在阿茲特克電視台的案例裡，這個答案是高階管理者，也就是像羅曼這樣背負著企業最終命運的C字輩男性和女性高階主管。他們很快就會感受到沉重的適應壓力，正如他們最終要對所有結果負責——這群管理者就是我們最後一章所要談論的主題。

圖表9-1 協同經濟蜂巢圖（Collaborative Economy Honeycomb）1.0版

協同經濟讓人們能以有效率的方式相互各取所需。
同樣地，在本質上，蜂窩屬於一種彈性結構，
讓同個團體內的眾多個人能夠使用、
共享和擴展資源。
以視覺化的方式呈現這個經濟模式，
並將之劃分成6大類，
以及各別的子項目和範例公司。
若想取得完整九千家公司的名單，
請上 Mesh Index 的網頁查詢，
網址是 meshing.it/companies。
該網站是由聚達創投實驗室
（Mesh Labs）所管理。

關鍵市場力量

社會驅動力
- 與他人建立關係的渴望
- 永續心態
- 人口增加

經濟驅動力
- 金融環境
- 未被利用的閒置資源
- 新創公司獲得大力資助

科技驅動力
- 物聯網
- 行動科技
- 社交網絡

CROWD COMPANIES
www.crowdcompanies.com

撰文者
傑雷米·歐陽（Jeremiah Owyang）
推特帳號@Jowyang

感謝以下諸位提供相關建議和協助
Neal Gorenflo @gorenflo
Lisa Gansky @instigating
Shervin Pishevar @sherpa
Mike Walsh @mwalsh
Brian Solis @briansolis
Alexandra Samuel @awsamuel
Vision Critical @visioncritical

圖形設計：Vladimir Mirkovic（www.transartdesign.com）

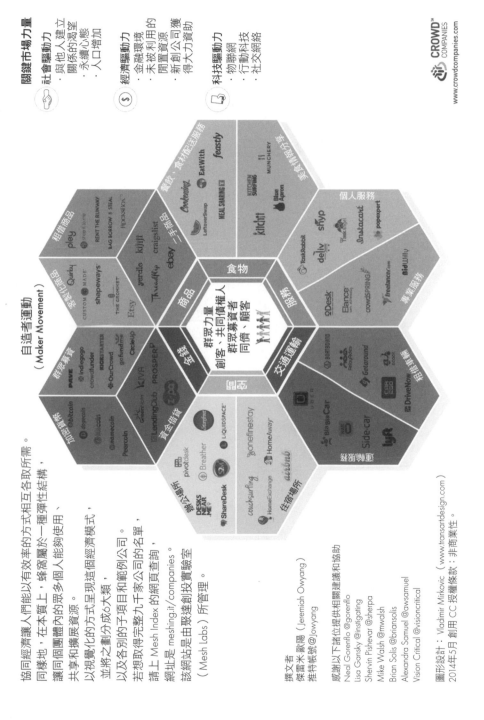

Chapter 10

指數型高階主管

指數型組織這個因應資訊時代的新組織原理概念才誕生沒幾年，仍處於往最終形式持續演進的狀態，因此本書有必要將企業競爭的最新資訊提供給讀者。

我們在本書一開始就提到，這已經不是第一次發生這樣的革命了。事實上，企業變革在上個世紀就像是設定好的鬧鐘，幾乎每十年就會發生一次，而每一次都是因為某種嶄新、重大的推動性技術的出現而觸發。如今我們在其中生活和工作的「虛擬」經濟，就是因為二十年前網際網路的崛起而成為可能，然後在更近期還受到行動科技的影響。下面的案例將告訴我們，公司的高階管理者該如何面對未來。

案例研究 花旗集團內部的指數型創新

利率部門向來是花旗集團投資銀行最主要的市場導向部門之一，它在全球擁有數百名員工和超過五十多個業務據點，年營收數十億美元，不管從什麼角度來看，它都是一個龐大的組織，而這類型組織通常跟顛覆性創新扯不上關係。

花旗集團擁有許多非常傑出的人才，他們卻淹沒在價格波動、經濟數據、客戶資料和新聞等等的資訊洪流裡，這些資訊量遠遠超過任何人類能夠正常消化和分析的程度。

利率部門的全球主管安迪．莫頓（Andy Morton），自稱是個「跟數字打交道的人」。他是赫斯．加羅．墨頓利率模型（Heath-Jarrow-Morton model）的三位創始者之一，在金融界享有盛名。他一直相信新一代的智慧演算法，能夠以指數速度改進其組織的生產力。二〇一四年，他聘請了在運算市場技術方面有十二年經驗的利率選擇權交易員阿爾瓊．維斯瓦納坦（Arjun Viswanathan），來協助他實現這個願景。維斯瓦納坦的任務是尋找一種有效獲取和利用資料的方法。

維斯瓦納坦跟莫頓一樣是個數學家兼電腦專家，後來轉任交易員。他在二〇一三年於布達佩斯所舉辦的奇點高峰會上，首次接觸到指數型組織的概念，並打算將它應用在花旗內部。他和莫頓聯手精心設計了一場實驗：維斯瓦納坦直接向莫頓報告，並可以獲取與利率有關的一切資源和資料。他還奉命建立幾支由公司內部其他資深人員組成的彈性任務小組，他們可以視需求使用相關資源，並透過內部員工團體對應用程式進行測試和疊代改進。

這些應用程式是小型、直覺式、有趣和視覺化的，簡而言之它們被設計的目的，就是為了能儘快地將資訊傳達到員工的腦海中。人工智慧、機器學習和資料分析將會被大量運用，以減輕人類的思考負擔。這個想法是將正確的人才、資源和創意聚集起來，等待某些神奇的事發生。

神奇的事確實發生了。在短短三個月內，這個新作法便讓好幾個關鍵性問題獲得解決，包括有關客戶行為、市場動向和即將公佈之經濟數據的預測以及市場體制環境的分類。此外它還解決了一些在以往需要有多人團隊花費一年、甚至更長時間才能處理的繁雜問題。

所有問題都在幾週內就可解決，而且所使用的資源、時間和成本只有過去的二十分之一，這樣的結果在不久前的二〇一二年時仍被視為毫無可能。相關應用程式已經被實際運用在相對應的工作崗位上，只需幾秒鐘就能解決那些過去要花好幾天、甚至根本無法解答的問題。而且應用程式本身設計得非常美觀，員工不只喜歡使用它們，用途還可能跟原本的發想不一樣，它們讓資料再次變得有趣起來。如今這樣的模式正在花旗集團內部其他地方推展，各部門都在研究如何在自己的業務領域激發類似的改變。

為什麼這個新作法在利率部門能有這麼好的成效？其成功來自於以下這些因素的有力結合。

- 專案獲得來自最高階層的支持。莫頓是一個願意顛覆自身組織、充滿好奇心的睿智企業領導者。
- 仰賴一個同時具備金融和機器學習領域專長的協調者。
- 公司內部擁有完善的人際網絡，大家能夠積極接納利用演算法增強人類角色的觀念，並快速交換想法。
- 對指數型組織技術方法的理解和落實。

高階主管面對的現在和未來

新一波革命性技術正開始嶄露頭角：低廉的類比感應器、比特幣、3D列印、神經行銷（neuro-marketing）、人工智慧、機器人科技、奈米科技和大數據，而且這些技術還只是空前創新時代的先鋒部隊而已。它們不僅能改變企業組織和營運的方式，而且必然會如此。光是採用其中任何一項新技術，就足以讓我們的工作方式發生根本性的改變。

特別的是，就這些技術的本質而言，它們將會讓商業世界的步調加快，而且不是以線性遞增，而是以**指數型遞增**的速度加快。相較於我們在過去半個世紀的技術革命中所經歷的一切，這種加速前所未見。

屆時我們都將經歷這驚人的新變化速度，而最早感受到、最終會感受最深刻的人，莫過於公司的各種一級主管。這些所謂的C字輩高階主管，包括了執行長（CEO）、行銷長（CMO）、技術長（CTO）、財務長（CFO），以及最近出現的資料長（CDO），他們將會面臨龐大的壓力，看是要朝指數化發展（我們已經發現這對任何一家老企業而言都是艱鉅的任務），或是力抗來自新的指數型競爭者帶來的威脅。他們經常會在壓力之下和倉促之間做決策，而且可能要靠這些決策去決定公司能否成功，甚至是否能生存下來。

這並不是公司高階主管們首度面臨技術／組織革命所帶來關乎存亡的挑戰，但這一次機會之窗開放的時間將會是史上最短。你沒有時間猶豫，更沒有再三思量的時間，必須盡快採取重要的策略行動。

因此我們將利用最後一章讓讀者了解何謂指數型高階主管，他們是註定會在這場經濟轉型中出現的新領導者。在本章結束之前，我們希望能為以下這些問題提出解答：

- 哪些技術會對C字輩高階主管產生最大影響？
- 哪些新的組織發展是指數型高階主管必須追蹤並準備好面對的？
- 由於全體性的加速變遷，指數型高階主管在接下來的五至十年內會遇到哪些問題和麻煩？

我們會先從五個重要技術開始談起，然後再談一些能夠驅使多個產業發生變革的後設趨勢

（meta-trend）。接著我們會探討執行長、營運長、技術長和其他高階主管在不久的將來該如何因應這些技術。

讓我們先從變革性技術開始（非常感謝奇點大學的教職員針對以下許多想法提供了建議並協助檢視）。

潛在的突破性技術

感應器和物聯網

- **技術描述：**我們將目睹網際網路連接設備的數量從現在的八十億大幅躍進至二〇二〇年的五百億。所有東西都會內建感應器，從穿戴式裝置、包裝甚至是食物。
- **潛在影響：**無限運算能力（摩爾定律的延續）和無限儲存空間，兩者基本上都是免費的；量化的員工（Quantified Employee）；美國科學促進會（分析即服務）；透過 Arduino 等技術的發展，讓硬體成為新的軟體；以連網產品為立基點的新商業模式。

AI人工智慧、數據科學與分析

- **技術描述：**透過機器學習和深度學習演算法的普及使用，去處理大量的快取資訊。
- **潛在影響：**演算法將促成越來越多的企業決策；人工智慧將取代很大比例的知識工作者；利用人

工智慧從組織資料裡尋找規律和模式；產品內建演算法。

虛擬／擴增實境

- **技術描述**：二至三年之內會出現具有絕佳臨場感的桌上型虛擬實境。Oculus Rift 虛擬實境頭戴式顯示器、High Fidelity 虛擬社群和谷歌眼鏡為這個技術帶來新的應用。
- **潛在影響**：遠端監看；位於中心位置的專家可以服務更多的地區；新的應用領域；遠端醫療。

比特幣和區塊鏈（block chain）

- **技術描述**：以能夠記錄一切的分散式帳本（distributed ledgers）技術為基礎，所建立的去信任（trustless）、超低成本的安全交易方式。
- **潛在影響**：區塊鏈變成一個授信引擎（trust engine）；大部分的第三方驗證功能會變成自動化（例如多方簽名合約、投票系統、稽核方式）。小額交易和新的支付系統會變得普及。

神經反饋（Neuro-feedback）

- **技術描述**：利用反饋迴路，讓大腦達到高水準的精確度。
- **潛在影響**：測試和部署全新類型應用程式的能力（例如 focus@will 網站）；團體創意應用程式；

心流駭入（flow hacking）；醫療輔助、減輕壓力和改善睡眠。

潛在的後設趨勢

以上這些新技術，將進而成為以下這5個潛在後設趨勢的催生助力。

完全知識（Perfect knowledge）

●**潛在影響：**透過聯際網路、物聯網、感應器、近地軌道衛星系統和無限制感應器，使用者可以在任何時間、任何地點知道任何他們想要知道的事情。

虛擬世界

●**潛在影響：**菲利浦・羅斯戴爾（Philip Rosedale）表示，五年後桌上型電腦就能做出好萊塢特效。阿凡達誕生已經超過三年，很快就可以在Oculus Rift上實現，近乎完美的虛擬實境指日可待，屆時將會帶來極度真實的體驗，並改變零售、旅遊、生活和工作環境。

3D列印

●**潛在影響：**3D印刷（4D很快會出現）不僅會從根本上改變大型製造業，還會創造出一個全新類別的產品來取代傳統製造。幾乎任何東西都可以就近3D列印的金考（Kinko）模式很快就會出現，*這項技術將對倉儲和運輸產生重大影響。美國製造業將會隨著近期境外生產趨勢的反轉而重新振興。

支付系統的顛覆

● **潛在影響**：在二〇一二年，維薩卡（Visa）和萬事達卡（MasterCard）信用卡的消費總額光是在美國就超過一・五兆美元。支付系統和匯款機制已經有幾十年沒有改變，但是隨著Square、PayPal、Clinkle和比特幣的興起，這個領域將隨時面臨重大的轉變。一種新的形式將會伴隨行動電子錢包、社交錢包和無縫交易（seamless transactions）而來。第二種形式則會因為小額支付（很可能會透過區塊鏈）應運而生。小額交易量的推升將促成全新商業模式的誕生。

自動駕駛汽車

● **潛在影響**：二〇一四年九月，美國加州發出第一張無人駕駛汽車的牌照，預計會先從貨車開始發展，然後是計程車。一旦自動駕駛汽車的發展到達臨界規模，預估現有道路容量必須增加八至十倍。共乘是邁向全自動化運輸的中間過渡，全自動化運輸可能會比其他任何事情對社會帶來更顯著的影響，包括永續性、都市規劃（幾乎沒有停車場）和交通事故的減少。

請注意，這其中大部分的技術和趨勢在十年前還不為人知，在三十年前甚至全都不存在。毫無疑問，隨著科技革新的速度越來越快，在接下來的五年內可能會出現許多目前尚未人知的技術和趨勢。過去五十年來，圍繞著摩爾定律的種種技術加速發展的預測已然成真，我們現在已經親眼見證了它所代表的意思。

需要強調的是，上面的例子只是推動我們急速前進的一小部分技術而已。不妨翻回去看一下第八章介紹到的「創新合作夥伴計畫」對於八十名財星五百大公司高階主管的調查結果：

- 這些高階主管在參加活動之前，有七十五%對加速技術所知甚少，甚至一無所知。
- 在活動結束之後，八十%的參加者都認同技術和策略將會在兩年內為他們所在的產業帶來「足以改變遊戲規則的衝擊」，而且**所有人**都認同這個衝擊會在五年之內發生。
- 所有高階主管（也就是百分之百）都在一回到辦公室之後，便列出了一系列緊急行動方案。

* 譯注：www.zdnet.com/article/where-to-find-a-3d-printer-nearby/

請注意其中第二項統計資料：八十％的財星五百大公司高階主管，都認同他們所在的產業會因為顛覆性技術，在兩年內發生足以改變遊戲規則的變化。只需要**兩年**，這短得可憐的時間正是讓指數型高階主管徹夜難眠的原因，而全世界各地每一家公司的高階主管很快都將面臨相同的命運。

接下來我們將把焦點放在C字輩高階主管所面臨的重大挑戰，以及指數型技術會如何協助他們找到解決方案。

執行長（CEO）

對於任何類型的領導者而言，尤其是執行長，日益明顯的是他們的職責（尤其是面對組織外部正從原來在可預測的世界中（經濟規模是主要策略）經營公司，轉變成在一個適應力和顛覆力變成更重要的競爭優勢的世界。這會帶來龐大的機會，但同時也伴隨著巨大的壓力，尤其是在涉及原有的業務時。

指數型執行長必須隨時提防突然殺出的顛覆性新創公司，因為競爭不只是來自既有的對手。在大部分的產業裡，最佳策略並不是與顛覆者對抗，而是加入他們的行列，因此與指數型組織型新創公司並肩合作是優先要務。

我們能提供給指數型執行長最重要的指導，或許是要注意「不相關資訊效應」（Orthogonal

Information Effect, OIE），也就是要留意那些看似不重要的資料，裡面可能蘊藏了料想不到的價值。還記得我們第一章提過的布宜諾斯艾利斯的洗車業的例子嗎？因為天氣預報的準確度提高，導致洗車業的營收下滑五十%，這並非特例。你觸目所及的每個產業都因為未被發掘的隱藏資訊所觸發的變化而正在被重塑，其中大多數都是由於不斷被收集的新資料所導致的。此外，我們也從阿根廷的洗車業身上看到，儘管很多資料隨手可得，但往往沒有被正確解讀。

我們來看一下 focus@will 的例子，它提供一些經過設計的串流音樂和聲音，協助人們進入專注狀態，以集中精神完成手上的工作。目前該網站每位用戶每次訪問的使用時間平均高達五個小時！等到 focus@will 發展起來，它會影響的就不只是一小部分想要改善學習習慣的人了。如果你是紅牛、星巴克或其他任何咖啡栽種公司的執行長，你就該對這家不靠咖啡因便能提高注意力的潛在競爭者保持警戒。

每位執行長都應該考慮到自己公司的市場是否可能因臨近領域的創新而產生實質性的影響，這點在如今變得越來越重要。如果你沒有留意到不相關資訊效應，那它們很可能會為公司帶來料想不到的麻煩。

行銷長（CMO）

行銷長的角色在過去十年裡，已因為行動科技和社交媒體在全球蓬勃發展而遭到了嚴重顛覆。在接下來的幾年裡，這種顛覆還會以許多新的、不同的形式出現。

舊金山的 Shift Communications 公關公司的執行長，同時也是公關領域的思想領袖陶德・蒂弗倫（Todd Defren），就曾談到其所在產業的一個分歧現象。這些行銷公司要不是變成專注於商標、遊戲和品牌經營，做為有創意的視覺敘事者，就是成為協助客戶管理銷售流程的分析公司。

圖表10-1　執行長應注意的關鍵機會

關鍵機會	潛在影響和行動方案
朝宏大變革目標邁進	改變或擴展你的品牌或是使命宣言，以涵蓋宏大變革目標。如果你想借助社群的力量，並讓你的團隊能把焦點放在組織外部，這一點就非常重要。
宏大變革目標社群	在許多產業裡，基於興趣愛好的社群正在快速增長，例如量化生活、創客嘉年華（Maker Faire）、DIYbio、TechShop、比特幣。你必須搶在其他競爭者之前加入他們、贊助他們，並向他們學習。

產業裡的顛覆性指數型組織	顛覆性指數型組織正如馬克斯·辛格爾斯在消費性用品領域發現的，於各個產業裡已有幾十個顛覆性指數型組織正在運作。找到他們，然後跟他們合作或是投資，或是收購他們。
槓桿資產和隨需求聘僱的員工	若你擁有為數龐大的人力或是資產基礎，就要改採隨需求聘僱的員工和槓桿資產，並且利用社群和群眾，制定策略來打破組織慣性和陳舊思維。這將會提高你公司的（創新）新陳代謝和適應能力。
以資訊為立基點的產品和服務	找到（完全）以資訊為立基點，具擴充性的產品和服務。如果現階段還找不到，那就自己開發。
五年計畫之死	策略規劃正逐漸被資料導向的預測分析所取代，它代表的是一個強大的產品願景和目的（宏大變革目標）。我們已經越來越無法利用過去推測未來。在組織邊緣不斷進行實驗將會推動即時規劃職能的發展。計畫週期將會縮短至只有一年。
外部創新	正如彼得·戴曼迪斯所說：「如果你只完全依賴公司內部的創新，你就死定了。」想辦法利用社群和群眾進行創新；研究一下「共同創新」和「Crowd Companies」這個產業團體，解放你的員工，讓他們不受拘束。
探索新的商業模式	小額支付將為現有產業帶來全新的商業模式。ＤＩＹ（創客）和Ｐ２Ｐ（共享）運動的出現也是如此。最後，隨著資料成為新的動力來源，許多商業模式將從硬體轉移到軟體和服務。
接受量化、資料和理性化都有其限制性	直覺、個人觀點和預感仍派得上用場，因為未來有很大程度是不可預知的，所以大多數關鍵的策略決定仍需依賴直覺。在不確定的世界裡，預感可以扮演指南針的角色，尤其是在解決你非常關切的問題時。
自動化並衡量所有部門的不同工作流程	使用經過Github或GitLab社交平台最佳化過的免費程式碼、演算法和大量資料，傳統的產出量或是流程導向的模型將被績效導向的模型所取代（例如每次銷售成本）。

財務長（CFO）

儘管財務相關的職務向來都非常保守謹慎，但也即將面臨各種技術的根本性顛覆，其中包括人工智慧（深度學習）、感應器和比特幣（尤其是其背後的區塊鏈協定）。

財務金融界領域正面臨全面性的解體，而數位支付領域已經蓄勢待發，準備迎接變革。Quicken 和 Quickbooks 會計軟體已經為傳統會計公司帶來巨大衝擊。現在，類似針對個人理財的 Mint 金融軟體，有一家 Wave Accounting 公司為中小企業提供完全免費的會計軟體，而它真正的商業模式是挖掘埋藏在這些交易裡的資料。

更長遠一點來看，比特幣現象會持續

圖表10-2　行銷長應注意的關鍵機會

關鍵機會	潛在影響和行動方案
產品個人化	針對不同顧客（合身的尺寸、品味、語言、行為資料、情境資料、感應器資料、交易資料，甚至可能涉及DNA或是神經組織結構）提供完全個人化的產品和服務。神經行銷學不僅應該用來衡量注意力、動機、意圖、品牌和效果，還應該用來作為娛樂、運動和食品等領域的一種個人化方式。
社交媒體的人工智慧監控技術	利用人工智慧監控你公司的社交媒體，以回答常見問題，提供協助、資訊和溝通，並在必要時提供個人協助。當需要採取進一步行動時，它也會提醒相關人員。（可拿Ekho.me當作參考例子）。
即時行為儀表板	即時彙整顧客資料，剖析並洞察顧客的行為和情緒，提供完全符合需求的產品和服務給顧客（極度分眾化hyper-narrowcasting），同時衡量新概念的需求。社交和行動媒體反映了意識形態，因此也是有效創新的觸發器。

利用宏大變革目標社群作為銷售力量	如果你能與一個宏大變革目標社群密切合作，那麼社群就能成為你組織的銷售力量。這意味著公司整個生態系統的宏大變革目標會隨著時間融合為一，並讓一個公司的宏大變革目標能與其所有外部社群的宏大變革目標趨於一致。
合作廠商關係管理—意向經濟的延伸	顧客關係管理（CRM）的時代已經結束，取而代之的是合作廠商關係管理（VRM），這個名詞是由哈佛大學的大衛·西爾斯（David "Doc" Searls）所創造。VRM（Vendor Relationship Management）是意向經濟（intention economy）的延伸，造就了由顧客主導的市場（例如優步、BlaBlaCar）。消費者擁有自己的個人資料，並向雲端上不同的合作廠商透露自己的需求和購買意向，而且大多是即時的。CRM是由公司發起，VRM則是由顧客發起。
差異化即時定價模式	即時監控讓即時定價制度變得可行，按照需求的即時性盡可能讓價格達到最大化（例如機票）。人工智慧在這類型的交易裡極具價值。
行銷素材的群眾外包線上市場	利用線上市場將電視廣告（Tongal公司）、商標和網頁橫幅（99 designs公司），或是任何行銷專門工作（Freelancer網站）外包給群眾。
公關和行銷必須有更長遠的眼光，找出企業迷因	因為變化速度的加快，所以必須展望更遙遠的未來，找出某個迷因（meme）蓬勃發展的時機點（預測規劃），發動因應的行銷和公關活動。若可以的話，最好能找出它剛萌芽的時間點。
精實創業法原型製作與測試	利用精實創業法，藉由先進的測試和原型製作的形式，去測試和驗證新市場活動和新產品的假設，像是Google AdWords關鍵字廣告和登錄頁面裡的A/B測試概念、社交媒體監測、零售商店神經反饋試驗的測試組、顧客開發訪談、群眾募資，以及在虛擬世界的測試，例如High Fidelity。總而言之，就是將以資料為導向和持續測試的方法運用在行銷上。
新的營收模式	因應「使用但不擁有」的趨勢，消費習慣會更趨向訂閱租用，而非一次性購買；更多的應用程式、更多的連網產品，以及更多搖籃到搖籃（cradle to cradle）的產品和循環經濟（Circular Economy）；更多的免費增值模型（免費和付費兼具，例如體驗式廣告tryvertising）。新的收費模式，例如API收費、平台授權、聯合收費和虛擬商品。

蔓延。我們所知最聰明的五家創投公司，都正各自在創立或是投資十五至二十家比特幣公司，這些投資必然會帶來難以想像的顛覆力。事實上，薩利姆認為比特幣是我們前述列表裡面最重大的一項技術推動者。

比特幣投資專家布洛克．皮爾斯（Brock Pierce）是這樣描述的：網際網路是開放交流的一種媒介，想在上面建構一層安全交易可說困難重重。而區塊鏈本身就是一種能實現安全可靠交易的超低成本基礎架構，以其為基礎能發展出各式各樣的應用（貨幣只是其中之一）。

請注意，在現今世界裡，幾乎

圖表10-3　財務長應注意的關鍵機會

關鍵機會	潛在影響和行動方案
人工智慧會計	透過自動化的應收／應付帳款軟體實現自動化的提醒和支付功能，自動化稅務管理以及能夠監視交易流中之錯誤行為的人工智慧。
課稅無界限	各國政府正在合作就避稅天堂採取行動，未來幾年這些避稅天堂可能會持續受到嚴密的監督調查。
數位支付解決方案	超過六萬個商家已經接受比特幣，我們預估在二〇一四年下半年就會衝擊到華爾街，並且很可能在二〇一六年前成為主流。此外，Square和PayPal的影響性也在逐漸增長。小額交易會讓需要處理、追蹤和稽核的交易以數量級的幅度急劇攀升。
群眾募資／群眾貸款	利用群眾（例如 Gustin、Kickstarter、天使投資人和Lending Club）做為產品或服務募集資金的新途徑，特別是在證明某個產品或服務的市場需求時。
現金流量的測量方法	選擇權理論（Options Theory）將會取代貼現現金流量法（Discounted Cash Flows）成為首選機制。

所有的東西都是一種交易，像是通訊溝通、社會契約，還有最重要的商業活動。而在以區塊鏈技術為基礎的會計系統裡，稽核功能將會完全消失。

技術長／資訊長（CTO／CIO）

過去技術長主要的任務有兩個：管理大型套裝軟體和服務，確保只有得到官方核可的設備能夠在組織內運作。如今因為員工對於在任何地點都能進行數位資料存取的需求日益增加，導致他們必須處理的設備、技術、服務和感應器變得越來越多，這將會增加駭客入侵和其他安全問題。設立技術長／資訊長職位的最主要目的，就是要解決這些問題。

據美國聯邦調查局的未來學家馬克．古德曼估計，IT部門只有偵測到六％的公司安全漏洞。古德曼建議資訊長們建立紅色行動小組，在隱藏的漏洞被外部間諜利用之前先找到它們。他還提出一項研究結果，顯示如果你把一隻隨身碟掉在辦公室停車場裡，有六十％的員工會把它插進自己的公司電腦，查看裡面有些什麼東西（這立即會危及安全性）；如果隨身碟上正好還印著公司的商標（再明顯不過的騙術手法），那麼高達九十％的員工會插入查看內容。

你們公司的資訊長是否禁止了所有隨身碟，並且時時刻刻提醒所有員工這其中的危險性呢？更不用說那些約聘、派遣員工了，他們就像潛在的愛德華．斯諾登，伺機偷看你們的薪資單。

技術長／資訊長必須在不危及組織安全性的情況下，實現員工的個人化，這需要寄望最尖端的技術和服務，的確是一項艱鉅的任務。如今在全球各地，資訊長這個職位可能已成為最具挑戰性的公司高階主管角色了。舉個例子：像ERP系統這種大型軟體的建置和導入，在某種程度上，正在被透過開放式應用程式介面（API）與其他軟體公司進行橫向合作的專業「軟體即服務（SaaS）」新創公司所取代。隨著指數型組織的規模發展

圖表10-4　技術長／資訊長應追蹤的關鍵領域

需追蹤的關鍵領域	潛在影響和行動方案
員工自攜（BYOx）	將您自己的設備、技術、服務和感應器帶到公司，提供更多資料並帶來更多的可能性和創新。
雲端存取	隨時隨地都能使用社交技術，並獲取資料和服務，不受限於場所地點（雲端存取）。
人工智慧助理	利用人工智慧管理排程約會、計畫、資訊、協助／回答常見問題等等（Google Now、Watson、Siri）。
大數據安全	世界正在加速數位化，但這也使其更易遭受駭客攻擊，安全面臨越來越嚴重的威脅。針對這個問題，需要大數據解決方案（例如Palantir）來偵測漏洞、缺失，以保護資料的安全。
量子計算與安全性	利用量子計算（quantum computing）來確保安全性（利用安全量子加密去解碼加密內容）。
法規要求	許多行業（包括銀行、醫藥和法律）都會規定客戶資訊只能保存在公司內部以及公司伺服器上。前面所列出的技術發展，將會使得這個要求造成極大、甚至難以承受的壓力。

到傳統邊界之外，資料的整合和交換傳遞的數量將會發生爆炸性的增加，這會使得錯誤追蹤變得愈加困難。

資料長（CDO）

Birst公司的聯合創始人兼董事長，同時也是富比士雜誌的專欄作家布萊德．彼得斯（Brad Peters）將資料長定義為最新的C字輩職位。關於**資料**，我們在本書裡已經談到過無數次了：數十億個感應器大量產出供演算法使用的資料、大數據解決方案、資料導向的決策和價值衡量指標（或是精實衡量指標）。現在所有組織都迫切需要管理並分析所有資料，並且要在不

圖表10-5　資料長應注意的關鍵機會

關鍵機會	潛在影響和行動方案
外部導向的資訊科技	利用外部社群（開發者）和合作夥伴（新創公司、SaaS、其它公司）去開發新的服務/產品以及具有開放式應用程式介面（重組資料集、開放原始碼標準）的開放平台，並提供自己的後設資料（存取、重組）。
商業智慧（Business Intelligence, BI）	利用方法論、流程、架構和技術將原始資料轉換為有意義和有用的商業資訊（更有效的策略性、戰術性、經營性觀點與決策）的資料管理系統。重要的啟發：如果你是在一個高度不確定的環境中經營，要盡可能簡化（不要有太多變數）；如果在可預知的環境中經營，請複雜化（利用更多的變數來管理商業智慧）。
重新調整顧客資料所有權	顧客將擁有自己的資料（例如Personal或是Respect Network公司），然後提供其中一部分的使用權（為了獲得相關和有益的服務），給那些經過授權能獲取這些資訊的人、公司或組織。

會洩露隱私、觸犯安全法規、違背客戶信賴的前提下做到這點。

在組織內部，資訊長因為要管理日益龐大的資訊基礎設施而分身乏術，這些新產生資料的管理工作於是落到了行銷部門的身上，但該任務對行銷部門而言頂多是副業。所以我們有必要設立資料長這個職務，其主要工作就是管理資料、從中尋找可供運用的資訊，然後以迅速、安全並且容易使用的形式，將資料傳送給組織裡的每個相關人員。

資料長是一個相對新興的高階主管職位，但我們認為這是任何一個指數型成長的組織不可或缺的要職。大數據解決方案（尤其是機器學習和深度學習）、資料管理系統和儀表板，對於即時資料的收集、分類、過濾和重組非常有幫助，並有助於創造一個更個人化、更有效的組織。

創新長（CIO）

請仔細留意以下的差異：請不要將這裡的創新長（Chief Innovation Officer）跟常見的資訊長（Chief Information Officer）搞混了。後者是在管理企業的ＩＴ部門和相關設備，前者則是在管理公司的創新開發。

創新是發展永續性指數型組織的重要關鍵。現在的創新長比過去任何時候都更需要依賴外部資源，以追上不斷加速的變化步伐。其關鍵就是利用整個由宏大變革目標推動，並由社群、駭客空間、

圖表10-6　創新長應注意的關鍵機會	
關鍵機會	**潛在影響和行動方案**
開源研發（Open Source R&D）	利用社群和大眾進行研發和產品開發（例如Quirky公司），並善用來自駭客空間的集體智慧和資產，例如TechShop和BioCurious（槓桿資產、即時供給）。
善用併購	與新創公司合作，或是進行投資或收購，利用它們進行研發和產品開發（大公司扮演投資基金的角色）。
基於合作廠商關係管理（VRM）的研發	根據某個意圖或想法，由社群全權主導一個完全自動化的研發和產品開發流程（集體目的），就像基於銷售目的所進行的顧客關係管理（CRM）一樣。
刺激大腦的思考能力	利用腦刺激技術（tDCS、TMS、tACS）和混合學習法（大腦直接連接到雲端），以提高思考能力和增強大腦功能。最佳的大腦狀態：心流駭入（flow hacking）、降低/減輕壓力、加速思考，改善工作和學習記憶。這個未來性的概念即將成為現實。
虛擬實境測試	利用虛擬世界來測試、原型開發、實驗和學習，例如菲利浦．羅斯戴爾創立的High Fidelity社群。善用一些工具，例如利用Oculus Rift 虛擬實境頭戴式顯示器來測試視覺化效果；Gravity Sketch平板可用於設計，Leap Motion則可用來測試互動性。顛覆性的3D印表機的出現，可在虛擬世界中透過手勢介面進行測試。
有限制條件（Constraint-based）的設計（人工智慧）	允許人工智慧在特定的限制條件下設計創新。

駭客、開發者、藝術家、新創公司和其他公司所組成的生態系統。

相較於其他高階主管，創新長會更加依賴許多指數型技術。創新長需要同時在內部和外部激發創新過程，特別是一致性和同步性這兩方面，還必須要鼓勵冒險精神並能夠容忍失敗。

營運長（COO）

營運長對任何一個組織而言都是核心角色，他的職責就是讓事情能夠完成。營運長必須考量到安全及隱私風險、分權（decentralization）、在地化（localization）和槓桿資產的成長趨勢，因為任何一個都會對組織造成極大的影響。由於奈米技術、3D和4D列印、感應器、人工智慧、機器人和無人機的快速發展，技術對實體產品的生產和供應鏈所造成的衝擊，會比數位產品來得大。

值得注意的是，長途運輸的需求將會隨著在地化生產的興起和持續成長的循環經濟（回收利用）而逐漸減少。透過當地的合作夥伴（槓桿資產）、3D印表機和高度可客製化的機器人所帶來的廉價勞動力，會

圖表10-7　營運長應注意的關鍵機會

關鍵機會	潛在影響和行動方案
分散生產或是外包生產	數位生產和生產步驟的分割，讓公司能夠專注於核心能力（顧客關係、研發、設計和行銷）。為了實現這個目的，要充分利用OEM（例如PCH International 公司、偉創力、富士康）或是藉助3D印表機、機器人和奈米科技（請參見特斯拉汽車）。

可回收利用的材料／循環經濟	可回收和多次重複使用的生產材料。透過有系統的提煉原料，讓瑕疵產品能回收再利用。這是基於前述的分散生產模式。採用生物奈米複合材料和奈米纖維素（nanocellulose）開發生物可分解包裝。
奈米材料和奈米製造	製造和使用由人造原子和分子（例如石墨烯和碳炔）製成的材料，其被設計成特定的形狀、尺寸、表面特性和化學屬性，以增加活性、強度和電性。出現了「材料計畫資料庫」（Materials Project）這類分享各種材料及材料特性的開源資料庫。
3D和4D列印	就地自行組裝的產品；快速原型開發和維修服務。
人工智慧生產監控	利用感應器資料、演算法和人工智慧，來檢測出生產初期的不良問題，在產品進入市場之前就解決問題，進而大幅降低維修、退貨和召回的成本。
可客製化和可程式化的機器人	容易程式化和客製化的製造用機器人，可協助和代替工人從事重複性和繁重的任務（例如Baxter機器人、Unbounded Robotics公司、Otherlab公司）。
永續生產和物流	透過機械化運輸、感應器、人工智慧、彈性太陽能板和鈣鈦礦太陽能電池（perovskite solar cells），去推動更環保、更自給自足的生產。可以添加到建築物、車輛、機器和設備中的奈米材料（石墨烯）。物流的改革（陸運、水運和航空運輸）。
自動化運輸和配送	利用自動駕駛車（例如谷歌的自動駕駛汽車）和無人駕駛飛機（例如Matternet公司）來運輸和配送物資和產品，特別是在偏遠地區。
完整的供應鏈追蹤／監控	利用物聯網感應器來監控整個供應鏈。大多數物質的位置、狀態、保存和安全性都可以被監測（化學物質殘留、污染、生活品質）。
生物生產（Biological Production）	生物學有個獨特的特性，它是能創造出自己的硬體的軟體。利用生物質材料（bio-based materials）和合成生物學作為生產方式的另一種選擇。生物生產目前仍難以規模化，但在中期之內必然會改變目前的生產方式。

有越來越多就地生產的產品。由於顧客通常都希望能夠立即拿到他們所需的產品，因此他們基於兩個理由，將會越來越能接受本地組裝的產品：道德面因素（工作機會和永續性）和實質面因素（較低的配送費用、更好的客戶服務等等）。

美國人現在的每一餐，平均都要歷經二千五百英哩的運送才能上餐桌。但在地農業和技術，例如垂直農耕（vertical farming），可以且將會讓這個數字大幅減少。舉例來說。目前在新加坡販售的蔬菜，有七％來自於垂直農耕。

法務長（CLO）

指數型組織革命為法律職務帶來了一系列新的障礙，讓法務長成為了既刺激又充滿壓力的職位。法律系統是社會價值的集合體，因此與快速進步的發展往往不相容。

這一系統如今正面臨著前所未有的壓力，這就引出了薩利姆（Salim）最喜愛的問題之一：隨著技術的加速發展，法規架構將如何因應？然而，不管多麼困難重重，法務長都不能奢望等待會讓問題自動解決。雖然把指數型和法務部門配在一起可能會讓你覺得有點矛盾，但並不必然如此。

圖表 10-8 詳述了指數型組織的法務高階主管應該注意的議題。

由於指數型技術的興起，智慧財產權、隱私權和財產權法律以及合約機制，已經明顯呈現將會

圖表10-8　法務長應注意的關鍵機會

關鍵機會	潛在影響和行動方案
智慧財產權化整為零	由於新開發和新設備的加速發展，智慧財產權的攸關性越來越高，因此出現了將智慧財產權化整為零的做法（針對小部分申請專利）。
開源專利	就像特斯拉開放它的電動汽車專利一樣，開源智慧財產權將會促成一個更大的創新生態系統。在這個生態系統裡，預設的情況下你的組織將會是中心。它將帶來先佔優勢和源於內部的創新。
智慧財產權越來越不合時宜	在快速發展的世界裡，當你申請專利時，它就已經過時了。
智慧財產權保險的興起	用制度化的架構去保護智慧財產權，免於遭受侵權。
智慧合約（Smart Contracts）	將法律條款變成程式碼，當特定條件成立便立即觸發合約條文的執行；個人化的法律系統。
流動法律合約（Fluid legal contracts）	靈活彈性的即時性法律合約，因應新的資料、統計數據和觀點不斷進行調整。例如目前的Scrum合約，但更加先進。
岌岌可危的法規架構	隨著技術如脫韁野馬般飛速發展，相關的監督管理機構變得與現實脫節。更糟糕的是，它們變成反科技主義者。
利用法規促進經濟發展	那些推動法規制度的國家或地區將會得到巨大的好處。例如，若某個小國讓機器人汽車完全合法化，將會有大量的研發移轉到該國。指數型組織將會大力遊說他們的政府建立有競爭力的法規環境。
規制俘虜（regulatory capture）	財力雄厚的大型組織將會更加積極地採取遊說手段，促成有利的法規環境，藉此建立高牆來保護其所處的領域。儘管遊說是當今大型組織普遍的求生手段，但並非長久之計。

在幾年內產生變革的態勢。我們對於法規架構將如何跟上腳步非常感興趣。我們預期任何接納具前瞻思維之法規環境的地區或國家（例如中國，尤其是它的自由貿易區），將會為指數型組織帶來很大的競爭優勢。

人力資源長（CHRO）

指數型技術的加速步伐，讓人力資源的領域也無法倖免於難。生物技術（分析員工的DNA）、神經技術（分析員工的神經組織結構）、感應器和大數據（量化的員工）的發展，將會為勞動力帶來前所未有的新觀點。在招募技巧、協同作業和員工發展變得愈加數位化的時候，我們也看到了其中產生的變化。

這些都很可能會為招募工作和團隊領導帶來一

圖表10-9　人力資源長應注意的關鍵機會

關鍵機會	潛在影響和行動方案
數位工作面試和數位會議	工作面試和協同作業將會透過視訊（skype）、遠距擬真視訊（例如Double Robotics公司）或是運用虛擬實境技術（Oculus Rift或 High Fidelity）的虛擬會議，以因應隨需求聘僱員工的全球化趨勢，也可藉助虛擬實境技術進行測試。社交網路技能的重要性將與日俱增，實習以及針對現實生活技能的測試也會更受到重視。
僱用能問對問題的員工	我們正進入一個開放資料、開放應用程式介面，甚至開放原始碼（深度學習）演算法的世界。若一切都是免費的，那什麼才是獨一無二的呢？雖然機器（人工智慧）擅長提供答案，但人類更擅長問對問題。人力資源政策將會著重在那些能問對問題的人，同時營造一個問題、觀點、藝術和文化更受到尊重的環境。

依據潛力加以僱用，而非過去的實績或是履歷	由於變化的速度加快，工作經驗將不再重要。應徵者的潛力比智商、特色和能力更重要。可以依據內在動機、目的（與宏大變革目標相契合）、敬業度、決心、好奇心、洞察力和風險素養（統計）來衡量潛力。潛力同時也包含了學習/遺忘和適應能力。有朝一日，這些工具也會被應用在隨需求聘僱的員工（例如Tongal公司）以及社群與群眾。
以DNA分析／神經分析為基礎進行招募和組成團隊	以DNA分析（根據特定的荷爾蒙、 神經傳導物質和健康風險去評估工作適任性）和神經分析（正確的態度、情緒、專注力、誠實度、熱情，沒有認知偏差）為基礎，來招募和組成團隊。人工智慧將會建議哪些人應該一起工作，以及針對不同任務該如何組成團隊。
同儕學習與指導	有一些軟體程式設計學校並沒有教職員，而是依靠同儕學習，例如麻省理工學院和法國的42學院（Ecole 42），這些機構的成本效益很高。人力資源將會仿效這些模式，以加強員工之間的知識創造和技能移轉。
P2P聲譽系統	透過社群（Mode、GitHub、LoveMachine、Klout、Linkedin 等等）來衡量內部和外部的聲譽。
個人發展儀表板和宏大變革目標契合度	結合資料分析、嚴肅遊戲（serious gaming）和人力發展分析預測的儀表板，例如目標和關鍵結果、偶發力（serendipity）或學習關鍵績效指標（KPI）、績效評估、P2P聲譽系統、大規模開放線上課程等。利用大數據找出異常現象，包括偏離常態的同事評分。利用遊戲化的方式強化參與度，並衡量／追蹤與公司宏大變革目標的契合度。
量化的員工／團隊	員工和團隊的健康監控可以根據身體健康狀態（疲勞、專心、活動、休息和放鬆）提供一些有用的預測資訊，進而協助員工避免犯錯、壓力過大、生產力降低和過勞等現象。利用員工的DNA、生物群系和生物標誌，去降低健康風險、對抗感冒等等。
神經強化	利用神經技術（Neurotechnology） 來改善情緒、員工能力 （加速學習、專注力、閱讀、睡眠、心理狀態，並避免認知偏差）和協助克服社交恐懼症（緊張和害怕跟人接觸或交流）。對員工精神健康有幫助的工具和服務，例如Happify和ThriveOn，再結合感應器，利用這些工具學習維持健康、提升抗壓性和其他核心生活技能；它們還可以用來衡量它們的效果。

些不可預知、出乎意料的變化。例如，谷歌最近發現它最好的員工並不是常春藤名校畢業生，而是經歷過人生大低潮，並且能將這些經驗轉化為成長動力的年輕人。據谷歌的說法，重大的個人損失能塑造出更謙遜，更願意傾聽和學習的員工。最後，學習率將會成為衡量個人、團隊乃至於新創公司的發展的一項主流指標。

虛擬實境雖然目前應用仍侷限於 Oculus Rift 和谷歌眼鏡，預計未來將會帶來更多的應用創新，例如 High Fidelity 虛擬社群。虛擬實境不僅會對招募和協同作業造成深遠影響，而且具有顛覆今日我們所知的工作的潛力——試想我們可以如何將虛擬實境運用在實驗中，在用3D印表機製作出原型之前，就先請顧客對產品進行虛擬測試。

我們現今所處的時代，人力資源部門的關鍵作用不只是有效管理核心全時等量（full-time equivalent, FTE）的員工，還要應付更龐大的隨需聘僱員工（以及群眾外包的管理），而且前述這些管理工作將擴大至全球化規模。管理指數型組織屬性中的**介面**和**隨需求聘僱的員工**，將會成為人力資源部門至關緊要的新職能要求。

世界上最重要的職位

讀到這裡，大家應該可以明顯看出對於全世界的大型組織而言，高階主管的角色將會產生重大變革。在多種革命性技術交互作用和交互影響之下，既存公司的高階主管必然會面臨極大的壓力。正如我們所說過的，受此衝擊影響最深的地方莫過於執行長辦公室。沒錯，在十年之內，為了配得上這個全新的職稱「**指數長**」（Chief Exponential Officer），執行長這個職位勢必會面臨一場徹底的革命。

為C字輩高階主管歡呼，祝這些傑出人士好運吧！因為當我們邁入指數型組織時代，C字輩高階主管（更不用說我們其他人了）都將踏入一場狂野、可怕，但最終令人欣喜的旅程。

結語 一場新的寒武紀大爆發

在這場旅程的起點，我們問了自己兩個關鍵的問題：指數型組織是玩真的嗎？如果是，會持續多久呢？

或是換另一種問法，指數型組織的模式經得起考驗嗎？還是會曇花一現？

圖表 11-1 列出了一些頂尖指數型組織在我們撰寫本書期間的公司市值。我們相信這張表很清楚明確地回答了上面的問題。

看看三十六個月產生了多大的變化！更重要的是，這種成長倍數永遠不會出現在任何一個五年策略計畫裡。請記住前面說過的「鈦星時刻」的教訓。儘管指數型組織還是一個相對新興的模式，仍在持續演變，但毫無疑問地令人難以忽視它們的存在，企業創新家尼洛弗爾・麥錢特（Nilofer Merchant）稱它們為「八百盎司的大猩猩」。

運用SCALE屬性可以讓指數型組織的擴展，超越傳統的界限，而IDEAS屬性則可以協助它們保持控制並維持某種程度的秩序。事實上，我們便親眼見證了像亞馬遜、臉書和谷歌這樣全面

IDEAS屬性後展現驚人發展的公司：它們變得**非政治導向**。透過資料導向、客觀決策（**實驗**）、自我管理的團隊（**自治**）、持續的共享意識（**社交技術**）和各種儀表板，團隊將會專注在最終結果，而非內部政治。

對現有組織而言，從第十章中花旗集團的阿爾瓊・維斯瓦納坦的例子，就可看出將指數型組織思維導入現有組織時會形成多大的衝擊。德勤加拿大分公司的合夥人伊恩・張（Ian Chan）擁有一個令人欽羨的稱號「顛覆領導者」，他已經成立一支團隊，協助他們的客戶實施指數型組織原理。

他們會有這樣絕佳的表現和可擴展性，可能來自於利用資訊服務取得新興市場優勢，或是來自於降低供應成本和幾乎完全去掉營收／成本等式中的分母，來攻擊現有的市場。

再提供一個實際的案例：在一九七九年，通用

圖表11-1　頂尖指數型組織的市值分析

	成立年數	2011年估值	2014年估值	成長倍率
海爾	30	190億	600億	3倍
威爾烏	18	15億	45億	3倍
谷歌	17	1500億	4000億	2.5倍
優步	7	20億	170億	8.5倍
Airbnb	6	20億	100億	5倍
Github	6	5億（推估）	70億	14倍
Waze	6	0.25億	10億（於2013年）	50倍
Quirky	5	0.5億	20億	40倍
Snapchat	3	0	100億	10000倍以上

汽車雇用了八十四萬名員工，盈餘為一百一十億美元（依二〇一二年的美元價值計算）。現在，我們拿通用汽車與谷歌比較，後者在二〇一二年僱用了三萬八千名員工（不到通用汽車一九七九年員工數的五%），盈餘為一百四十億美元（相當於通用汽車的一．二倍）。瞧瞧資訊導向的環境造成多明顯的差異呀！

事實上，艾力克．施密特（Eric Schmidt）和強納森．羅森柏格（Jonathan Rosenberg）最近合著的一本書《Google模式：挑戰瘋狂變化世界的經營思維與工作邏輯》（*How Google Works*），幾乎完全呼應了我們的IDEAS屬性。

因此，既然我們已經知道指數型組織將成為常態，就應該考慮這幾個問題了：指數型組織會對整體經濟造成多深遠的影響？多少產業和市場會被它們顛覆？多少現有的和成功（目前）的公司會在指數型競爭對手面前消失？最終，指數型組織經濟將會如何改變我們的生活和工作方式？

除了上述組織在財務方面所展現的非凡成就之外，我們還追蹤了它們系統性實施每一項指數型組織屬性（宏大變革目標、SCALE和IDEAS）時的組織發展狀況（我們將會持續追蹤他們的進展，並發表在www.exponentialorgs.com）。在這過程中我們發現，最適合用來比擬指數型組織的就是網際網路本身。網際網路是一個分散化、去中心化的架構，並在邊緣出現許多開放式標準和創新。具有指數型組織屬性的新創公司也顯示出相似的特性。

經過二十年的邊緣創新之後，網際網路現在幾乎是所有創新的基礎。隨著企業的成長漸趨指數化，我們相信它們會變成善用開放式應用程式介面（API）之社群的分散化、去中心化的平台。我們還認為，它們在經營管理上將會在開放和受保護的資料之間取得平衡，並鼓勵在邊緣進行持續性和顛覆性的創新。

就像網際網路通訊的成本降到幾乎接近零一樣，我們預期當組織結構越趨近資訊化和分散化時，內部的組織成本和交易成本也會降至接近零。最終，當交易成本變得如此低廉，我們預期在組織設計上將會發生我們所稱的**寒武紀大爆發**，也就是從以社群為基礎的架構到虛擬組織（例如Ethereum）的所有一切，都會變成小型的、靈活彈性的和可擴張的。

還有一點也日益明顯，那就是指數型組織模式和網際網路一樣，不侷限於商業應用，它也適用於各種類型的企業和組織，不管是學術的、非營利的還是政府機構。簡而言之，它不只是一套商業系統，還是一種**行動哲學**（philosophy of action）。

舉例來說，指數型政府會是什麼樣子呢？企業家兼技術策略家安德魯・雷西（Andrew Rasiej）認為，政府應該成為公民參與的**平台**。ＲＥＸ公司（Relationship Economy eXpedition）的創始人傑瑞・麥考斯基（Jerry Michalski）指出，政府的真正任務應該是管理公共資源，也就是屬於所有社會成員的文化資源和自然資源。而透過宏大變革目標為導向的社群來運作這樣的系統，會比那些由選舉產生、動機可疑的腐敗官員更為有效。

說實話，從正確的角度來說，傳統的代議政府可視為一個雛形版本的指數型組織。也就是說，它有宏大變革目標（其國家或地區）、利用社群與群眾（稅收就如同強制性的群眾募資）、分權化、收集和利用資料與想法見解、以公眾為優先（理論上）、運用參與（公民和選舉），而且擁有龐大的資產（公共土地）和隨需求聘僱的員工（軍隊和儲備軍人）。

所以真正的問題不在於政府能否成為指數型組織（粗略來說，它們已經是指數型組織了），而在於它們能否完成自己的使命，成為真正的、功能完備的、科技導向、績效卓越的現代指數型組織？實際上，這正是我們真正應該捫心自問的：這樣的政府會是什麼樣子？

讓政府達成這個使命的機會當然存在。實際上，有幾個具有指數型組織風格的政府系統已經實現了。為了保護美國南部大平原上瀕臨絕種的小草原松雞，讓任何試圖在該地區架設風力渦輪機的人都承受負面影響。生態影響的評估流程需耗時超過六個月，評估的各個面向在每一個步驟都必須獲得批准。到最後，包括野生動物與公園管理局在內的許多機構，聯手建立了一個地理資訊系統，針對所有敏感區域進行編碼。現在這個系統可以很快地批准一個新的位置場所，若有問題也會提供替代方案，讓整個評估過程的耗時縮短了數百萬倍，而且毫不費工夫。

在英國也可以找到在政府組織內成功實行指數型組織策略的例子。政府數位化服務小組（Government Digital Service）主管麥克．布拉肯（Mike Bracken）就按照指數型組織的方式管理他的部門。不斷地針對使用者進行實驗、從事快速疊代更新、以市民為中心的設計，並利用 GitHub 遠端儲存庫，讓該部門的最新應用程式得到了九十％的支持率——你可曾看過如此高的政府服務支持率？

除了政府以外，我們認為指數型組織原理也會讓其他象牙塔般的領域產生變化，科學研究便是其中一例。好笑的是，這個領域仍然堅守著「不發表就滅亡」（Publish or perish）的陳舊教條。

Modern Meadow 公司的生物科技高階主管莎拉．瑟拉斯克（Sarah Sclarsic），對該問題進行了長期研究。她表示豐碩的發表記錄是獲取資金贊助的關鍵，然而問題出在頂尖的科學期刊偏愛具有正相關發現的轟動性研究，這迫使科學家們致力於產出轟動性的研究成果，而不管是否有穩固的科學基礎。

瑟拉斯克發現，安進公司（Amgen）的研究人員最近在嘗試重現五十三篇具劃時代意義的癌症論文的研究結果時，只能證實其中的六篇（十一％）有科學根據。*她表示：「這種（對發表）的偏頗心態會破壞科學本質裡的開放式探究和客觀性，而那正是科學進步的關鍵要件。」

好在有 figshare 公司和公共科學圖書館（Public Library of Science）這樣的新興潮流，正在打破這個古老的框架。有個名為 Researchgate 的指數型組織，它是一個以社群為基礎的開放網站，研究人員可以在上面發表任何結果，而且已有大批科學家和研究人員湧入其中。如今已發展至超過五百萬人規模的 ResearchGate 社群，可能足以讓科學和技術以數量級的速度發展進步。

工作和經濟

當我們走入指數型組織環境時，還要思考一些同樣重要的問題：指數型組織世界會產生什麼類

* www.nature.com/nature/journal/v483/n7391/full/483531a.html#t1

型的經濟？當我們將資訊運用到越來越多的流程和產品當中時會發生什麼事？

如果要描繪一幅資訊化世界的景象，那麼你很可能會得到這樣一個經典的反烏托邦畫面：機器人和其他形式的人工智慧會讓很多人失業，人類因此陷入危機和社會混亂。

技術對經濟產生的效應早已不是什麼新鮮話題了。一八七〇年代的McCormick收割機、二十世紀初期的組裝生產線、一九五〇年代的電腦，這些都是大家耳熟能詳的例子。馬克．安德森（Marc Andreessen）指出，機器人會搶走人類飯碗的爭論最早出現在一九六四年，其背後的論點和所引發的恐慌和我們今日在媒體上看到的可說別無二致。

在最近一次與薩利姆的討論中，著名經濟學家約翰．墨登（John Mauldin）表示他抱持與安德森相同的看法，兩人都不相信所謂的零和遊戲。他所相信的是，經濟只會持續地擴張，將過去無法想像的活動都包含進去。雖說如此，但墨登也認為，在更龐大的經濟層面上，存在著兩股拉鋸力量，至少短期內會如此：一方面是政府在養老退休金、醫療照護等方面做出無法持續的承諾，另一方面則是隨著技術發展所帶來的生產力的提高。

墨登批評那些在評估經濟時喜歡以均衡假設為基礎的經濟學家們，指出他們幾乎從未意識到資訊革命必然會顛覆均衡。正如布萊恩．亞瑟（W.Brian Arthur）所說：「複雜性經濟學是思考經濟的另一種方法。它不是將經濟視為均衡的系統，而是一個不斷變動、持續進行**運算**的系統—也就是持續重塑新的自己。均衡經濟學強調的是秩序、確定性、演繹推論和靜態平衡，而這種新的架構強調的是偶發性、不確定性、意義建構和對於變化的開放性。到目前為止，經濟學依然是門基於名詞、而非基於動詞的科學。」

我們對安德森和墨登樂觀的世界觀非常贊同。例如在一九八〇年，全美手工釀酒業者的數量只有九十二家。當我們的合著作者麥可．馬龍的父親在撰寫有關一九八〇年代啤酒產業的文章時，這些「業餘」釀酒廠在人們眼中只不過是新奇玩意，無法維持穩定的品質，而且針對的是利基消費者。後來，隨著技術讓成本逐漸降低，使這個行業的進入門檻大幅降低，人人都能投入啤酒產業，業餘愛好者和小型釀酒廠突然發現他們可以轉向精緻化、高品質的微型釀酒工坊發展。至今，美國的微型釀酒工作坊數量已接近三千家，達到一個多世紀以來的高點。而這些釀酒工作在整個美國已創造了十一萬個工作機會。

這還不是全貌。考夫曼基金會（Kauffman Foundation）在二〇一〇年進行了一項研究，發現在過去的四十年裡，大公司所創造的新工作的淨額為零，新工作完全來自於新創公司和創業者。在追蹤研究由戴爾．多爾蒂（Dale Dougherty）發起之廣受歡迎的創客運動之後，The Grommet 網站也發現了類似的結果，其報告指出小型公司自一九九〇年起已經創造了八百萬個新工作，大公司卻減少了四百萬個職位。

正如我們在第五章中所說的，技術的民主化讓個人和小型團隊能夠追隨自己的熱情，不管是無人機、DNA合成或是啤酒。我們認為充分利用加速技術的宏大變革目標社群可以創造出大量新的經濟機會，預期在不久的將來就可看到許多新職業的誕生，不過它們與我們現在所做的工作會截然不同。我們可能很快就會互問「你都在忙些什麼？」而不是「你的職業是什麼？」總而言之：寒武紀大爆發正蓄勢待發。

從稀少到富足

未來學家保羅．沙佛發現，人類社會最初是一個生產者的經濟，後來轉變成了消費者的經濟，如今正朝向創新者的經濟前進。幾個世紀以來，貨幣和商業一直是全世界各地主要的交流模式。然而，今日世界資訊正在迅速取代貨幣，成為主要的交流模式（請注意，資訊很大程度上已經是可互換的了）。如果要用最簡單的比喻來描述這個宏觀變化，或許就是從稀少到富足。

傑瑞．麥考斯基（Jerry Michalski）指出，在從前，稀少意味著**價值**，也就是說缺乏稀少性就做不了生意。然而這個概念已經如今被顛覆。IDEO 設計公司的戴夫．布萊克利是這樣看待指數型組織：「這些新的組織是指數型的，因為它們將某種稀少的東西變得豐富了。」諾基亞藉著收購 Navteq，試圖購買、擁有和控制稀少性，最後卻被 Waze 大幅超越，而 Waze 的作法就是設法利用和管理**富足**。

指數型組織基本上就是在管理富足，而這資訊導向的世界會帶領我們走向富足。正如之前所述，史蒂芬．科特勒和彼得．戴曼迪斯合著的《富足：解決人類生存難題的重大科技創新》，已對該結果發生的可能性做了清楚論述。

因此，指數型組織取得勝利似乎是遲早的事。在傑瑞米．里夫金（Jeremy Rifkin）二〇一四年的著作《物聯網革命：共享經濟與零邊際成本社會的崛起》（*The Zero Marginal Cost Society: The Internet of Things, the Collaborative Commons, andthe Eclipse of Capitalism*）中，他提出的一個重要論點，與我們在第五章中所談到的「消滅營收的行動」觀念有著密切關聯，裡面我們談到指數型組織會促使邊際成本趨近於零。不過里夫金從更宏觀的角度提出他的論點，他認為我們現在所看到的狀況，是從資本主義崛起以來首次出現的新經濟系統，是一個邊際成本極低、甚至是零的新世界，他稱之為協力共享社群（Collaborative Commons）。

可以想見這種新的經濟系統，對資本主義形成了巨大威脅。很諷刺的是，里夫金相信資本主義的興起和壯大所取得的成功（讓商品和服務變得更便宜），終將會吞噬掉自己的創造者，進而顛覆資本主義本身。此發展趨勢的關鍵驅動力從何而來？那就是商品和服務走向資訊化已成為全球性的現象。

隨著這個新經濟典範模式逐漸主導現代生活的大部份領域，只有時間才能證明里夫金的理論是否正確或至少部分正確。但可以肯定的是，指數型組織是管理**協力共享社群**的新時代和**富足經濟型態**的關鍵所在。不幸而又諷刺的是，有關這個新的典範模式，幾乎沒有可供參考的指南。現階段幾乎所有商學院的分析案例都已過時，因為每個教的都是如何管理稀少性並達到最佳效益（這類的教材倒是很充裕）。也因此，大部分把重點放在提升規模經濟的管理實務也都是過時的。沒有任何一門MBA課程會為學生示範與說明**介面**，也沒有任何一位管理顧問會為優步提出使用**演算法**的建議。

我們已經注意到，當指數型組織逐漸壯大，它們會變成平台，催生出其他更小的指數型組織，這就好比一個健康生長的珊瑚礁，在其外圍邊緣孕育出各種各樣的有趣生物。隨著各種產業的資訊化程度越來越高，我們認為它們必然會在個別產業裡集結整合成數個大型平台，而大量的小型指數型組織將從中孕育而生。

無論這一切將如何發展，有一點很明確的是，指數型組織是任何一家資訊佔有重要地位的企業（這當然就意味著每一家企業）的未來。你可以選擇早一點或晚一點進入這個世界，但終究是要走進去。

你對員工、投資人和顧客的責任促使你必須即刻行動。一旦你的企業或產業的一部分趨向資訊化，其邊際成本就會開始消失，你的組織將只有轉型成指數型組織或就此消失兩條路。若你猶豫太久，可能很快就只能眼睜睜地看著競爭對手加速離你遠去，你的公司將成為對方公司歷史裡的一段過往雲煙。

然而，不見得一定要落得過往雲煙的下場。回憶一下之前的眾多案例，指數型的思維和行動不僅能創造出顛覆性的新公司，還讓各種類型和規模的組織展現出驚人的進步和變化。現在有這本書可以做為你將自身重塑為指數型組織的指導手冊，我們誠心邀請您今天就啟程往這條路邁進。

薩利姆．伊斯梅爾

麥可．馬龍

尤里．范吉斯特

後記

你已得到一張建立指數型組織的藍圖。無論你是一家三人小公司，還是三萬人的大公司，利用本書所提出的內外部屬性去改造你的公司都是刻不容緩的重要工作。

雖然我們都能說出哪個公司是線性的（例如奇異），哪個是指數型的（例如谷歌），但正如伊斯梅爾在結語裡所說的那樣，我們現在已經能夠明確衡量箇中差異，同時也已經知道它們的經營方式是如何以及為何讓平均每一員工營收能提升二十五倍。這二十五倍的差距，有一部分是來自目前已可取得的生產力工具，也就是指數型技術。即使兩者所處的產業不同，但是從發展走向仍可明顯看出目前的趨勢正從物料導向的世界，大幅轉向資訊導向的世界。

在奇點大學的經驗讓我們得出這樣的觀點，在過去的六年裡，我們一直從加速技術領域裡的頂尖思想領袖、研究人員和從業人員身上學習。不過，必須讓各位知道的一點是，我們確實仍處於顛覆性技術的萌芽時代，尚未見到任何動靜。在接下來的十或二十年裡，這些加速工具的效用將會繼續成長，而贏者通吃的網路效應將會加速指數型組織的發展，將之推向前所未見的巔峰。

現實情況是，在這個指數型變革的時刻，你**必須改變**你的公司。若不顛覆自己，就等著別人來顛覆你。千萬別坐以待斃！

為了讓你更清楚知道迎面襲來的這場變革海嘯會是什麼景象，請允許我在此描繪在不久的將來即將出現的四種程度的技術融合。

- **第一級：**首先，隨著運算能力的成倍發展（也就是所謂的摩爾定律），特定的指數型技術也會持續加速發展。這種現象正發生在無限運算、網路／感應器、人工智慧、機器人學、數位製造和合成生物學等領域裡。你已經在第一章的表格裡看到這些領域所表現出來的驚人進步。
- **第二級：**這些技術的融合——網路、人工智慧和3D列印的交集——很快將會讓每個人都能表達自己的想法。屆時，你可以將自己美妙而詳細的3D列印設計方案，口述給具人工智慧功能的設計軟體，接著讓它把設計列印出來並送到你家門口。我們每一個人無論懂不懂技術，都能夠成為設計和製造達人，這就像是微軟的Word讓我們都不會拼錯單字。
- **第三級：**正如本書所提到的，地球上以數位方式相互聯繫的人口數量，將在十年內從二〇一〇年的二十億增加到二〇二〇年的至少五十億。新加入全球經濟的這三十億顆腦袋將會帶來強大的影響，但更重要的是這三十億人將能夠充分運用去中心化、去營收化和大眾化技術的力量，其中包括了手機、谷歌、線上3D列印、人工智慧技術、醫療診斷以及合成生物學等各式各樣的技術。

他們可以輕易使用這些在十年前還只有大型公司和政府實驗室才有辦法獲得的技術。這會帶來什麼樣的發展和成就？他們會創造出什麼東西？

- **第四級：**我們發現人們聚集在城市（從農村地區遷移過去）的直接效應，就是全世界的創新速度加快了。在五年前，全球居住於城市的人口比例在人類歷史上首次突破五十％大關。套用《世界，沒你想的那麼糟：達爾文也喊YES的樂觀演化》（*Rational Optimist : How Prosperity Evolves*）這本書的作者麥特・瑞德利（Matt Ridley）所說的話，想法彼此交配、配對、重新組合的速度將會越來將快，原因在於城市裡的人們能更近距離地交換想法，讓想法再進化。很快地，這五十億相互聯繫的人們的集體智慧，將會驅動有史以來最快速的技術疊代。新產品的創新週期會從幾年縮短為幾個月，再縮短為幾個星期。智慧財產權制度和全球政府系統要如何趕上腳步？高度線性思維的公司該如何進行管理？當變化速度快過專利流程時會發生什麼事？企業和政府能否適應這種變化速度？

就是這四個等級的顛覆在背後推波助瀾，引發朝我們所有人迎面襲來的變革海嘯。最終來說，本書的創作目的就是要協助你學會如何在這場海嘯的浪頭衝浪，而不是被它擊潰。

過去兩年我和薩利姆一直在全球奔波，為警覺到指數型技術已然成形、而且正在加速發展之事實的企業和國家領導者，進行專題演講並提供指導和諮詢。那些曾經把網際網路視為過去十年裡偶發單一事件的人們，現在終於意識到這只是**一切的開始**。

我在此祝福你能順利地將你的公司、你的組織，甚至是你的國家從線性思維的個體轉變成指數型組織。

彼得．戴曼狄斯

X PRIZE 基金會創始人暨董事長

奇點大學共同創始人暨執行董事長

美國加州聖塔莫尼卡

附錄
指數型組織商數評量表

每個問題的得分為一至四分（滿分為八十四分）。總分超過五十五分屬於指數型組織。

人力資源與資產管理

①貴組織全職員工與派遣／約聘員工的僱用狀況？

□我們只使用全職員工（一分）。

□我們主要是使用全職員工，在非關鍵任務領域（例如ＩＴ、活動的執行製作等等）會隨需聘僱一些派遣／約聘員工（二分）。

□我們會使用一些隨需聘僱的派遣／約聘員工以擴大關鍵任務領域（例如經營、生產、人力資源等）（三分）。

□除了一支小型的全職核心團隊之外，我們主要使用的是隨需聘僱的派遣／約聘員工（四分）。

②貴組織在執行企業功能上運用了多少外部資源？

□大多數企業功能的工作都是由內部員工處理。

□我們會將一些行政和支援類型的工作外包出去（例如應付帳款／應收帳款的帳務處理、櫃台接待、設備維護等）。

□我們會將一些關鍵性的任務和工作外包出去（例如蘋果和富士康）。

□我們強調靈活彈性。即使是關鍵性的任務和工作也會外包出去，使其變成變動成本，而非固定成本。

③貴組織的自有資產與租用資產的比例如何？

□週邊設備（例如影印機）除外，我們擁有全部的資產。

□我們會按需求取得一些關鍵設備／服務（例如雲端運算）的使用權。

□我們在多個企業功能都是按需求租用或共享資產（例如駭客空間或共享辦公室，相對於租賃或購買辦公室；向 NetJet 租用飛機，相對於購買一台私人飛機）。

□我們即使在關鍵企業功能，也是按需求租用或共享資產（例如蘋果和富士康）。

社群與群眾

④貴組織如何管理社群（使用者、顧客、合作夥伴、粉絲）並與其互動？

□我們對社群的參與非常被動（我們只使用少部分的社交媒體）。

□我們利用社群進行市場研究和其他聆聽意見的活動。

□我們積極利用社群進行服務擴展、支援和行銷活動。

□我們的組織深受社群的影響（例如產品創意、產品開發）。

⑤貴組織如何參與社群？

□除了標準的顧客服務之外，就沒有額外參與了（例如傳統的顧客關係管理）。

□我們的社群是集中化的，而且溝通是「一對多」的（例如 TED.com、蘋果）。

□我們的社群是分權化的，而且溝通是「多對多」的，但是其目的是被動且單一的（例如領英、臉書）。

□我們的社區是分權化的，溝通是「多對多」的，並推動點對點價值創造（例如 DIY Drones、GitHub、維基百科）。

社群與群眾的參與

⑥你是否積極主動地將「大眾」（一般公眾）轉變成社群成員？

□我們利用公關活動這類的標準技巧來增加知名度。

□我們利用社交媒體來進行市場行銷。

□我們使用遊戲化和有獎競賽來將大眾轉變成社群。

□我們的產品和服務本身的設計目的就是為了將大眾轉變成社群（例如 Lyft 的粉紅鬍子，或者 Hotmail 的簽名檔，這類能夠傳播分享的迷因）。

⑦你對於遊戲化或有獎競賽的利用程度如何？

□我們只在內部激勵時使用遊戲化／有獎競賽（例如當月最佳銷售人員）。

□我們對外部只使用基本的遊戲化方法（例如老顧客優惠、里程酬賓計畫）。

□我們將遊戲化／有獎競賽納入產品和服務裡（例如 Frousqure）。

□我們利用遊戲化／有獎競賽來促進創意發想和產品開發（例如 Quirky、Kaggle）。

資訊和社交的運用

⑧貴組織之產品／服務的資訊導向程度如何？

□我們提供的是實質性的產品／服務（例如星巴克、Levi's 牛仔褲或是大多數的傳統零售商）

□我們提供的是實質性的產品／服務，但其配送和生產是資訊導向的（例如亞馬遜）。

□我們提供的是實質性的產品／服務，但服務是資訊導向的，同時也是創造營收的來源（例如 iPhone ／ App store）。

□我們提供的是完全資訊導向的產品／服務（例如領英、臉書、網飛、Spotify）。

⑨社交功能和協同作業在多大程度上是貴組織產品／服務的核心價值？

□我們的產品／服務不涉及任何社交／協作功能（例如購買一台割草機）。

□我們在現有的產品／服務上附加了社交／協作架構（例如為產品建立臉書頁面或推特帳戶）。

□利用社交／協作功能來增強或呈現產品／服務的價值（例如 99Designs 設計服務平台、Indiegogo 群眾募資平台、Taskrabbit 任務外包網站）。

□我們產品／服務的核心價值，完全建立在社交／協作的基礎上（例如 Yelp 評論網站、Waze、Foursquare）。

資料與演算法

⑩貴組織在做重要決策時，在多大程度上運用了演算法和機器學習？

□我們不做任何有意義的資料分析。

□我們主要是透過匯報系統收集和分析資料。

□我們利用機器學習演算法來分析資料和推動可執行的決策。

□我們的產品和服務是以演算法和機器學習為中心建立起來的（例如 PageRank）。

⑪貴組織的策略資料資產，是否在公司內部完全共享或是對外部社群開放？

□即使是同公司，不同部門之間也不共享資料。

□不同部門之間會共享資料（例如使用內部儀表板、活動流和維基頁面）。

□我們將一些資料開放給關鍵供應商（例如電子系統交換介面，或是透過應用程式介面）。

□我們透過開放式應用程式介面將一些資料開放給外部生態系統（例如谷歌、推特、福特、Flickr）。

介面與可擴充的流程

⑫貴組織是否有專門的流程來管理內部組織的外部因素的產出？

所謂的外部因素，就是指隨需求聘僱的員工、社群／群眾、演算法、槓桿資產以及參與。

□我們沒有利用外部因素，或者沒有專門的流程去獲取或管理外部因素。

□我們設有專職人員來管理外部因素（例如 XPRIZE 基金會所舉辦的各種一次性競賽，ＴＥＤｘ活動都需要投入人力去處理）。

□我們有自動化的流程來管理某一個外部因素（例如 Elance 或 DonorsChoose）。

□我們有自動化的流程來管理多個外部因素（例如 Indiegogo、Github、Kaggle、優步、維基百科）。

⑬在核心組織之外的關鍵流程的可複製性和可擴充性如何？

□我們的流程是傳統的，大多以人工作業為主（通常會受到標準作業流程的規範）。

□我們的一部分流程是可擴充和可重複的，但只限於組織內部。

□我們的一部分流程是在組織外部運作的（例如ＴＥＤｘ活動、XPRIZE 或經銷加盟體系）。

□大部分的核心流程都是自給自足的，並透過可擴充的平台在組織外部執行（例如 Airbnb 或是 Adsense）。

即時儀表板和員工管理

⑭貴組織利用哪些指標來跟蹤組織和產品創新組合？（例如精實創業分析法）

□我們只有每月／每季／每年追蹤傳統的ＫＰＩ指標（例如銷售量、成本、利潤）。

□我們從交易系統（例如ＥＲＰ）中收集一些即時的、傳統的指標。

□我們收集各種即時、傳統的指標，並使用一些精實創業法的指標。

□我們收集即時、傳統的和精實創業法（價值和學習）的指標，例如重複利用率、流量變現能力（monetization）、推薦度和淨推薦者分數（Net Promoter Score，簡稱 NPS）。

⑮貴組織是否有運用某種型式的「目標和關鍵結果」指標，來追蹤個人／團隊的績效？

□不，我們使用的是傳統的季度／年度績效評估、三百六十度績效評估、或是員工排名。

□我們在創新領域或組織邊緣實施了目標和關鍵結果指標。

□我們的組織全面實施目標和關鍵結果指標（例如領英）。

□我們的組織全面實施ＯＫＲ指標，並完全公開透明（例如在谷歌每個人都能查看他人績效）。

實驗與風險

⑯你的組織是否透過實驗、A／B測試和短週期反饋迴路來持續改善流程？（例如精實創業方法論）

□不，我們使用的是傳統的企業流程管理（business process management）。

□我們在類似行銷這種需要直接面對客戶的領域使用精實創業法（或類似的方法）。

□我們將精實創業法運用在產品創新和產品開發。

□我們將精實創業法運用在所有核心企業功能——創新、行銷、銷售、服務、人力資源，甚至是法務！

⑰貴組織容忍失敗和鼓勵冒險的程度如何？

□不容許失敗（NASA風格），而且會成為職涯發展的限制。

□鼓勵失敗和冒險，但只是流於表面形式，並沒有進行追蹤或量化。

□容許並且會衡量失敗和冒險，但只以特殊專案的形式或在非常有限的範圍內進行沙箱測試（例如Lockheed公司的臭鼬工廠）。

□整個組織對失敗和冒險習以為常，對失敗和冒險會進行衡量甚至給予慶賀（例如亞馬遜、谷歌、寶鹼的英雄失敗獎）。

自主管理與分權化

⑱ 貴組織是以龐大的階級式架構運作，還是以小型的跨領域自我組織團隊的形式運作？

□我們擁有傳統的公司階級，以大型、專門的團體形式各自為政、各自運作。

□我們擁有一些小型的跨領域團隊在核心之外的邊緣運作。

□我們在核心組織內部接受並採用一些小型的跨領域團隊。

□網絡化的小型跨領域自我組織團隊是整個組織的基本運作架構（例如威爾烏）。

⑲ 權力／決策的分權化程度如何？

□我們的組織採用的是傳統的，由上而下的命令與控制體系。

□在研發、創新和產品開發這幾個領域是採取分權化決策。

□在行銷、銷售等所有面對顧客的領域採取分權化決策（例如Zappos）。

□所有的關鍵決策都是分權化的（目標、文化和願景除外，例如威爾烏）。

社交技術與社交企業

⑳貴組織是否利用先進的社交工具進行知識分享、溝通、協調和協作？例如Google Drive、Asana、RedBooth、Dropbox、Yammer、Chatter、Evernote。

□不，電子郵件是我們主要的溝通工具。

□有些團隊有使用社交工具，但尚未普及至整個組織。

□大部分的事業單位都在使用社交工具（包括一些外部的合作廠商／合作夥伴，不過通常未經授權）。

□使用社交工具是整個組織必須遵循的政策。

㉑貴組織的目標或使命的本質和焦點是什麼？

□我們的使命把焦點放在提供最好的產品和服務。

□我們的使命把焦點放在組織的核心價值，不光只是提供產品和服務。

□我們的使命不侷限於服務最終顧客；其目標是為合作廠商、合作夥伴、供應商和員工的整個生態系統帶來正向的改變。

□我們擁有超越使命宣言的變革目標。我們渴望為全世界帶來重大貢獻。

國家圖書館出版品預行編目（CIP）資料

指數型組織：企業在績效、速度、成本上勝出10倍的關鍵 / 薩利姆.伊斯梅爾(Salim Ismail), 、麥可・馬龍（Michael S. Malone）, 尤里・范吉斯特（Yuri van Geest）著；林麗冠, 謝靜玫譯. -- 初版. -- 臺北市：商周出版：家庭傳媒城邦分公司發行, 2017.10
面；　公分. -- (新商業周刊叢書；BW0646)
譯自：Exponential organizations : why new organizations are ten times better, faster, and cheaper than yours (and what to do about it)
ISBN 978-986-477-327-5(平裝)

1.企業領導 2.組織管理

494.2　　　　106016762

新商業周刊叢書 BW0646

指數型組織

企業在績效、速度、成本上勝出10倍的關鍵

原　書　名／Exponential Organizations: Why new organizations are ten times better, faster, and cheaper than yours (and what to do about it)
作　　　者／薩利姆・伊斯梅爾（Salim Ismail）、麥可・馬龍（Michael S. Malone）、尤里・范吉斯特（Yuri van Geest）
譯　　　者／林麗冠、謝靜玫
責 任 編 輯／李皓歆
企 劃 選 書／鄭凱達
版　　　權／黃淑敏
行 銷 業 務／周佑潔、石一志

總　編　輯／陳美靜
總　經　理／彭之琬
發　行　人／何飛鵬
法 律 顧 問／台英國際商務法律事務所　羅明通律師
出　　　版／商周出版
臺北市 104 民生東路二段 141 號 9 樓
電話：(02) 2500-7008　傳真：(02) 2500-7759
E-mail: bwp.service @ cite.com.tw
發　　　行／英屬蓋曼群島商家庭傳媒股份有限公司　城邦分公司
臺北市 104 民生東路二段 141 號 2 樓
讀者服務專線：0800-020-299　24 小時傳真服務：(02) 2517-0999
讀者服務信箱 E-mail: cs@cite.com.tw
劃撥帳號：19833503　戶名：英屬蓋曼群島商家庭傳媒股份有限公司城邦分公司
訂 購 服 務／書虫股份有限公司客服專線：(02) 2500-7718；2500-7719
服務時間：週一至週五上午 09:30-12:00；下午 13:30-17:00
24 小時傳真專線：(02) 2500-1990；2500-1991
劃撥帳號：19863813　戶名：書虫股份有限公司
香港發行所／城邦（香港）出版集團有限公司
香港灣仔駱克道 193 號東超商業中心 1 樓
E-mail: hkcite@biznetvigator.com
電話：(852) 25086231　傳真：(852) 25789337
E-mail：hkcite@biznetvigator.com
馬新發行所／Cite (M) Sdn. Bhd.
41, Jalan Radin Anum, Bandar Baru Sri Petaling, 57000 Kuala Lumpur, Malaysia.
電話：(603) 9057-8822　傳真：(603) 9057-6622　E-mail: cite@cite.com.my

美 術 編 輯／簡至成
封 面 設 計／黃聖文
製 版 印 刷／韋懋實業有限公司
經　銷　商／聯合發行股份有限公司　電話：(02) 2917-8022　傳真：(02) 2911-0053
地址：新北市 231 新店區寶橋路 235 巷 6 弄 6 號 2 樓

■ 2017 年 10 月 5 日初版 1 刷　　Printed in Taiwan
■ 2022 年 5 月 13 日初版 3 刷

ISBN　978-986-477-327-5　　城邦讀書花園 www.cite.com.tw

定價 450 元

EXPONENTIAL ORGANIZATIONS
By Salim Ismail with Michael S. Malone and Yuri van Geest

商周出版

廣　告　回　函
北區郵政管理登記證
台北廣字第 000791 號
郵資已付，免貼郵票

104 台北市民生東路二段 141 號 9F

英屬蓋曼群島商家庭傳媒股份有限公司

城邦分公司

請沿虛線對摺，謝謝！

商周出版

書號：BW0646　書名：指數型組織：企業在績效、速度、成本上勝出 10 倍的關鍵　　編碼：

請於此處用膠水黏貼

商周出版

讀者回函卡

謝謝您購買我們出版的書籍！請費心填寫此回函卡，我們將不定期寄上城邦集團最新的出版訊息。

姓名：________________　性別：□男　□女

生日：西元________年________月________日

地址：________________

聯絡電話：________________　傳真：________________

E-mail：________________

學歷：□ 1. 小學 □ 2. 國中 □ 3. 高中 □ 4. 大專 □ 5. 研究所以上

職業：□ 1. 學生 □ 2. 軍公教 □ 3. 服務 □ 4. 金融 □ 5. 製造 □ 6. 資訊

□ 7. 傳播 □ 8. 自由業 □ 9. 農漁牧 □ 10. 家管 □ 11. 退休

□ 12. 其他________________

您從何種方式得知本書消息？

□ 1. 書店 □ 2. 網路 □ 3. 報紙 □ 4. 雜誌 □ 5. 廣播 □ 6. 電視

□ 7. 親友推薦 □ 8. 其他________________

您通常以何種方式購書？

□ 1. 書店 □ 2. 網路 □ 3. 傳真訂購 □ 4. 郵局劃撥 □ 5. 其他____

對我們的建議：________________

____

____

____

____

____

【為提供訂購、行銷、客戶管理或其他合於營業登記項目或章程所定業務之目的，城邦出版人集團（即英屬蓋曼群島商家庭傳媒（股）公司城邦分公司、城邦文化事業（股）公司），於本集團之營運期間及地區內，將以電郵、傳真、電話、簡訊、郵寄或其他公告方式利用您提供之資料（資料類別：C001、C002、C003、C011等）。利用對象除本集團外，亦可能包括相關服務的協力機構。如您有依個資法第三條或其他需服務之處，得致電本公司客服中心電話02-25007718請求協助。相關資料如為非必要項目，不提供亦不影響您的權益。】

1. C001 辨識個人者：如消費者之姓名、地址、電話、電子郵件等資訊。
2. C002 辨識財務者：如信 用卡或轉帳帳戶資訊。
3. C003 政府資料中之辨識者：如身份證字號或護照號碼（外國人）。
4. C011 個人描述：如性別、國籍、出生年月日。

請於此處用膠水黏貼